Joachim Scheer

Versagen von Bauwerken

Ursachen, Lehren

Band 1: Brücken

Ernst & Sohn
A Wiley Company

Joachim Scheer

Versagen von Bauwerken

Ursachen, Lehren

Band 1: Brücken

Univ.-Professor em. Dr.-Ing. Dr.-Ing. E. h. Joachim Scheer
Wartheweg 20
D-30559 Hannover

Titelbild: Teilabsturz einer Eisenbahnbrücke zwischen Solingen
und Ohligs beim Verschub, 1977

Mit 104 Abbildungen

Die Deutsche Bibliothek – CIP-Einheitsaufnahme
Ein Titeldatensatz für diese Publikation ist bei
Der Deutschen Bibliothek erhältlich

ISBN 3-433-01802-2

Satz: ProSatz Unger, Weinheim
Druck: Betz-Druck GmbH, Darmstadt
Bindung: Wilh. Osswald + Co., Neustadt

CPI Group (UK) Ltd, Croydon, CR0 4YY

C9783433018026_120326

Bevollmächtigter Vertreter des Herstellers gemäß EU-
Produktsicherheitsverordnung ist die Wiley-VCH GmbH, Boschstr. 12,
69469 Weinheim, Deutschland, E-Mail: Product_Safety@wiley.com.

Meine Absicht ist es, erst die Erfahrung anzuführen und sodann mit Vernunft zu beweisen, warum diese Erfahrung auf solche Weise wirken muß.

Leonardo da Vinci

Vorwort

Vor mehr als 100 Jahren hat George Frost, der damalige Herausgeber von Engineering News in den USA, geäußert: „Falls wir die Möglichkeit dazu hätten, könnten wir leicht die interessanteste, lehrreichste und höchstgeschätzte Ingenieurzeitschrift der Welt herausgeben, wenn wir sie nur einer bestimmten Klasse von Tatsachen widmen würden, nämlich dem Verzeichnis der Fehlschläge. Denn das, was zu Recht Ingenieurwissenschaft genannt wird, baut auf solchen Aufzeichnungen auf."

In diesem Sinne soll dieses Buch ein Beitrag zur Ingenieurwissenschaft sein und helfen, Wiederholungen folgenschwerer Fehler beim Entwurf und beim Bau von Tragwerken vorzubeugen.

Zunächst wird der erste Band „Brücken" vorgelegt, ein zweiter Band über Hochbauten und Sonderbauwerke wird in Kürze folgen.

Eine Sammlung von Bauunfällen könnte schnell zu der Ansicht führen, daß Bauen sehr oft mit Versagen verbunden ist. Es ist nicht zu bezweifeln, daß zu oft etwas passiert, und es kann auch nicht bestritten werden, daß manche Katastrophe vermeidbar gewesen wäre. Aber dennoch muß man die Anzahl von Versagensfällen an der großen Zahl von Bauten messen. Um für Brücken Bezüge zu ermöglichen, findet der Leser im Abschnitt 1.5 dazu einige Zahlenangaben zu Brücken in Deutschland und in den USA.

Das Buch stützt sich auf 8 Tabellen, in die Fakten über Versagen – dies nach kritischer Sichtung – aus der vorhandenen Literatur eingegangen sind und zu deren Vervollständigung wertvolle Hinweise vieler Kollegen sowie eigene Erfahrungen, z. B. aus der Sachverständigentätigkeit für Gerichte und Versicherungen und aus der Arbeit in Gremien, beigetragen haben. Dazu gehört auch die Erarbeitung von Baubestimmungen, bei denen auf Schäden zu reagieren war.

Bei der Diskussion einzelner Schadensfälle habe ich bewußt weitgehend darauf verzichtet, bekannte Darstellungen zu wiederholen. Ich weise nur auf sie hin, es sei denn, daß ich mich aufgrund eigener Überlegungen zu abweichenden Beurteilungen veranlaßt sehe. – Fotos und Detailzeichnungen, die den Text unterstützen, sollen zu einem leichten Verständnis der technischen Sachverhalte beitragen.

Bei der Beschreibung von Versagensfällen und ihrer Kommentierung war mir immer bewußt, daß es im allgemeinen nach dem Versagen eines Bauwerkes leicht ist zu wissen, wie es zu verhindern gewesen wäre.

Das Buch ist nicht nur für Ingenieurkollegen gedacht, sondern richtet sich auch an Architekten, Bauherrn und Baufaufsichtsbehörden. Diese „am Bau Beteiligten" tragen zusammen die Verantwortung für den Entwurf, die Konstruktion, die Abwicklung der Baumaßnahme einschließlich der Errichtung und die Überwachung und Unterhaltung, und sie sind zusammen im Zweifelsfall von einem Mißerfolg betroffen. Viele Fälle lassen deutlich werden, daß die globale Deregulierung mit der Beseitigung des im allgemeinen bewährten Prüfingenieurwesens in Deutschland nicht verantwortet werden kann: zwei Ingenieure denken eben an mehr als einer, oder mit Berufung auf das Bild des „Vieraugenprinzipes": vier Augen sehen eben mehr als zwei, vorausgesetzt, daß es Augen kluger, erfahrener und engagierter Bauingenieure sind.

„Versagen" meint in den meisten Fällen Einsturz, es schließt aber auch schwere Schäden oder „Fast-Versagen" ein. Denn oft sind es nur glückliche Umstände, die einen Einsturz verhindert haben, und man kann aus diesen Fällen oft genau so viel lernen wie aus großen Katastrophen.

Ich hoffe, daß Professoren und Dozenten angeregt werden, Beispiele aus diesem Buch in ihre Vorlesungen und Übungen zu übernehmen, und Studenten aus ihnen lernen, um so zu einer Reduzierung der Quote von Tragwerksversagen beizutragen.

Allen Kollegen und Freunden, die mir bei der Materialsammlung, mit Hinweisen und bei der Herstellung von Bildmaterial geholfen haben, danke ich für ihre Unterstützung. Besonders erwähnen möchte ich Dipl.-Ing. Ehrlichmann, Dortmund, der mir seine umfangreiche, sehr gut geordnete Sammlung von Veröffentlichungen, Meldungen in der Tagespresse usw. über Brückenversagen zur Einsicht zur Verfügung gestellt und mir damit viele Informationen vermittelt hat. Das gilt ebenso für meine Kollegen in der Braunschweiger Universität, die Professoren Duddeck und Peil, die mir ihr Material über Bauunfälle überlassen haben, und Professor Nather, TU München, der mir viel Material aus seiner Praxis zur Verfügung gestellt hat.

Bei der Beschaffung von Literatur hat mich Dipl.-Ing. Behrens, Institut für Stahlbau, TU Braunschweig, tatkräftig unterstützt, dafür danke ich ihm vielmals.

Meine Frau hat mir durch kritisches Lesen des Textes geholfen, manche schwache Formulierungen und viele Schreibfehler vor Abgabe des Manuskriptes an den Verlag zu beseitigen. Für diese, für sie fachfremde und damit mühsame Arbeit danke ich ihr ganz besonders.

Erfreulich war die Zusammenarbeit mit Frau Herr und Frau Herrmann im Lektorat des Verlags Ernst & Sohn, Berlin, und Frau Grössl in der Abteilung Herstellung. Gegründet auf ihren Erfahrungen haben sie mit wertvollen Vorschlägen zur endgültigen Gestaltung viel beigetragen.

Hannover/Braunschweig, im Oktober 2000   Joachim Scheer

Inhaltsverzeichnis

Bitte kopieren und schicken an:

Univ. Prof Dr.-Ing. Dr.-Ing. E. h. Joachim Scheer
Wartheweg 20
30559 Hannover
Fax (05 11) 9 52 44 86

Versagen von Bauwerken – Ursachen, Lehren
Teil 1: Brücken

1. Bei einer weiteren Auflage sollte auch über den Versagensfall

....

....

(Datum, Ort, Name, kurze Angabe über das Ereignis) berichtet werden.
Angaben dazu findet man in:

....

....

2. Die Angaben zum Fall Nr. ...
   - müssen korrigiert werden. Vergleiche dazu

   ....

   ....

   - können ergänzt oder präzisiert werden. Vergleiche dazu

   ....

   ....

3. Weitere Verbesserungsvorschläge:

   ....

   ....

Absender:
Name ....
Straße/Hausnummer ....
PLZ / Ort ....
Telefon/Telefax ....

1   Einführung

Die Einführung habe ich unter der Perspektive geschrieben, daß dem Band 1 über Versagen von Brücken ein zweiter über Versagensfälle von Hochbauten und Sonderbauwerken folgt. Es kommen daher auch Aspekte zur Sprache, die sich nicht speziell auf Brücken beziehen.

1.1   Rückschau

Im Jahr 1946 begann ich meine Tätigkeit im Bauwesen. Die Überfüllung der Universitäten unmittelbar nach dem 2. Weltkrieg verhinderte, daß ich nach dem Abitur sofort einen Studienplatz in einer Fakultät für Bauingenieurwesen bekam, – ältere, z. T. nach langen Kriegsjahren heimkehrende Bewerber wurden uns jüngeren zu Recht vorgezogen.

So wurde ich „Umschüler" auf dem Bau mit dem Ziel, nach eineinhalb Jahren Baufacharbeiter zu sein. Meine Tätigkeit in Bremen brachte mich – wohnhaft auf der rechten Seite der Weser – auf eine Baustelle in der linksweserischen Neustadt. Dort erlebte ich am 18. März 1947 die Bremer Brückenkatastrophe [1]: die mit einem Hochwasser hereinbrechenden Eismassen und mittreibenden herrenlosen Schuten und Kähne zerstörten innerhalb weniger Stunden alle Brücken in der Stadt. Ich war morgens über eine Straßenbrücke vom rechten auf das linke Ufer gelangt, am späten Nachmittag kam ich mit einem der letzten Züge über die noch stehende Eisenbahnbrücke auf die rechte Stadtseite zurück. Am späten Abend war auch diese Brücke nicht mehr vorhanden. – Lernen konnte ich aus diesem Desaster: wenn auch die Verhältnisse an der Weser im Stadtgebiet von Bremen unmittelbar nach dem Krieg in vielerlei Hinsicht provisorisch und ungewöhnlich waren: Menschen können letzten Endes gegen die Naturgewalten oft nur wenig und manchmal überhaupt nichts ausrichten.

Dieser ersten von mir miterlebten Einsturzkatastrophe fielen erfreulicherweise keine Menschen zum Opfer. Das galt auch für den zweiten Schadensfall, der mir aus der praktischen Arbeit auf der Baustelle in deutlicher Erinnerung geblieben ist: Beim Betonieren eines Kohlebunkers für ein Betriebskraftwerk, eines auf Stützen stehenden, oben offenen, würfelförmigen Kastens mit etwa 12 m Kantenlänge, brach die Schalung unmittelbar über dem Boden auf der Innenseite, kurz bevor alle Wände bis oben gefüllt waren. Mit einem unheimlichen, heute nach über 50 Jahren noch deutlich in meiner Erinnerung gebliebenen Geräusch, erzeugt durch das Reiben des Kieses an den Holzkanten des unplanmäßig entstandenen Schalungsloches, ergoß sich ein großer Teil des Betons auf den Boden des Bunkers. Nachdem die Fachleute überschlagen hatten, daß für die Einrüstung des Bodens unter der großen, unplanmäßigen Last keine Einsturzgefahr bestand, haben wir in stundenlanger Arbeit mit Eimern an Seilen den Beton hoch- und herausgeschafft. Was habe ich daraus gelernt? Schalungsdruck kann am Fuß einer Schalungswand gewaltig sein, in

kN/m^2 eben 24 bis 26 mal Höhe in m, und das war mir bei der Erarbeitung der Traggerüstnorm DIN 4421 immer im Gedächtnis. Und Beton, der nicht mehr gebraucht wird, darf niemals erhärten, dabei kann die Feuerwehr gute Dienste leisten.

Im Studium an der TH Darmstadt haben wir wenig von Bauunfällen oder Versagen von Tragwerken gehört. Immerhin lehrte uns unser Professor für Stahlbau am Beispiel des Einsturzes der Görlitzer Stadthalle im Jahr 1908 [2], an was man beim Stoß von Gurtstäben mit Hilfe von Knotenblechen denken muß. Und dieser Lehrer, Kurt Klöppel, erzählte uns, seinen Assistenten, einige Jahre später von dem schweren Unglück beim Bau der Frankenthaler Rheinbrücke im Jahr 1940 [3], von den 42 Toten, die zu beklagen waren, und von seiner Klärung der Ursache. Hier habe ich Grundsätzliches gelernt. Einmal, daß Zufall (Abschnitt 3.7) immer im Spiel sein kann und daß Ingenieure daher gründlich und phantasievoll Szenarios von Versagensmöglichkeiten durchdenken müssen. Und dann: daß kurze und einfache Regeln wie z. B. die, schlanke Stäbe seien für das Knicken gefährlicher als kurze, nur mit Vorsicht anzuwenden sind, denn sie gelten – wie alle Regeln – immer nur unter bestimmten Voraussetzungen: In Frankenthal war es eine kurze Pendelwand in einem knickgefährdeten Stabsystem, die wegen der großen Ablenkkräfte so gefährlich wurde (Abschnitt 3.7).

K. Klöppel kam immer wieder auf die beiden Schadensfälle an Brücken in Deutschland mit dem damals neuen Baustahl St 52 Mitte der 30er Jahre – Eisenbahnbrücke über die Hardenbergstraße in und Autobahnbrücke Rüdersdorf [4] bei Berlin – zurück (Abschnitt 4.7). Hier lernte ich, wie auch im Bauingenieurwesen – ähnlich wie in der Medizin – Beobachten, Ordnen, Statistik, also empirisches Vorgehen, auch vor der strengen wissenschaftlichen Klärung aller Zusammenhänge bei der Gefahrenabwehr helfen kann. Im Zusammenhang mit den beiden Schadensfällen waren es die mit Klöppel als spiritus rector geschaffenen „Vorläufigen Empfehlungen zur Wahl der Stahlgütegruppen für geschweißte Stahlbauten" aus dem Jahr 1960, die überarbeitet 1973 die Richtlinie 009 des Deutschen Ausschusses für Stahlbau wurde [64, 65].

Im Jahr 1954 stürzte die Autobahnbrücke über das Lauterbachtal bei Kaiserslautern beim Wiederaufbau ein, erfreulicherweise kamen keine Menschen zu Schaden. Kurt Klöppel wurde mit der Klärung der Unfallursache beauftragt, und ich gehörte zu seinen Mitarbeitern, die daran mitwirkten. Der Beschreibung des Unfalls und seiner Ursachen im Abschnitt 3.3 dieses Buches will ich nicht vorgreifen und auch hier wieder mitteilen, was ich aus diesem Unfall gelernt habe. Zwischenzustände bei der Herstellung eines Bauwerkes führen im allgemeinen zur höchsten Ausnutzung von Bauteilen und müssen daher erkannt und sorgfältig untersucht werden.

Im Jahr 1961 wurden beim Einsturz des Lehrgerüstes für den Wiederaufbau eines Teiles der Autobahnbrücke über das Lahntal bei Limburg [5] (Abschnitt 10.3) 3 Bauarbeiter getötet und 11 verletzt. Kurz nach dem Unfall stand ich als in Wiesbaden tätiger junger Beratender Ingenieur an der Unfallstelle unter dem Eindruck der Verantwortung, die mit unserer Tätigkeit verbunden ist, und im Bewußtsein des Risikos, dem wir nie mit absoluter Sicherheit ausweichen können.

10 Jahre später eilte ich nach Koblenz, nachdem dort die Straßenbrücke über den Rhein bei der Montage zusammengebrochen war [6]. Ich war an der zunächst unvermeidlichen – auch international nach mehreren scheinbar gleichartigen Ereignissen (Abschnitt 3.4) zu beobachtenden – Überreaktion der Fachwelt beteiligt, mit der beim Bau von stählernen Kastenträgern ähnliche Vorfälle auf jeden Fall verhindert werden mußten, aber auch an den anschließenden Forschungsarbeiten, mit denen eine sichere Beurteilung der Tragfähigkeit versteifter Blechfelder erreicht und in Baubestimmungen umgesetzt wurde.

Schon ein Jahr später war ich wieder in Koblenz, diesmal vom Staatsanwalt gerufen, um mit zwei Mitarbeitern die Ursache des Einsturzes des Lehrgerüstes für einen der letzten Bauabschnitte einer Hangbrücke zu finden (Abschnitt 10.4.1). 6 Tote und 13 Verletzte waren zu beklagen. Bei dieser Aufgabe habe ich bestätigt bekommen, daß die Tätigkeit eines Sachverständigen ganz allein von der Klärung der Sachverhalte bestimmt sein muß und daß auch hartnäckigste Wünsche von Vertretern der Medien nach vorzeitigen Verlautbarungen abgewiesen werden müssen.

In 30 Jahren Tätigkeit für den Bau abgespannter Maste haben mir Berichte über Sachschäden beim Bauen, Meldungen über die große Anzahl von Masteinstürzen auf der ganzen Welt (Band 2) und über tödlich verunglückte Monteure bei ihrer Arbeit das Risiko deutlich gemacht, das mit dem Entwurf, dem Bau und dem Betrieb derartiger Bauwerke verbunden ist. Es ist daher für mich nicht überraschend, daß viele Zusammenbrüche von Masten beim Bau oder Umbau geschehen sind, und ich frage mich: Waren immer alle Betroffenen über die mit ihrem Handeln verbundenen Gefahren ausreichend informiert, hat man genug getan, zu verhindern, daß sie als Zauberlehrlinge Unheil – auch für sich selbst – anrichten?

Die eigenen Erfahrungen spiegeln wider, was alle „am Bau Beteiligten" wissen:

Bauen ist oft mit Versagen verbunden, das war immer so und wird immer so bleiben. Aber wenn wir aus Bedingungen und Fehlern, die dazu geführt haben, lernen, können wir vielleicht beitragen, die Anzahl von Versagensfällen, Einstürzen oder Katastrophen zu vermindern.

1.2   Zielsetzung

Versagen von Tragwerken war vor der Zeit, in der die Bauwissenschaft eine Prognose über ihr Verhalten ermöglichte, der Lehrmeister für den Fortschritt des Bauens. Wie damals müssen sich auch heute Tragwerke in der Praxis bewähren, da wegen ihrer Einmaligkeit und Größe Traglastversuche und das Beseitigen von Schwächen aufgrund von Erfahrungen an einer Nullserie wie z. B. im Maschinen-, insbesondere im Kraftfahrzeugbau, nicht möglich sind.

Wenn man heute die Ursachen von Bauwerksversagen analysiert, kommt man zu dem Ergebnis, daß es kaum einen Fall gibt, der durch genauere Berechnungen verhindert worden wäre. Kollegen, die sich, wie z. B. D.W. Smith [7] oder O.M. Hahn [8] mit dieser Frage beschäftigt haben, kommen zum gleichen Ergebnis. Die meisten

Katastrophen sind darin begründet, daß entweder Möglichkeiten des Versagens überhaupt nicht in Betracht gezogen, Bedingungen nicht ausreichend erkundet oder in verschiedenartiger Weise Unbedachtsamkeit oder sogar Leichtsinn beim Entwurf oder bei der Ausführung herrschten. Und gelegentlich waren auch erfolgreiche Bauwerke dann die Ursache für einen Mißerfolg, wenn scheinbar unbedeutende Änderungen, z.B. in bezug auf Größe oder Schlankheit, bisherige Neben- zu Haupteinflüssen werden ließen [9].

Man bekommt auch Zweifel, ob mit der die neuen Normen bestimmenden, auf Wahrscheinlichkeitsbetrachtungen aufgebauten Sicherheitstheorie Versagen und Einstürze von Bauwerken reduziert werden können. Denn deren Ursachen sind nicht statistisch verteilt, sie sind vielmehr grobe Fehler, die sich einer sinnvollen Erfassung durch die Wahrscheinlichkeitsrechnung entziehen. Vielleicht sind diese Betrachtungen mehr geeignet, die Zuverlässigkeit der Gebrauchstauglichkeit unserer Bauwerke zu beurteilen.

Da Bauingenieure mit immer anspruchsvolleren Tragwerken, z.B. Brücken größerer Spannweiten und leichterer Bauart, Kranen größerer Tragfähigkeit, höheren Hochhäusern und Türmen, laufend technisches Neuland betreten, kommt es vor, daß sie wegen der Begrenztheit ihres Wissensstandes bis dahin unbekannte Phänomene und Gefährdungen nicht erkennen. Damit sind sie oft gezwungen, zu extrapolieren und das damit verbundene Risiko einzugehen [10]. Daran hat auch der Fortschritt der Bauwissenschaft grundsätzlich nichts geändert.

H.-P. Ekardt [11] spricht von experimenteller Praxis der Bauingenieure und führt u.a. aus: „Bauen ist in stetiger Entwicklung begriffen, bewegt sich durch die Ernstfälle hindurch, also in realen Projekten ständig in Neuland, bringt Neues hervor und entzieht sich insofern staatlicher, rechtlicher Kontrolle – der zu kontrollierende Bereich ist für die Erfordernisse rechtlicher Behandlung vorab nicht genügend objektiviert und bestimmt. Dies ist ein Fall für die berufliche Selbstkontrolle, die auf Wissen, Erfahrung, abwägendem Urteil und Verantwortlichkeit beruht. Kontrolle und Selbstkontrolle sind die beiden Pole, zwischen denen die Praxis einer innovativen Tragwerksplanung pendelt, zumal dann, wenn der betreffende bautechnische Bereich sich in rascher Entwicklung befindet." Um die Möglichkeiten dieser beruflichen Selbstkontrolle zu fördern, sollen Rückschläge, die sich im Versagen von Tragwerken manifestieren, beschrieben, ihre Ursachen – wenn möglich – aufgedeckt und Lehren daraus gezogen werden. Wie im Vorwort zu diesem Buch mit dem Zitat eines Wortes von George Frost [12] angekündigt, soll mit diesen Aufzeichnungen zur Ingenieurwissenschaft beigetragen werden. So habe ich 1997 einen Vortrag [13] und jetzt dieses Buch konzipiert.

Bei den Berichten über Versagen von Tragwerken geht es in diesem Buch – sofern wir Versagen infolge Mangel an Verantwortlichkeitsgefühl ausschließen – nicht darum, die am Entwurf oder der Herstellung der Tragwerke Beteiligten nachträglich zu belehren. Denn es sollte uns bewußt sein, daß das nach einem Versagen immer leicht ist. Daher werden die Schadensfälle nur beschrieben und Beteiligte – abgesehen von historischen Fällen – nicht genannt. Ich halte diesen Weg für angemessen, um auf der einen Seite betroffenen Kollegen gerecht zu werden, und auf der anderen nicht auf die Lehre, die gezogen werden kann, verzichten zu müssen.

1.3 Erläuterungen zum Aufbau

1.3.1 Allgemeines zu den Tabellen

In Tabellen sind alle Versagensfälle erfaßt, über die ich hinreichende Informationen bekommen konnte. Es stellt sich selbstverständlich die Frage, ob eine derartige Dokumentation sinnvoll ist. Ich habe sie aus folgenden Gründen mit „Ja" beantwortet:

- Angaben zum Versagen sind in der Literatur nur sehr verstreut zu finden. Eine Zusammenfassung vieler, bis heute bekannt gewordener Fälle schien mir daher wertvoll.

- Sobald man Angaben über Häufigkeiten von Versagenstypen und -ursachen macht – auch dann, wenn sie wegen einer fraglichen Grundgesamtheit nicht die Anforderungen der Statistik erfüllen können –, stützt eine möglichst große Anzahl von Fällen deren Aussagegewicht. Insbesondere umgeht die Möglichkeit, in den Tabellen Beschreibungen der einzelnen Fälle zu finden, die Notwendigkeit, daß Leser nicht nachprüfbar meinen Beurteilungen folgen müssen. In manchen zusammenfassenden Arbeiten, z. B. [7, 24], ist dies leider hinzunehmen.

In den Tabellen wird für alle erfaßten Versagensfälle das Bauwerk mit Jahresangabe des Schadenseintrittes genannt, der Grund des Versagens stichwortartig kurz beschrieben, die Personenschäden und die Hauptabmessungen des Tragwerks (gerundet auf m) – soweit bekannt – angegeben und jeweils mindestens eine Quelle genannt.

1.3.2 Erfaßte Bauwerke

Trotz allen Bemühens bleibt viel Zufall bei der Erfassung der Versagensfälle im Spiel. Man sieht an den Quellenangaben in den Tabellen, wie breit das Quellenreservoir ist. Dennoch blieben Ablauf von Versagen und Ursachen für manche Fälle, die z. B. wegen großer Unfallfolgen oder wegen der Möglichkeiten lehrreicher Schlußfolgerungen erfaßt werden müßten, für mich unbekannt. Große Unterschiede in bezug auf die Offenheit, mit denen in verschiedenen Ländern über Fehlschläge berichtet wird, die mit den Jahren zugenommenen juristischen Schwierigkeiten für eine objektive Berichterstattung und vieles mehr sind dafür verantwortlich.

Für statistische Aussagen sind die Daten nicht repräsentativ, und man muß insbesondere davor warnen, länderbezogene Aussagen zu machen, wie dies leider immer wieder geschieht. Dennoch habe ich mit aller Vorsicht versucht, einige Tendenzen bei den Unfallursachen herauszuarbeiten.

1.3.3   Berücksichtigte Ursachen

Es werden alle Ursachen für Schäden mit Ausnahme von Erdbeben, Kriegseinwir-
kungen, chemische Einwirkungen und Naturkatastrophen, wie z. B. Vulkanausbrüche
und Hangrutschungen, berücksichtigt.

1.3.4   Gewählte Gliederung

Ich habe mich für eine Gliederung nach Tabelle 2 entschieden, man hätte auch anders
ordnen können. Die 8 Tabellen 2 bis 10 sind chronologisch angelegt.

1.3.5   Benutzte Quellen

Quellen der in diesem Buch erfaßten Versagensfälle sind zunächst die im Abschnitt
1.4 beschriebenen früheren Veröffentlichungen über Tragwerksversagen. Ich habe
versucht, die dort genannten Originalberichte als Unterlage zu benutzen und mich
– soweit es mir möglich war – nicht auf Interpretationen in späteren Arbeiten zu stützen. Das ist bei der großen Anzahl – in diesem Band werden 356 + 90 = 446 Fälle erwähnt – nicht immer gelungen.

Weitere Quellen sind Gutachten, die mir Kollegen zur Verfügung gestellt haben,
eigene Gutachten, Protokolle von Baubehörden und schließlich auch Zeitungsmel-
dungen.

1.3.6   Tabelle 1: Abkürzungen

In den Tabellen wird in der Quellenspalte zu jedem Fall im allgemeinen mindestens
eine, wenn möglich die „Ur-" oder eine für die Leser relativ leicht zugängliche
Quelle angegeben, die ich – wenn möglich – eingesehen habe. Hierzu werden in den
Tabellen nur knapp die Informationen gegeben, die zum Auffinden erforderlich sind,
da eine vollständige Dokumentation mit Verfasser- und Titelangaben den zur Verfügung stehenden Platz gesprengt hätte. Um in den Tabellen weiter Platz zu sparen,
werden für häufig benutzte Quellen die in Tabelle 1 in alphabetischer Reihenfolge
angegebenen Abkürzungen gewählt.

Tabelle 1. In den Tabellen benutzte Abkürzungen für Quellen

Abkürzung	Quelle, i. allg. Journal	Angegeben werden
B + E	Zeitschrift „Beton + Eisen"	Jahr, 1. Seite
BI	Zeitschrift „Bauingenieur"	Jahr, 1. Seite
BRF74	Manuskript für Vortrag bei der Brückenreferenten-Tagung Düsseldorf 1974	
BRF76	wie vor, Passau 1976	

Tabelle 1 (Fortsetzung)

Abkürzung	Quelle, i. allg. Journal	Angegeben werden
BuSt	Zeitschrift „Beton und Stahlbeton"	Jahr, 1. Seite
BT	Zeitschrift „Bautechnik"	Jahr, 1. Seite
BMV82	Schäden an Brücken und anderen Ingenieur-bauwerken-Dokumentation 1982 [5]	1. Seite
BMV94	wie vor, Dokumentation 1994 [14]	1. Seite
CivEng	Zeitschrift „Civil Engineering"	Jahr, 1. Seite
EB	Zeitschrift „Eisenbau"	Jahr, 1. Seite
El	Elskes, E.: Rupture des ponts métallique [15]	1. Seite
ENR	Zeitschrift „Engineering News Record"	Jahr, Heftdatum, 1. Seite
IABSE	IABSE Colloquium Copenhagen 1983, Einführungsband [16]	IABSE, 1. Seite
IRB	Dokumentation des Fraunhofer-Informations-Zentrum IRB, Stuttgart	Dokument-Nummer
Pott	Pottgießer, H.: „Eisenbahnbrücken" [78]	1. Seite
Sm	Smith, D. W.: Bridge failures [7]	1. Seite
SB	Zeitschrift „Stahlbau"	Jahr, 1. Seite
SBZ	Schweizer Bauzeitung	Jahr, 1. Seite
St	Stamm, E.: Brückeneinstürze und ihre Lehren [17]	1. Seite
W	Walzel, A.: Über Brückeneinstürze [18]	1. Seite

1.3.7 Übersichten zu Versagensfällen

Mit Bezug auf die Tabellen folgen für die meisten Bauwerksarten zunächst einige globale Angaben zu den Schadensursachen. Hierzu gehört auch der Versuch, die Versagensfälle jeweils einer Ursachenart zuzuordnen. Dabei stößt man immer wieder auf Schwierigkeiten, auf die u. a. Walzel bereits 1909 hingewiesen hat [18].

- Die Frage „Was ist die Ursache" wird verschieden beantwortet: ich habe mich in den Fällen, in denen das möglich ist, entschieden, den im Handeln der Beteiligten liegenden Gründen für ein Versagen Vorrang zu geben vor den daraus wirksam werdenden technischen Ursachen, aus der oft weniger Lehren gezogen werden können. Wenn also z. B. ein Informationsmangel auf der Baustelle zu einem Handeln führt, das ein Versagen, z. B. durch Überbeanspruchung verursacht, ist bei mir der Informationsmangel die Ursache, also leichtfertiges oder unverantwortliches Handeln, und nicht die Überbeanspruchung.

- Oft sind mehrere Ursachen für das Versagen verantwortlich; es wäre nichts passiert, wenn nur der eine oder nur der andere Mangel vorhanden gewesen wäre.

- Weiterhin fehlt es solchen Zuordnungen oft durchaus an Präzision wegen Lücken bei den Angaben; sie sind daher oft zwangsläufig subjektiv und haben nichts mit Statistik zu tun.

Danach werden der Schadensverlauf, die Ursache oder die Ursachen und die daraus zu ziehenden Lehren einiger ausgewählter Fälle genauer beschrieben. Für manche Gruppen von Unfällen erlauben oder erfordern zusammenfassende Erörterungen einige übergeordnete Betrachtungen und Schlußfolgerungen. So können Erkenntnisse im Zusammenhang mit der Entwicklung der Bauweisen und gewonnene Erfahrungen zu Maßnahmen zur Verhinderung von Wiederholungen von Fehlern führen, z. B. zur Novellierung oder Ergänzung von Baubestimmungen.

Die Lehren aus den Versagensfällen von Brücken werden in den Kapiteln 11 und 12 gezogen.

1.4   Frühere Veröffentlichungen zum Versagen von Tragwerken

Die älteste zusammenfassende Darstellung von Bauunfällen stammt meines Wissens von E. Elskes [15]. Der Verfasser referiert 1894 – leider ohne vollständige Quellenangabe – über 42 Einstürze von eisernen Brücken in den Jahren 1852 bis 1893 und faßt sie in einer Tabelle nach folgender Klassifizierung zusammen:

- Fundamentversagen
- Versagen infolge außergewöhnlicher Einwirkungen, z. B. Anprall
- Einsturz bei der Montage oder beim Abbau
- Versagen bei einer Belastungsprobe
- Mangel an Tragfähigkeit ohne andere erkennbare Ursachen

Der auch heute noch bekannteste dieser Einstürze ist der der Eisenbahnbrücke über den Firth of Tay in Schottland im Jahr 1879. Es fällt auf, daß der folgenschwere Einsturz der Brücke Mönchenstein (später Münchenstein genannt) über die Birs bei Basel in der Schweiz 1891 in der Tabelle fehlt, obwohl zwei Einstürze im Jahr 1893 erfaßt werden. Mit 16 hervorragenden Skizzen wird dem Leser ein eindrucksvolles Bild von den Einstürzen vermittelt.

1909 berichtet A. Walzel ebenfalls über Brückeneinstürze [18]. Er beschreibt und analysiert gründlich 16 Fälle von Brückenversagen in der Zeit von 1868 bis 1908, u. a. wie in [15] die Katastrophe am Firth of Tay (1879), die bei Mönchenstein (1891) sowie den ersten der beiden Montageeinstürze der Brücke über den St. Lorenzstrom bei Quebec (1907). Er sagt: „Am Schluß meiner Ausführungen angelangt glaube ich, wohl behaupten zu können, daß jeder dieser Unfälle für den Fachmann sehr lehrreich ist." Er berichtet vom berühmten englischen Ingenieur Isambard Kingsdom Brunel (1806–1859) (siehe dazu z. B. [19]), der zahlreiche Eisenbahnbrücken aus Holz gebaut und u. a. 1829 die 214 m weit gespannte Clifton-Hänge-

brücke über die Avonschlucht bei Bristol entworfen hat: „Nach dem Zusammenbruch einer seiner Brücken (hatte er) die Kühnheit, seinem Direktor zu diesem Ereignis zu gratulieren und zwar deshalb, weil er beabsichtigt hatte, ein weiteres Dut-
zend Brücken nach derselben Bauweise zu errichten, nun aber seine Pläne ändern
müsse" (vergl. auch Abschnitt 4.3).

1921 veröffentlicht F. Emperger im Handbuch für Eisenbetonbau den Abschnitt
„Bauunfälle" [20]. Er beschreibt Versagen von Stahlbetonbauwerken in der Frühzeit
der neuen Bauweise und gliedert seine Darstellung in Unfälle infolge elementarer
Gewalt, Mangel an Verantwortlichkeit sowie in Mängel beim Entwurf und in der
Ausführung. Ich zitiere aus der Einleitung: „Unfälle bei einem Bauwerk sind ein un-
trüglicher Beweis dafür, daß schwere Fehler oder Unterlassungen bei seiner Herstellung vorgekommen sind. Es besteht daher das Bedürfnis nach Erforschung der Ursachen dieser Erscheinungen, um eine wirksame Unfallverhütung einzuleiten. Zur Er-
reichung dieser Aufgabe, die eine vollkommenere Sicherheit unserer Bauwerke an-
strebt, dient in erster Linie die in diesem Kapitel enthaltene, nach den Ursachen geordnete Aufzählung solcher Vorkommnisse. … Für diese Darlegungen bilden die
Bauunfälle eine Art Leitfaden, weil ihre Geschichte auf allen Gebieten der Technik
mit dem technischen Fortschritt eng verknüpft ist, der die vorhandenen Fehler beseitigen sowie Unkenntnis und Vorurteile als solche festzustellen bestrebt ist." Er betont
den Wert von statistischen Angaben über Bauunfälle und sagt dazu: „Sie (die Statistik) wird wesentlich zur fachwissenschaftlichen Belehrung … führen."

1952 erscheint die heute vielfach als Klassiker unter den Schriften über Einstürze
von eisernen und stählernen Brücken angesehene Arbeit von E. Stamm [17]. Das
Büchlein enthält also planmäßig keine Angaben über Versagen von Holz- und Mas-
sivbrücken. Stamm übernimmt aus dem Buch von Elskes [15] die 42 bis 1893 regi-
strierten Unfälle mit den zuvor erwähnten Skizzen und fügt rd. 100 Schadensfälle
aus den Jahren 1891 bis 1950, teils mit Fotografien, hinzu. Auf einige geht er mehr
oder weniger ausführlich ein, wie z.B. auf die beiden Teileinstürze der Brücke über
den St. Lorenzstrom bei Quebec (1907 und 1916), die Einstürze der Thurbrücke bei
Gütikhausen in der Schweiz (1913) und der Birsbrücke bei Mönchenstein (1891),
der Tacoma-Narrows-Hängebrücke in den USA (1940) und die durch Sprödbruch
verursachten Schäden an der Brücke über die Hardenbergstraße in und an der Autobahnbrücke Rüdersdorf bei Berlin (1938) in Deutschland sowie an mehreren, zum
Teil eingestürzten Brücken über den Albertkanal in Belgien (1938 bis 1940). Bei
den anderen Einstürzen beschränkt er sich weitgehend auf eine Einordnung in mon-
tage- und überlastungabhängige, durch äußere Einwirkungen sowie durch aerodynamische Instabilität oder durch Sprödbruch bedingte Versagen und gibt zu fast allen
Ereignissen Quellen an, verzichtet aber leider auf übersichtliche Zusammenfassungen in Tabellen.

Ab 1976 häufen sich in Anbetracht der Schadenshäufigkeit im Brückenbau ein-
schlägige Publikationen in englischen Fachzeitschriften. Eine der nach meinem Urteil wichtigsten ist die Arbeit von D.W. Smith „Bridge failures" [7] vor allem, weil
sie eine umfangreiche Diskussion [21] auslöste, an der sich viele der damals maß-

gebenden Brückenbauingenieure aus verschiedenen Ländern beteiligten. Kern der Arbeit sind zunächst drei Tabellen, aus denen für 143 Brücken Datum des Einsturzes – zwischen 1847 und 1975 –, Alter zur Zeit des Versagens, Ursache und Anzahl der getöteten und verletzten Menschen entnommen werden können. Es fallen die große Anzahl von Versagensfällen, die auf Flutkatastrophen zurückgehen (fast die Hälfte der 143), und die über die Jahre zahlenmäßig stark zunehmenden Schäden durch Schiffsanprall auf, letzte bedingt durch das gleichzeitige Anwachsen der Anzahl von Schiffen und von mehrfeldrigen Brücken über schiffbare Wasserwege. Smith weist besonders darauf hin, daß nur einer der von ihm erfaßten Einstürze auf eine ungenaue statische Berechnung zurückgeht; er warnt nachdrücklich – und wird dabei von vielen Kollegen in der Diskussion unterstützt – vor der Gefahr, die von komplizierten und manchmal auch nicht eindeutigen Codes ausgeht. – Die Diskussion ist auch nach über 20 Jahren lesenswert, da sie Brückenbauer auf viele Probleme hinweist, die für ihre Arbeit nach wie vor wichtig sind. – Über die Arbeit von Smith und die Diskussion wurde von U. Peil im deutschen Schrifttum in [22] referiert.

1977 publizieren P.G. Sibly und A.C. Walker ihre Arbeit „Structural accidents and their causes" [23] und berichten über die Geschichte der vier Katastrophen mit großen Stahlbrücken: Dee-Brücke (Abschnitt 4.3), Tay-Brücke (Abschnitt 4.4), Quebec-Brücke (Abschnitt 3.2) und Tacoma-Brücke (Abschnitt 4.2). Sie versagten entweder während der Montage oder bald, nachdem sie in Betrieb genommen waren. Aus den Unterlagen schließen die Verfasser, daß die Unfälle gewisse Ursachen gemeinsam haben und daß ihre Geschichten Lehren für die gegenwärtige Praxis liefern. Auch sie betonen: „Die Sammlung statistischer Daten und die Klassifizierung von Unfällen ist eine wichtige Dienstleistung für den Ingenieurberuf."

Die Veröffentlichung „Analysis of events in recent structural failures" von F. C. Hadipriono [24] im Jahr 1985 konzentriert sich auf die Einordnung in die Ursachen Entwurfs- , Detaillierungs- und Montagefehler sowie Mängel bei der Unterhaltung, beim Werkstoff und in äußere Einwirkungen. Es werden insgesamt 147 Schadensfälle, eingeteilt in solche von Brücken, von niedrigen, von mehrstöckigen und von weitüberspannten Gebäuden (von 1978 bis 1980 sind weltweit neun von letzteren eingestürzt!) sowie Industrieanlagen erfaßt, ohne einzelne Schadensfälle zu betrachten. Aus seinen Kommentaren verdienen drei sonst kaum betonte Feststellungen besondere Beachtung: es sind Gefahren, die von Änderungen oder sogar der Aufgabe des Entwurfskonzeptes während der Planung und Ausführung und vom Wechsel der Personen, die damit verantwortlich befaßt sind, ausgehen. In beiden Fällen können für die Sicherheit des Projektes wichtige Informationen verloren gehen. Die dritte Feststellung betrifft das Risiko, das, durch die moderne Organisation des Bauens mit einem Nebeneinander zahlreicher hochqualifizierter Spezialisten bedingt, zu einer Lücke an Information zwischen den Beteiligten führt: Koordination wird damit zu einer zentralen Aufgabe oder müßte es werden! – Hardipriono nennt als Ziel seiner Studie: „Die Auswertung möge dem Ingenieur- und Konstruktionsberuf, der von technischen Problemen betroffen ist, helfen und ihm als ein

Führer für eine bessere Praxis von Entwurf und Ausführung bei zukünftigen ähnlichen Strukturen dienen."

Um die Breite der Betrachtungen in den Veröffentlichungen der letzten 20 Jahre deutlich zu machen, will ich beispielhaft auf folgende hinweisen:

Lord Penney vergleicht 1982 in [25] nicht nur die Gefahren, die mit verschiedenen Techniken, z. B. Kerntechnik, Bergbau, Straßenverkehr, Bauwesen, verbunden sind, miteinander, sondern auch die, denen Menschen darüber hinaus z. B. durch Krankheit und Rauchen ausgesetzt sind.

G. Dallaire und G. Robinson befassen sich 1983 in [26] mit der Gefahr, die von unqualifizierter Bearbeitung von Details von Stahlkonstruktionen – vor allem von Anschlüssen und Stößen – ausgehen kann. Sie zitieren Mies van der Rohe mit „Gott ist in den Details!" und halten diese auf Architekten zielende Feststellung für Ingenieure genau so zutreffend. Aufgrund schlechter Erfahrungen fordern sie lizensierte „Detaillierer", warnen vor falscher Verlagerung dieser Aufgaben von den Entwurfsverfassern auf die ausführenden Firmen (sie sagen „Fabrikanten") und betonen, daß die verantwortliche Prüfung von Konstruktionsdetails mindestens so wichtig ist, wie die von statischen Berechnungen. Sie hoffen auf eine Teillösung des Problems durch sehr gute und wirklich ausgereifte Software.

1987 legt P. Oehme der Technischen Universität Dresden seine Dissertation „Analyse von Schäden an Stahltragwerken aus ingenieurwissenschaftlicher Sicht und unter Beachtung juristischer Aspekte" vor [27]. Seine Betrachtungen gründen sich auf 564 Schadensfälle (davon 448 in der ehemaligen DDR) in den Jahren 1945 bis 1984, die vor allem in Karteien verschiedener Institutionen der ehemaligen DDR erfaßt sind. 40 % der Ereignisse stammen aus dem Hochbau, 28 % aus dem Brückenbau, der Rest betrifft Tagebaugeräte, Krane, Maste und Türme sowie sonstige Tragwerke. Man findet Tabellen, aus denen Mengenangaben z. B. zum Alter der Bauwerke beim Schadenseintritt, Angaben zur Schadenshöhe und verschiedene Hinweise zu den Ursachen des Schadens zu entnehmen sind. Sehr große Schäden – das sind solche mit mehr als 1 000 000 D-Mark Schadenssumme – werden für 10 % der Fälle in der DDR und für 41 % derjenigen im Ausland angegeben; dieser Unterschied beruht gewiß auf den unterschiedlichen Informationen über die Fälle in und außerhalb der ehemaligen DDR.

J. Scheidler berichtet 1990 [28] über 14 schwere Schadensfälle beim Bau von Großbrücken in Spannbeton-, Stahl- und Stahlverbundbauweise. Außer bei den beiden frühen Katastrophen beim Bau der Corneliusbrücke über die Isar in München 1903 (Abschnitt 10.6) und der Autobahnbrücke über den Rhein bei Frankenthal 1940 (Abschnitt 3.7) handelt es sich um Beispiele aus den Jahren 1950 bis 1990 in Deutschland, der Schweiz und Österreich.

W. Plagemann stellt 1994 [9] die beunruhigende Frage „Erfolgreiche Ingenieurkonstruktionen – ein Freibrief für nachfolgende?". Am Beispiel der Deebrücke (Abschnitt 4.3) beschreibt er die Gefahr möglicher Fehlschläge durch „Vergrößerung oder Ausmagerung erprobter Konstruktionen, wenn dabei die „Umhüllende der Erfahrungen" überschritten wird und bis dahin unbedeutende Einflüsse dominant werden." – In die gleiche Richtung gehen meine Gedanken, die ich 1994 in „Extrapolieren: Zwang und Risiko für Bauingenieure" [10] zusammengefaßt habe.

In den letzten etwa 30 Jahren sind mehrere Bücher über Bauschäden und -unfälle erschienen. Über Ziel und Inhalt von einigen soll ganz kurz referiert werden.

Th. Monnier konzentriert sich 1972 in „Cases of damage to prestressed concrete" [29] auf Spannbetonkonstruktionen im Hoch- und Brückenbau und stellt zusammenfassend fest, daß vorwiegend Mängel bei der konstruktiven Durchbildung oder Ausführung zum Versagen geführt haben.

R. Rybicki zielt 1972 mit „Schäden und Mängel an Baukonstruktionen – Beurteilung, Sicherung, Sanierung" [30] auf einen „Systematischen Leitfaden für die Beurteilung, Sicherung und Sanierung tragender Konstruktionen im Hoch- und Ingenieurbau". Es geht ihm vorwiegend um häufig auftretende Mängel, ihre Vermeidung und Behebung. Beispielen stellt er die Grundsätze gegenüber, deren Mißachtung Ursache für den Mangel war.

Ähnlich gehen J. Augustyn und E. Śledziewski 1976 vor. In „Schäden an Stahlkonstruktionen – Ursachen, Auswirkungen, Verhütung" [31] verbinden sie die Darlegung wichtiger Grundlagen für Entwurf, Konstruktion und Ausführung von Stahlbauten mit der ausführlichen Beschreibung von 68 im allgemeinen schweren Schadensfällen im Hoch-, Anlagen-, Kran-, Silo- und Brückenbau als Beispiele für deren Verletzung. Die meisten beschriebenen Unfälle traten in Ländern östlich des damaligen „Eisernen Vorhanges" auf und waren daher zuvor „im Westen" nicht oder nur wenigen bekannt.

In der im Auftrage des Bundesministers für Verkehr der Bundesrepublik Deutschland 1982 von R. Ruhrberg und H. Schumann erarbeiteten Dokumentation „Schäden an Brücken und anderen Ingenieurbauwerken" [5] werden 61 Bauwerksschäden, 14 Bauunfälle und 9 Beschädigungen von Bauwerken, alle aufgetreten in den Jahren 1959 bis 1981, nach einheitlichem Schema dargestellt. Bauwerksdaten, Schadensbeschreibung, -ursache und -beseitigung stehen bei den Bauwerksschäden vor den Folgerungen. Zeichnungen und Skizzen tragen zum Verständnis nachhaltig bei. Etwas erweitert ist die Darstellung bei den Unfällen und Beschädigungen. Das gleiche gilt für die 1994 folgende Dokumentation [14], in der 49 weitere Bauwerksschäden, 16 weitere Bauunfälle und 12 weitere Beschädigungen dargestellt werden.

D. Kaminetzky geht in seinem 1991 erschienenen Buch „Design and Construction Failures – Lessons from Forensic Investigations" [32] von systematisch geordneten möglichen Mängeln in den Bereichen Beton-, Stahl-, Mauerwerksbau sowie Gründungen aus und benutzt überwiegend aus dem Hochbau stammende, meistens mit instruktiven Skizzen und Fotos versehene Beispiele zur Erläuterung. Mit der sarkastischen Regel „Der beste Weg, bei Deiner Arbeit einen Zusammenbruch zu erzeugen, ist die Mißachtung der Lehre, die Dir ähnliche Bauwerke, die versagt haben, erteilen" macht er sein Ziel deutlich: mit Lektionen, die er aus den Unfällen für jeweils spezielle Bereiche des Bauwesens ableitet, zur Vermeidung von Wiederholungen beizutragen.

Weit aus dem Rahmen der anderen Bücher fällt das von F. S. Ferguson mit dem Titel „Das innere Auge" [12]. Der Verfasser macht deutlich, daß für die Kunst des Ingenieurs der Verlust der Fähigkeit geistigen Sehens, der mit der modernen Naturwissenschaft eingetreten ist, nicht nur für einfache Konstruktionsfehler, sondern auch für Katastrophen verantwortlich sein kann. Beispiele aus dem Bauwesen sind Einstürze von Bauwerken, wie der Brücke über den St. Lorenzstrom bei Quebec 1907, der Tacoma-Narrows-Hängebrücke 1940 und des Coliseums in Hardford 1978. Seine Überlegungen führen zu teilweise neuen Beurteilungen dieser bekannten Desaster.

In „Schadensfälle im Stahlbau und ihre Ursachen" wiederholt M. Herzog [33] 1998 weitgehend Bekanntes. Die Ursachen werden gelegentlich knapp und vereinfacht auf eine einzige reduziert angegeben und treffen nach meinem Urteil nicht immer zu.

Es ist, wie aus den zuvor betrachteten Veröffentlichungen hervorgeht, immer wieder gefordert worden, über Versagen von Bauwerken zu berichten. Das geschah in Deutschland bis 1912 z. B. für den Stahlbetonbau, indem jeder Versagensfall der Fachwelt in der Zeitschrift „Beton und Eisen" mitgeteilt wurde. Diese Berichterstattung übernahm danach das Zentralblatt der Bauverwaltungen (siehe dazu z. B. [30]; die Vollständigkeit dieser Berichterstattung ging aber im Lauf der Jahre mehr und mehr verloren, so daß heute im deutschen Schrifttum – auf die vorbildliche Ausnahme mit [5, 14] habe ich hingewiesen – wegen der Quellen, besonders in den USA, mehr über Schadensfälle im Aus- als im eigenen Land berichtet wird. Es wäre aber völlig falsch, daraus etwa auf eine höhere Schadensquote dort zu schließen.

Ob man so, wie in „Die Geschichte berühmter Brücken" [96, Seite 44] von „der wachsenden Erkenntnis, daß Fehlschläge dokumentiert werden sollten", sprechen kann, mag dahin gestellt bleiben. Sicher verhindern aber juristische Zwänge oft, daß das geschieht. Wenn aber ein Fachmann seine persönliche Beurteilung eines Schadensfalles dokumentiert und diese als subjektiv deutlich kennzeichnet, kann ihm das niemand verwehren. So sind alle von mir formulierten Beschreibungen und Beurteilungen als subjektiv einzustufen und mögen gern von kompetenten Fachleuten in einer sachlichen Auseinandersetzung korrigiert werden.

1.5 Zahlenangaben zu existierenden Brücken

Wie im Vorwort begründet, sollen einige Angaben ermöglichen, die vielen in diesem Buch zusammengetragenen Fälle von Brückenversagen an der Anzahl vorhandener Brücken zu messen. Leider gibt es in Deutschland weder beim Statistischen Bundesamt noch beim Bundesverkehrsministerium zusammenfassende Unterlagen, sondern nur solche zu den Straßenbrücken „in der Baulast des Bundes", also ohne die der Länder und Kommunen. Danach gab es Ende 1998 im Zuge von und über Bundesautobahnen und Bundesstraßen 35 272 Brücken.

H. Siebke nennt 1983 [99] die Zahl rd. 25 000 für die Anzahl der Eisenbahnbrücken in der damaligen Bundesrepublik Deutschland.

In den USA gibt es nach einer Internet-Information [100] 1997 in den 9 Staaten Abraska, Colorado, Iowa, Kansas, Missouri, Nebraska, Ohio, Oklahoma und Texas insgesamt rd. 198 000 Brücken. Texas ragt mit rd. 47 000 Brücken aus dem Mittel nach oben deutlich heraus.

2   Versagen von Brücken, Allgemeines

Versagen von Brücken hat nicht nur die Fachwelt, sondern auch die Öffentlichkeit wiederholt tief erschüttert. Dies wird besonders an der Reaktion auf den folgenschweren Einsturz der Brücke über den Firth of Tay im Jahr 1879 (Fall 4.23 in Tabelle 4) deutlich. Immer wieder wird in Fachpublikationen auch heute noch zu diesem Unglück Stellung genommen. Theodor Fontanes Gedicht „Die Brücke am Tay" wird häufig zitiert, besonders die erste Strophe, die mit der Frage der Hexen aus Shakespeares Macbeth: „Wann treffen wir drei wieder zusamm'?" beginnt und mit „Tand, Tand ist das Gebilde von Menschenhand!" endet. Max Eyth beschreibt in „Hinter Pflug und Schraubstock" [34] eindrucksvoll, wie er mit dem Vater des Lokomotivführers im Morgengrauen die Katastrophe im Firth of Tay erkennt.

Brückenbau fordert die Beteiligten besonders heraus, im allgemeinen mehr, als andere Aufgaben des konstruktiven Ingenieurbaus, obwohl für die im Brückenbau üblichen Systeme Einwirkungen und Ableitung der Kräfte in den meisten Fällen einfacher zu verfolgen sind als in manchen anderen Tragwerken. Aber immer größere Spannweiten, Brückenbreiten und Lasten sind zu meistern, neue Systeme, neue Bauarten, Herstellungsverfahren und neue Baustoffe werden zur Lösung der Aufgabe und zur Einsparung von Kosten erstmals angewandt. Daher ist „… manche Brücke eingestürzt, weil sich die Kenntnisse beim Vordringen in Neuland immer wieder als unvollständig erwiesen", sagt H. Wittfoht in [35]. Auch bei größter Sorgfalt aller Beteiligten waren Unfälle nicht vollständig zu vermeiden und werden es auch in Zukunft nicht sein.

Tabelle 2 gibt einen Überblick über die erfaßten Versagensfälle im Brückenbau und ihre Zuordnung zu den Kapiteln 3 bis 10.

Tabelle 2. Übersicht über die Gliederung und die erfaßten Fälle

Tabelle Nr.	Inhalt	Anzahl der erfaßten Fälle	
		mit	ohne
		Einzelangaben	
3	Versagen beim Bau	93	20
4	Versagen im Betrieb ohne Fremdeinwirkung	86	35
5	Versagen durch Schiffsanstoß	48	4
6	Versagen durch Einwirkung des unterführten Verkehrs	16	0
7	Versagen durch Einwirkung des überführten Verkehrs	18	5
8	Versagen durch Hochwasser, Eis	32	10
9	Versagen durch Brand, Explosion	15	2
10	Versagen von Traggerüsten	48	14
Summe		356	90

Oft ist die Zuweisung zu den genannten Kapiteln nicht eindeutig möglich. So wird z. B. die Frage, ob eine Montagehilfe zur Brücke gehört oder ob sie ein selbständiges Gerüst ist, subjektiv beantwortet werden. Ebenso könnte der Anprall eines Fahrzeuges während des Baus eine Einordnung in die Kapitel 3 oder 6 bzw. 7 rechtfertigen.

Alle Kapitel beginnen mit einer Tabelle. In ihr stehen in chronologischer Reihung für die erfaßten Fälle wichtige Daten, stichwortartige Beschreibungen des Versagens und seiner Ursachen und Hinweise auf Quellen. Es folgen bei einigen Abschnitten allgemeine Angaben, z. B. zur Häufung und zur Häufigkeit bestimmter Versagensarten und -ursachen, Beschreibungen einzelner Fälle oder zusammengefaßt mehrerer miteinander verwandter Fälle.

Lehren, die aus dem Versagen von Brücken, ob im Bau oder im Betrieb, also unabhängig von ihrer Einordnung in eines der Kapitel 3 bis 10 gezogen werden können oder gezogen werden müssen, stehen in den Kapiteln 11 und 12. Für die Praxis sind sie im Abschnitt 11.7 kurz zusammengefaßt.

Ein Register im Kapitel 14 erlaubt, ausgehend vom Ort einer von einem Versagen betroffenen Brücke oder vom überquerten Wasserweg oder Tal, die Einordnung in die Tabellen 3 bis 10 sowie das Jahr des Ereignisses schnell zu finden.

3   Versagen beim Bau

3.1   Tabelle 3, allgemeine Betrachtungen

In Tabelle 3 werden 93 Brücken erfaßt, die beim Bau versagten, und zusätzlich 20 genannt, über die ich keine genaueren Angaben erhalten konnte. Es handelt sich um Einstürze, Teileinstürze und auch größere Schadensfälle ohne Einsturz. Probebelastungen von Brücken, die abgängig waren oder mit dem Ziel gebaut wurden, mit beabsichtigter Zerstörung ihre Tragwirkung und Traglast zu studieren, sind nicht erfaßt, da es sich bei ihnen um planmäßiges Versagen handelt.

Interessant ist, daß es schon bei den ersten weitgespannten Balkenbrücken, der Röhrenbrücke über den Conway und der Britannia-Röhrenbrücke über die Menai Straits (Fall 3.2, [36]), zwar Schwierigkeiten gab, daß aber durch die Weitsicht der Planer größere Folgen von gefährlichen Vorkommnissen vermieden wurden. So hat z. B. das Nachstapeln beim Heben größere Schäden infolge Versagens einer hydraulischen Presse verhindert und nur zu einem Absacken der Brücke um 20 cm geführt. Vorkehrungen zur Verhinderung von größeren Folgen zwar äußerst unwahrscheinlicher, aber dennoch denkbarer Ausfälle ordnen wir heute dem robusten Bauen zu, das zwar immer wieder diskutiert und gefordert [37, 38], aber, da es im einzelnen in Baubestimmungen nicht oder kaum gefordert wird, viel zu wenig praktiziert wird (hierzu siehe Abschnitt 11.2.5).

Auffallend ist die immer wieder auftretende Häufung von Schäden infolge Instabilitäten. Am Anfang steht bei Brücken mit Fachwerkhauptträgern das Knicken von Druckstäben, insbesondere mehrteiliger (Abschnitt 3.2), dann folgt seitliches Ausweichen wegen zu schwacher Seitenstützung gedrückter Gurte (Trogbrückenproblem) (Abschnitt 3.3), und um das Jahr 1970 kommt es im Stahlbau bei der Hohlkastenbauweise mehrfach zum Versagen (Abschnitt 3.4). Im Spannbetonbrückenbau bricht 1970 (Fall 3.50) ein Kragarm beim Freivorbau ab, zwischen 1972 und 1979 häufen sich ähnliche Fälle (Abschnitt 3.5).

Tabelle 3

Versagen von Brücken beim Bau, Abbruch oder Umbau (einschl. Versagen bei Probebelastungen, aber nicht im Falle planmäßigen Bruches), ohne Versagen infolge Schiffsanstoß, Hochwasser, Eisgang und Gerüstversagen. Abkürzungen siehe Abschnitt 1.3

Lfd. Nr.	Jahr	Brücke Ort; Art	Land	über	für	Stichwörter zum Versagen	Pers.-sch.	Ein-sturz	Lg./Spw. (m)	Quellen
3.1	1846	Barentin-Viadukt zw. Rouen u. Le Havre. 27 Ziegelsteinbögen, bis 32 m Höhe	Frankreich	Tal	B	Kettenartiger Einsturz aller Bögen kurz vor Fertigstellung. Ursache vermutlich nicht ausreichend tragfähige Pfeilerunterteile infolge Ersatz von Natursteinmauerwerk durch Bruchsteine mit „Schuttfüllung"	0	Total	456/14/ 14	Illustrirte Ztg Nr. 150 vom 16.05.1846
3.2	1849	Britannia- und Conway-Röhrenbrücken. Jeweils zwei nebeneinander liegende Röhren	England	Conway u. Menai Straits	B	Verschiedene Probleme bei der Montage, wie Bodenberührung eines Pontons beim Transport der ersten Röhre der Conwaybrücke und Ausfall von Seilwinden und -bremsen, Zerstörung einer hydraulischen Hubpresse mit Absturz einer Röhre um rd 20 cm bei der Britanniabrücke	? T	–	464/140/ 140 129/122/ 122	[36]
3.3	1852	Kabelhängebrücke bei Peney nahe Genf	Schweiz	Rhone	Str	Bei Probebelastung. Ursache: Überlast infolge der bei Regen vollgesogenen Sandsäcke bringt mangelhafte Kabelverankerung zum Versagen	0	Total	100/100/ 100	EI 7, 18–20
3.4	1873	Eisenfachwerkbrücke bei Payerne südlich des Genfer Sees	Schweiz	Broye	Str	Bei Probebelastung. Ursache: Leichtsinn beim Entfernen der Last, „über Bcrd" beschädigt Brückenteile		Total	30/30/ 30	ZVDI 1884, 159
3.5	1877	Eiserne Vollwandträger der 88feldrigen Firthbrücke	Schottland	Firth of Tay	B	Zwei Überbauten durch Sturm von den Lagern ins Meer gerissen	1 T	Teil	3264/75/ ?	[7] vgl. auch 4.23

Lg. = Länge; Spw. = größte Spannweite/Spannweite des Einsturzfeldes

Tabelle 3 (Fortsetzung)

Lfd. Nr.	Jahr	Brücke				Stichwörter zum Versagen	Pers.-sch.	Ein-sturz	Lg./Spw. (m)	Quellen
		Ort; Art	Land	über	für					
3.6	1881	Eisenfachwerk-brücke Miramont	Frank-reich	Garonne	Str	Tragwerk beim Längsverschub überbeansprucht und offensichtlich geschädigt, später beim Aufbringen des Belages Druckstäbe ausgeknickt (s. Abschn. 3.2)	—	Total	54/54/54	El 6, 10, 17, 18
3.7	1883	Zwischen Rykon und Zell. Halb-parabelfachwerk	Schweiz	Töss	Str	Bei Probebelastung. Knicken von Obergurt-stäben wegen fehlender Seitensteifigkeit – Trogbrückenproblem (s. Abschn. 3.3)	1 T 5 V	Total	21/21/21	ZVDI 1884, 159
3.8	1884	Bei Salez, Kanton St. Gallen. Fachwerk, im Grundriß schief	Schweiz	Wer-denbgr. Binnen-kanal	Str	Zu schwach bemessen, Konstruktionsfehler: Stoß von Gurtstäben im Knotenblech, Einsturz bei Belastungsprobe	2 V	Total	36/36/36	SBZ 1884, 128, 134, 136, 145
3.9	1884	Bei Douarnenez, Bretagne	Frank-reich	Tardes		Einsturz beim Längsverschub während eines Sturmes		Total	56/56/56	El 6, 10
3.10	1884	Bei Evaux, Bretagne	Frank-reich	Tardes		wie vor		Total	284/104/ 104	El 6, 10
3.11	1887	Staunton, Virginia	USA	Bigg Otter	B	Schwächung eines Schweißeisenstabes während des Umbaus zum Ersatz einer Holz- durch eine eiserne Brücke durch Überhitzen. Zusammenbruch eines Brücken-feldes beim Passieren eines Kohlenzuges (s. Abschn. 3.9)		Teil	?/40/40	El 6, 11, Bild 3.38
3.12	1891	Bergbrücke. Halb-parabelfachwerk	Öster-reich		Str	Bei Belastungsprobe, Stabknicken wegen mangelhafter Querversteifungen (s. Abschn. 3.3)		Total	28/28/28	W 23

Tabelle 3 (Fortsetzung)

Lfd. Nr.	Jahr	Brücke				Stichwörter zum Versagen	Pers.-sch.	Ein-sturz	Lg./Spw. (m)	Quellen
		Ort; Art	Land	über	für					
3.13	1892	Bei Covington	USA	Licking River	Str	Kabelbruch in der alten, beim Neubau zur Montage benutzten Hängebrücke		Total	?/116/16	EI 7, 10
3.14	1892	Bei Kladwa	Böhmen		Str	Beim seitlichen Einschieben eingestürzt		Total	?/?/?	EI 7
3.15	1892	In Strathglass. Parallelfachwerk	Schottland	Cannich	Str	Beim Aufbringen des Fahrbahnbelages infolge Ausknicken der Obergurte wegen zu geringer Seitensteifigkeit eingestürzt (s. Abschn. 3.3)	0	Total	40/40/40	W 25
3.16	1892	Bei Ljubitschewo. Halbparabelfachwerk	Serbien	Morawa	Str	Bei Probebelastung. Druckgurtknicken wegen mangelhafter Verbindungen zwei-teiliger Druckstäbe beim Aufbringen eines Teiles der Last (s. Abschn. 3.2)	0	Teil	185/62/62	SBZ 1893, 55, 60 Bild 3.2
3.17	1893	Bei Chester. Fachwerkbrücke	USA	Willcutts	B	Beim Umbau fuhr Zug auf die Brücke, in der einige Tragglieder zum Umbau gelöst waren (s. Abschn. 3.9)	40 T	Total	32/32/32	EI 7, 27, 28
3.18	1893	Bei Louisville. 6 einzelne Fachwerkträger	USA	Ohio		Zunächst stürzt zu schwaches Joch des Montagegerüstes infolge starken Windstoßes ein. Stunden später versagt bei einem Orkan ein 165-m-Überbau und stürzt in den Strom. Ursache: Teile des Montagegerüstes waren vor vollständigem Abnieten und vor Einbau aller Windverbände abgebaut worden.	22 T	Teil	762/165/165	SBZ 1894, 60
3.19	1894	Eisenbetonbrücke in Stargard, Pommern. Bogen-form, Bauhöhe im Scheitel 25 cm	Deutschland	Ihna	Str	Gründung mit zu kurzen Pfeilern bei durch Hochwasser durchweichtem Baugrund zu nachgiebig für angenommene Einspannung, damit Scheitelquerschnitt überlastet		Total	18/18/18	SBZ 1895, 28

Tabelle 3 (Fortsetzung)

Lfd. Nr.	Jahr	Brücke Ort; Art	Land	über	für	Stichwörter zum Versagen	Pers.-sch.	Ein-sturz	Lg./Spw. (m)	Quellen
3.20	1905	Fachwerkbrücke bei Heidelberg. 3 Bögen	Deutschland	Neckar	B	Versagen einer Montagebrücke, l = 30 m, infolge seitlichem Ausweichen ihrer Obergurte beim Befahren durch einen 14 m hohen Montage-Portalkran (s. Abschn. 3.3)	0	Teil	170/71/71	W 26
3.21	1907	Fachwerkauslegerbrücke bei Quebec	Kanada	St. Lorenz-River	B	Versagen der beim Bau gedrückten Untergurte, mehrteilige Stäbe, führen zum Totalversagen einer Brückenhälfte (s. Abschn. 3.2)	74 T	Total	853/549/549	Bilder 3.3 und 3.4
3.22	1907	Eiserner Fachwerkträger bei la Rasse	Frankreich	Doubs	Str	Beim Absenken nach Längsverschub wegen unvorsichtiger Handhabung der Winden und unzureichender Verkeilung in den Fluß gestürzt	0	Total		SBZ 1907, 50
3.23	1908	Südbrücke bei Köln. Bogen mit Zugband	Deutschland	Rhein	B	Fachwerk-Hilfsbrücke, l = 65 m, für Hauptfeld eingestürzt. Ursache ungeklärt	8 T 11 V	Teil	165	SBZ 1908, 55
3.24	1910	Steinerne Bogenbrücke in Heiligenstadt	Deutschland	Leinleiter	Str	Beim Abbau unmittelbar nach Herausnahme des Schlußsteins zusammengebrochen (s. Abschn. 3.9)	1 V	Total		B + E 1910, 359
3.25	1911	Eisenbrücke „Haus Knipp", Duisburg	Deutschland		B	Kein Einsturz, aber Auswechseln von etwa 100 Bauteilen wegen zu hohem Phosphorgehalt und damit Brüchigkeit des Werkstoffes erforderlich	0	kein		B + E 1912, H. 1
3.26	1913	Parallelgurtige Fachwerkbrücke bei Gütikhausen	Schweiz	Thur	Str	Unzulässiges Lösen von Stäben beim Verstärken verursacht Knicken von Stäben (s. Abschn. 3.2)	2 V	Total	68/68/68	SBZ 1913, 283, 296

Tabelle 3 (Fortsetzung)

| Lfd. Nr. | Jahr | Brücke | | | | Stichwörter zum Versagen | Pers.-sch. | Ein-sturz | Lg/Spw. (m) | Quellen |
		Ort; Art	Land	über	für					
3.27	1916	Fachwerkausleger-brücke bei Quebec, 2. Unfall	Kanada	St. Lorenz-River	B	Beim Einheben des Mittelteils „Abrutschen" der Aufhängung	13 T	Teil	853/549/195	vgl. Fall 3.21
3.28	1925	Brücke bei Mozyrow	Rußland	Prypet-fluß	B	Zwei Felder stürzen wegen mangelhaften Unterwasserbetons eines Pfeilers bei Probe-belastung ein	? T	Total	?/?/?	St 30
3.29	1926	Eisenbetonbogen-brücke in Gartz	Deutsch-land	Oder	B	Unterwasserbeton im unteren Teil eines Pfeilers hatte keine ausreichende Festigkeit und stürzte mit den beiden auf ihm gelagerten Bögen ein	3 T	Teil	134/58/58	BI 1927, 111, 918
3.30	1927	6feldrige Halb-parabel-Fachwerk-brücke bei Ohio Falls	USA	Missis-sippi	B	Versagen eines Hilfsjoches beim Freivorbau. Ursache: Nur Verbände über Wasser, keine unter Wasser. Pfähle auf der harten Fluß-sohle aufgesetzt, wegen weicher Deckschicht praktisch nicht eingespannt	1 T	Teil	554/125/96	BT 1927, 812
3.31	1927	Hängebrücke bei Peughkeepsie	USA	Hudson	Str	Bis dahin größter offener Caisson mit 19 000 t Beton für Gründung 40 m unter Wasserspiegel neigt sich gleich zu Beginn des Absenkens im Schlamm und Ton um 42°		Teil	914/455/–	ENR 1931, 275
3.32	1931	Hängebrücke nahe Bordeaux	Frank-reich	Igle	Str	Bei kombinierter Einweihungs- und Probe-belastungsdemonstration unter 9 mit Sand beladenen Lastwagen wird Einsturz mit der Zerstörung eines Hängers durch Lastwagen-anprall mit progressivem Bruch weiterer Hänger ausgelöst	15 T 40 V	Total	76/76/76	ENR 1931, 985, 1066 Könnte auch in Tabelle 7 erfaßt sein

Tabelle 3 (Fortsetzung)

Lfd. Nr.	Jahr	Brücke				Stichwörter zum Versagen	Pers.-sch.	Ein-sturz	Lg./Spw. (m)	Quellen
		Ort; Art	Land	über	für					
3.33	1939	Gerber-Vollwand-trägerbrücke bei New York	USA	Plum-Beach-Channel	Str	Träger umgekippt, außerdem zerstört Kran, der wegen Nachgeben seiner Verankerungs-seile umstürzt, Teile der Brücke		Teil	?/?/?	BT 1940, 210
3.34	1940	Autobahnbrücke bei Frankenthal nahe Mannheim	Deutsch-land	Rhein	Str	Versagen der Hubeinrichtung auf einem Montagehilfsjoch beim Anheben im Rahmen des Freivorbaus (s. Abschn. 3.7)	42 T	Teil	308/161/161	Bilder 3.29 bis 3.33
3.35	1949	Fachwerkbrücke bei Hinton, W.-Virginia	USA	Blue-stone River	Str	Beim Freivorbau von 71 m des dritten, 85 m weiten Feldes bricht Kragarm etwa 6 m vom Auflager entfernt infolge Bruch eines Zug-stabes ab, als mit Vorbauderrick das Bauteil in Position gebracht wird, mit dem die 14-m-Lücke zum nächsten Pfeiler geschlossen werden sollte. Ursache für Bruch eines Zug-stabes unbekannt	5 T 4 V	Teil	343/85/85	ENR 1949, 07.04., 13 21.04., 12 Bild 3.39
3.36	1954	Autobahnbrücke bei Kaisers-lautern. 5feldrige Verbundbrücke	Deutsch-land	Lauter-bachtal	Str	Seitliches Ausknicken des im Montagezu-stand über einen großen Bereich gedrückten Untergurtes (s. Abschn. 3.3)	0	Teil	272/64/36	Bilder 3.5 und 3.6
3.37	1956	Nordbrücke Düsseldorf	Deutsch-land	Rhein	Str	Zwei Schwimmkräne arbeiten beim Ver-setzen eines 410 t schweren Brückenteiles unkoordiniert zusammen, Last verlagert auf einen Kran, der neigt sich, so daß Ausleger kollidieren und einer versagt. Mit dem Bau-teil versinkt auch einer der Kräne	1 V	Teil	476/260/260	Tagespresse

Tabelle 3 (Fortsetzung)

Lfd. Nr.	Jahr	Brücke				Stichwörter zum Versagen	Pers.-sch.	Ein-sturz	Lg./Spw. (m)	Quellen
		Ort; Art	Land	über	für					
3.38	1958	Sec. Narrows Bridge, Vancouver. Gerber-Fachwerkträger	Kanada	Burrard-Bucht	Str	Versagen einer Hilfsstütze infolge Stegkrüppeln, das durch Holzaussteifungen verhindert werden sollte. Konstruktionsfehler bemerkt, aber nicht beseitigt	18 T	Total	618/334/142	BI 1961, 30 Bild 3.1a
3.39	1959	Barton, Lancs, nördlich London	England			Stahlträger stürzen ab wegen Knicken von Hilfsstützen	4 T			Proc. Instn. Civ. Engs. 36 (1967) 499
3.40	1959	Bogenbrücke bei Göteborg	Schweden	Askerofjord	Str	Querschwingungen der schlanken Rohr-Aufständerungen, kein Einsturz	0	kein	?/278/–	BI 1962, 168 vgl. Tabelle 5 s. auch SB 1968, 340
3.41	1963	Autobahnbrücke bei Heidingsfeld nahe Würzburg. Verbund	Deutschland	Tal	Str	Versagen von Beton-Auflager-Stapelplatten, kein Absturz, aber großer Schaden (s. Abschn. 3.8)	0	Teil	664/80/–	BMV 82, 385 Bild 3.34
3.42	1964	Zweiflügelige Klappbrücke, ohne Ortsangabe	Deutschland	Wasserweg	Str	Klappe wird während der Unterbrechung des Belagaufbringens durch Schlechtwetter zum Öffnen entriegelt, ohne zuvor temporäre Gegengewichte zu korrigieren. Folge: Ausknicken der Kolbenstangen des hydraulischen Antriebes und Beschädigung der Klappe	0	Teil	67/rd. 32/ rd. 32	BMV 82, 388
3.43	1965	Gedeckte Holzbrücke zw. Oberbüchel (St. Gallen) und Bangs	Schweiz	Rhein	Str.	Brücke stürzt bei starkem Wind ein, vermutlich versagten zunächst zwei der mit „Eisen" verstrebten Joche	0	Total	?/?/?	Tagespresse

Tabelle 3 (Fortsetzung)

Lfd. Nr.	Jahr	Brücke				Stichwörter zum Versagen	Pers.-sch.	Ein-sturz	Lg./Spw. (m)	Quellen
		Ort; Art	Land	über	für					
3.44	1966	Vorlandbrücke Rees-Kalkar. Verbund mit vollwandigen Hauptträgern	Deutschland	Rhein	Str	Unterschätzung der Lagerwege während der Herstellung wegen temporären Festpunktes führte zum Abrollen und zur Wirkung der Rollen als schief stehende, kurze Pendel. Die durch den Ausbau von Hilfsstützen ansteigenden Kräfte brachten Überbau in Bewegung und Lagerstapel zum Einsturz, erzeugte größere Stützweite und führte zum Bruch eines Montagestoßes	1 V	Teil	282/60/60	BMV 82, 410
3.45	1967	Stahlhochstraße in Willemstad, Curacao, Ndl. Antillen. Hohl-Kasten mit orthotroper Platte	Niederlande	Schifffahrtskanal	Str	Bruch eines Ankerstabs aus Stahl mit Zugfestigkeit 1000 N/mm², vermutlich wegen unerlaubten Baustellenschweißens zur Lagesicherung beim Betonieren. Verankerung war für auskragenden Vorbau erforderlich und bestand aus einem Augenstab am Überbau und Ankerstäben im Widerlager	20 T		487/?/?	ENR 1968, 04.01., 21 22.02., 41
3.46	1968	Kniebrücke Düsseldorf. Schrägseilbrücke	Deutschland	Rhein	Str	Auftretende Schwingungen beim Freivorbau rechtzeitig durch nachträglichen Einbau eines Torsionsverbandes beseitigt. – Ausbeulungen in Stegblechen der Kragscheiben für die Seillaufhängung werden durch Verstärkungen kompensiert	0	Kein	564/320/320	Festschrift „Kniebrücke"
3.47	1969	4. Donaubrücke, Wien	Österreich	Donau	Str	Ausbeulen des gedrückten Untergurtes (s. Abschn. 3.4)	0	Teil	?/210/?	Bilder 3.7.a, 3.8 bis 3.10
3.48	1969	Brücke in Esslingen	Deutschland	Neckar	Str	Wassereinbruch in Spundwandkasten, Sohle 6 m unter Wasserspiegel. Ursache unbekannt	3 T	Teil	–/–/–	Tagespresse

Tabelle 3 (Fortsetzung)

Lfd. Nr.	Jahr	Brücke				Stichwörter zum Versagen	Pers.-sch.	Ein-sturz	Lg./Spw. (m)	Quellen
		Ort; Art	Land	über	für					
3.49	1970	Cleddau Bridge, Milford	England	Hafen	Str	Zusammenbruch wegen Beulen des Auflagerquerträgers (s. Abschn. 3.4)	4 T	Total	820/213/77	[41], Bild 3.11
3.50	1970	Brücke bei Seboth, Steiermark	Österreich	Gra-sitsch-bach	Str	Spannbetonbrücke im Freivorbau abgeknickt mit Kettenreaktion: Aufprall des abgebrochenen Teiles bringt 56 m hohen Pfeiler zum Einsturz, danach Absturz der restlichen Überbaufelder und der zugehörigen Pfeiler. Ursache: Mängel bei Ausführung von Spannstangen-Muffenstößen (zu kleine Einschraublängen) in Diagonalen eines 18 m hohen Hilfspylons (s. Abschn. 3.5)	3 T 2 V	Total	192/40/40	BRF 74 ENR 1970, 06.08., 39 Inform. Prof., Wicke Bild 3.22
3.51	1970	Westgate, Melbourne	Australien	Yarra-River	Str	Versagen durch Beulen infolge Planlosigkeit bei der Montage (s. Abschn. 3.4)	34 T 18 V	Total	1079/336/336	Bilder 3.12 bis 3.14
3.52	1970	Brücke zwischen Rio de Janeiro und Niteroi	Brasilien	Bucht von Guana-bara	Str	Bei Belastungsprobe bricht einer der ersten errichteten Spannbetonträger zusammen. Ursache: Fehler in statischer Berechnung	8 T	Teil	14000/300/??	Tagespresse Zur Brücke auch SB 1999, 236
3.53	1971	Strombrücke Koblenz. 3feldriger Stahlhohlkasten	Deutschland	Rhein	Str	Weit auskragender Träger knickt wegen Beulens des versteiften Untergurtes ab (s. Abschn. 3.4)	13 T	Teil	443/236/236	Bilder 3.7b, 3.15 bis 3.18
3.54	1971	Spannbetonhochstraße in Rio de Janeiro	Brasilien	Straße	Str	Betonträger versagen vorm Verpressen der Spannglieder unter Last eines Betontransporters	24 T	Total	122/49/49	ENR 1971, 25.11., 12 1972, 16.11., 23

Tabelle 3 (Fortsetzung)

Lfd. Nr.	Jahr	Brücke				Stichwörter zum Versagen	Pers.-sch.	Ein-sturz	Lg./Spw. (m)	Quellen
		Ort; Art	Land	über	für					
3.55	1972	4feldrige Spannbetonbrücke Cannavino, von Pfeilern aus frei vorgebaut	Italien	Tal	Str	Temperaturzwängungsbedingter Absturz eines an den beiden Kragspitzen in Feldmitte eingehängten Rüstträgers führt zu Stoßbelastung und damit u. a. zum Bruch eines Kragarmes. Spannglieder waren nicht verpreßt (s. Abschn. 3.5)		Total	346/113/?	B+S 1981, 78, 113 Bild 3.21
3.56	1973	Brücke Illarsaz, Kanton Wallis. Verbundbrücke, 3 Felder	Schweiz	Rhone	Str	Nicht erwartete Führungskräfte beim Aufschieben der Fahrbahnplatte bringen Brücke zum Einsturz, nach mündlicher Auskunft auch Mängel im statischen Nachweis (s. Abschn. 3.6)		Total	260/100/?	SB 1980, 86, BRF 74 Bild 3.27
3.57	1973	Verbundbrücke in Valagin bei Neuenburg. 10 Felder	Schweiz	Sorge	Str	Im Schiebetakt hergestellte Platte kommt beim Aufschieben im Gefälle wegen überschätzter Reibung ins Gleiten und zerstört Brücke (s. Abschn. 3.6)	7 V	Total	340/44/?	SB 1980, 86, BRF 74 Bilder 3.25 und 3.26
3.58	1973	Stahlhohlkastenbrücke Zeulenroda	Deutschland	Weida-Stausee	Str	Stahlhohlkastenkragarm stürzt beim Freivorbau kurz vor Fertigstellung des zweiten Feldes infolge Beulen des versteiften Untergurtes ab (s. Abschn. 3.4)	4 T 5 V	Teil	362/63/63	Bilder 3.19 und 3.20
3.59	1974	Verbundbrücke bei Bramsche nahe Osnabrück. 2zelliger Verbundhohlkasten	Deutschland	Mittelland-kanal	Str	Unsachgemäßer Abbruch wegen Kanalverbreiterung führt zum Absturz in den Kanal. Ursache: Mit Abbruch der Betonplatte begonnen, bevor geplante Lagerung auf Hilfsstützen zur Verringerung der Stützweite auf rd. 50 m wirksam (s. Abschn. 3.9)	1 T 9 V	Total	60/60/60	Vermerk d. Niedersächsischen Landesamtes für Straßenb. 20.07.94

Tabelle 3 (Fortsetzung)

Lfd. Nr.	Jahr	Brücke				Stichwörter zum Versagen	Pers.-sch.	Ein-sturz	Lg./Spw. (m)	Quellen
		Ort; Art	Land	über	für					
3.60	1974	Brohltalbrücke. 12feldrig, Herstellung im Taktschiebeverfahren	Deutschland	Tal	Str	34 cm dicke Stege in einem späteren Feldmittenbereich über einem Verschiebelager eingedrückt. Ursache: Hohlräume infolge starker Durchsetzung mit tief liegenden Spanngliedern, planmäßig noch nicht verpreßt. Lokaler Schaden (s. Abschn. 3.6)	0	Teil	600/70/?	BRF 74
3.61	1975	Spannbetonbrücke Tauern-Gmünd. Tauernautobahn, 9feldrig	Österreich	Lieser	Str	Absturz eines auskragenden Teiles des Betonkastenträgers nach Absetzen des verfahrbaren Schalungsträgers beim (wegen der Krümmung erforderlichen) Querverschub, Beschädigung eines Pfeilers. Gründe: Spannglieder nicht verpreßt, Betonfestigkeit noch nicht ausreichend, von Planung abweichende Handhabung des Schalungsträgers. Es wird auch auf (b/t) >24 der gedrückten Bodenplatte hingewiesen (s. Abschn. 3.5)	10 T 1 V	Teil	561/65/?	BRF 76 Bilder 3.23 und 3.24
3.62	1977	Holzfachwerkbrücke Bad Cannstatt	Deutschland	Neckar	F	Einsturz beim Absetzen auf Pfeiler mit Hilfe von 2 Schwimmkranen wegen nicht durchdachter Montageplanung	0	Total	137/72/72	Gutachten J. Oxfort Bild 3.1b
3.63	1978	Autobahnbrücke bei Schwaig	Deutschland	Pegnitz	Str	Absturz eines 20 m langen Teilstückes beim Abbruch (s. Abschn. 3.9)	1 T 2 V	Total		Tagespresse
3.64	1979	Betonkastenträgerbrücke, 5feldrig, Segmentbauweise, bei Rockford	USA	Kishwaukee River	Str	Risse, u.a. mit Weiten bis 6 mm im Unterflansch sowie in den Auflagersegmenten. Ursache: vermutlich Versagen der Epoxydharzfuge bei Schubübertragung mangels Aushärtung		Kein		ENR 1979, 31.05., 8

Tabelle 3 (Fortsetzung)

| Lfd. Nr. | Jahr | Brücke | | | | Stichwörter zum Versagen | Pers.-sch. | Ein-sturz | Lg./Spw. (m) | Quellen |
		Ort; Art	Land	über	für					
3.65	1979	Ayato-Bridge. Beiderseits eingespannter Spannbeton-Einfeldträger, Bauhöhe: Widerlager 2,8 m, Feldmitte 1,2 m	Japan	Schlucht	Str	Betonieren mit zwei Schalwagen, 1 Seite fertig, andere fast fertig, Zwangskorrektur einer Seitendifferenz von rd. 30 cm führt zum Zusammenbruch beider Kragarme (s. Abschn. 3.5)	4 T 4 V	Total	79/79/79	Unbekannt
3.66	1979	Hochstraße in Akron, Ohio	USA		Str	Teile eines auskragenden Seitenweges stürzen bei Demontage ab, weil Arbeiter beim Freistemmen eines Kabelkanals obere Kragbewehrungsstäbe vorzeitig durchtrennen (s. Abschn. 3.9)	2 T	Teil	–/–/–	ENR 1980, 14.02., 25
3.67	1979	Rottachtalbrücke bei Oy der A7. 13feldrig	Deutschland	Tal	Str	Herstellung im Taktschiebeverfahren. Mit Verwechslung oben-unten falsch eingelegte Gleitplatte führt zum Verschieben des Kopfes des betroffenen Pfeilers um 90 cm und zu starken Rissen im Fußbereich	0	Kein	723/57/–	Vortrag Scheidler [28] BMV 82, 392
3.68	1980	Stahlhohlkastenhochstraße in Ohama, Arkansas. Verbund	USA		Str	Arbeiten eingestellt, da Beton bereichsweise über 30 cm anstelle von 20 cm dick. Außerdem werden Bolzenverbindungen beanstandet	0	Kein	69/69/69	ENR 1980, 07.02., 18
3.69	1981	Hängebrücke mit hölzernem Versteifungsträger in unwegsamem Gelände	Peru	Totora-Oropesa Fluß	F	Bei Ausbesserungsarbeiten an der Holzkonstruktion mit 80 Personen überlastet, Tragseile gerissen	50 T	Total		Tagespresse

Tabelle 3 (Fortsetzung)

Lfd. Nr.	Jahr	Brücke				Stichwörter zum Versagen	Pers.-sch.	Ein-sturz	Lg./Spw. (m)	Quellen
		Ort; Art	Land	über	für					
3.70	1981	Hängebrücke auf der südkoreanischen Insel Cheju	Korea	Wasserfall	Str	Beim Bauen löst sich ein Kabelende aus seiner Verankerung. Ursache unbekannt	11 T 8 V			Tagespresse
3.71	1981	Bogenbrücke bei Wheeling, W. Virginia. Bogenstich rd.36m	USA	Ohio-River	Str	3 rd. 36 m lange Hängerkabel im Brückenmittenbereich, sog. Bridge strands, Spiralseile, Durchm. 5,4 cm, aus 200 Drähten mit Metallverguß in Seilköpfen verankert, bei Inspektion der Seile und der Verankerungen gerissen.	0	Kein	237,5	ENR 1981, 21.05., 50
3.72	1982	West Side Highway in New York City	USA		Str	rd. 24 m × 10 m große, 155 t schwere Betonplatte beim Herausschneiden auf darunter liegende Straße gestürzt. Ursache: Versagen eines nicht kontrollierten Trägers, der Last aufnehmen sollte.	0			ENR 1982, 11.02., 15
3.73	1982	Syracuse, New York	USA		Str	97 m langer und 2,4 bis 3,65 m hoher Träger stürzt bei Montage ab. Ursache: Offensichtlich Biegedrillknicken infolge mangelhafter seitlicher Halterung	1 T 5 V	Teil	670/97/ 97	ENR 1982, 29.07., 14
3.74	1982	Spannbetonkastenträger aus Fertigteilsegmenten, Saginaw, Michigan	USA	Zilwaukee River	Str	Fertiggestellter Überbauabschnitt senkt sich an der Spitze des 43-m-Kragarmes um 1,5 m und hebt sich an der für die Montage provisorisch geschlossenen Dilatationsfuge beim Positionieren eines 150 t schweren, 22 m breiten Segmentes. Dabei gerät der vorderste	0	Teil	rd. 2400/ 119/119	ENR 1982, 09.09., 10 1983, 03.02., 13

Tabelle 3 (Fortsetzung)

Lfd. Nr.	Jahr	Brücke				Stichwörter zum Versagen	Pers.-sch.	Einsturz	Lg./Spw. (m)	Quellen
		Ort; Art	Land	über	für					
						Pfeiler aus dem Lot und bekommt im Fußbereich Risse. Ursache: Hilfskonstruktion an der Fuge zur Übertragung der Kräfte zu schwach.				
3.75	1982	Brücke bei Dedensen	Deutschland	Mittellandkanal	Str	120 t schwerer Träger kippt beim Abbau wegen Lösen der seitlichen Stabilisierung und droht, in den Kanal zu fallen (s. Abschn. 3.9)		Total	70/70/70	BMV 94, 354 Bild 3.35
3.76	1982	1feldrige Behelfsbrücke, Stahlfachwerkkonstruktion, ohne Ortsangabe	Deutschland	Autobahn	Str	Bei der Vorbereitung zum Ausrollen wird Last auf eine Hilfsstütze etwa in der Mitte des Feldes durch Anheben mit einer Presse verlagert. Hilfsstütze und dafür nicht bemessenes Fundament werden stark außermittig belastet, so daß Hilfsstütze nach Versagen schwacher Horizontal-Halterungen an den Widerlagern umkippt und Überbau auf die Autobahn stürzt. Koordinator für die Arbeiten vorschriftswidrig nicht vorhanden (s. Abschn. 3.9)	0	Total	34/34/34	BMV 94, 358
3.77	1984	Verbundbrücke bei Sept-Iles nahe Quebec. Sprengwerk drittel etwa die Spannweite	Kanada	St. Lorenz River	Str	Erhebliche Unterbemessung der 26 m langen Schrägstützen nur für rd. ein Drittel der vorhandenen Last bemessen, führt zum Einsturz	6 T 2 V	Total	137/–/–	ENR 1984, 08. 11., 11 SB 1986, 251

Tabelle 3 (Fortsetzung)

Lfd. Nr.	Jahr	Brücke				Stichwörter zum Versagen	Pers.-sch.	Ein-sturz	Lg./Spw. (m)	Quellen
		Ort; Art	Land	über	für					
3.78	1984	Brücke auf der DB-Strecke Lohr-Wertheim bei Kreuzwertheim	Deutsch-land	Main	B	Beim Abbruch stürzt 70 m langes Brücken-teil beim Freiheben von den Lagern ab, fällt auf Ponton und versenkt ihn. Ursache: vorschriftswidrig verwendete Hubstangen und Muttern, ferner Muttern zu schwach (s. Abschn. 3.9)	1 T 5 V	Total	–/–/–	Gutachten F. Nather
3.79	1984	Brücke im Westen Tokios	Japan	Tama-fluß	Str	Beim Abbruch stürzt Brücke ein. Ursache unbekannt (s. Abschn. 3.9)	4 T 14 V	Total	66/66/66	Tagespresse
3.80	1985	Czerny-Brücke Heidelberg. Verbundbrücke	Deutsch-land	Bahn-gelände	Str	Einsturz beim Beginn eines Absenkens durch Abstapeln auf einer Hilfsstütze. Ursache: Schrauben mit kleinerer Festigkeit und kürzeren Gewindelängen als vorgesehen in Klemmverbindung verringern die Aufnahmefähigkeit für Horizontalkräfte stark	3 V	Teil	100/64/64	Eigenes Gutachten Bild 3.36a
3.81	1985	Hochstraße in Denver, Colorado	USA	Straße	Str	Durch Versagen eines Stützenkopfes fallen 8 verlegte, 46 m lange, 55 t schwere Betonfertigteilträger auf eine Straße herab und zerstören dort eine darunter liegende Brücke. Ursache: unbekannt	1 T 4 V	Teil	1267/46/46	ENR 1985, 10.10., 10
3.82	1985	Neubau der Brücke Groß-hessenlohe, München, Verbund	Deutsch-land	Isar	B	Beim Verziehen stürzt Schalwagen ab. Ursache: unübersichtliches Tragsystem, Fehlen von Nachweisen für maßgebenden Lastfall „Verziehen" und zu kurze Schrauben in einem Stirnplattenstoß	1 V	Teil		Eigenes Gutachten Bemerkung: Könnte auch in Tabelle 10 stehen

Tabelle 3 (Fortsetzung)

Lfd. Nr.	Jahr	Brücke				Stichwörter zum Versagen	Pers.-sch.	Ein-sturz	Lg./Spw. (m)	Quellen
		Ort; Art	Land	über	für					
3.83	1986	Klappbrücke in Waterford	Irland	River Suir	Str	Bruch eines Augenstab-Bolzens verursacht Absturz 135-t-Klappteils bei Montage. Ursache unbekannt	0	Teil	40/40/40	New Civ. Eng. 1987, 19
3.84	1987	4feldrige Spannbetonbrücke. 4stegiger Plattenbalken	Deutschland	Aller	Str	Beim Abbruch stürzen nach Beseitigung eines Endfeldes die drei übrigen Felder ein. Ursache: nach Beseitigen der Endverankerung konzentrierter Spannglieder reicht Haftverbund nicht aus, die Vorspannung in den noch stehenden Feldern aufrecht zu erhalten (s. Abschn. 3.9)	0	Total	176/47/47	BMV 94, 364 Bild 3.40a
3.85	1988	Brücke für die A3 bei Aschaffenburg	Deutschland	Main	Str	Versagen beim Taktschieben: Querkraft zwischen Hilfspylon und Lager kann nicht aufgenommen werden, schlagartiger Querkraftbruch. Ursache: kritischster Lastfall nicht erfaßt	1 T 7 V	Total	78/78/78	BT 1992, 47, Schadensspiegel 1991, H 1, 11 Bild 3.28
3.86	1990	Beton-Ponton-brücke in Seattle	USA	Washingtonsee—	Str	Durch umbaubedingte, temporäre Öffnungen in den Pontons dringt Wasser in einige ein und bringt mehrere zum Versinken (s. Abschn. 3.9)	0	Teil	rd. 2000/ ?/?	BI 1991, 112 ENR 1990, 09.01., 9
3.87	1991	5feldrige Talbrücke der Autobahn A7 bei Hedemünden	Deutschland	Werra	Str	Instabilitätsversagen infolge „Lamellenbeulen" beim Abbruch (s. Abschn. 3.9)	0	Kein	416/96/96	[103], Bild 3.37

Tabelle 3 (Fortsetzung)

Lfd. Nr.	Jahr	Brücke				Stichwörter zum Versagen	Pers.-sch.	Ein-sturz	Lg./Spw. (m)	Quellen
		Ort; Art	Land	über	für					
3.88	1992	New Haengju Bridge, Seoul. Schrägkabelbrückenfeld	Korea	Hafen	Str	Brücke zunächst auf Erddamm und Hilfspfeilern hergestellt, Überspannung nachträglich ergänzt. Einsturz nach Teilbeseitigung des Erddammes infolge Bruch in einem Pfahlkopfbalken wegen Auskolkung, exzentrischer Last und mangelhafter Betonqualität	0	Teil	1400/ 120/?	BT 1992 und Pers. Information durch Dipl.-Ing. Chung, Berlin ENR 1992, 17.08., 9 Bild 3.1 c
3.89	1992	Brücke Holtenau bei Kiel	Deutschland	Nord-Ostsee-Kanal	Str	500 t schweres Teilstück fällt beim Abbruch auf dabei eingesetzte Kräne und zerstört sie. Ursache: Versagen eines Hebezeuges beim Schwenken (s. Abschn. 3.9)	0	Teil		BI 1998, 394, hier 400 Bild 3.36b
3.90	1993	Fachwerkbehelfsbrücke in Concord, New Hampshire	USA	Straße	Str	Vorzeitiger Ausbau von Bolzen zum Abbau ohne Anweisung durch Fachleute führt zum Absturz der ganzen Brücke (s. Abschn. 3.9)	2 T 7 V	Total	52	ENR 1993, 06.12., 7
3.91	1995	Verbundbrücke nahe Clifton. 3feldrig, 3stegig	USA	Tennessee River	Str	Ursache: Entweder Anordnung einer Längssteife unten statt oben im Stegblech oder Fehlen wirksamer Querverbindungen zwischen den ins Nebenfeld bis 45 m auskragenden 3 Trägern	1 T	Total	367/160/ 160	SB 1996, 226 ENR 1995, 29.05., 8 15.09., 9 Bild 3.1 d
3.92	1996	Straßenüberführung bei Harrisburg, Pensylvania	USA	Straße	Str	50-t-Träger fällt beim Ausbau auf darunter liegende Straße. Ursache: mangelhafte Seitenaussteifung, da abweichend vom Montageplan Gurte an zwei Stellen voll durchgetrennt wurden (s. Abschn. 3.9)	1 T ? V			ENR 1996, 29.04., 13 20.05., 14

Tabelle 3 (Fortsetzung)

Lfd. Nr.	Jahr	Brücke				Stichwörter zum Versagen	Pers.-sch.	Ein-sturz	Lg./Spw. (m)	Quellen
		Ort; Art	Land	über	für					
3.93	1999	Wuppertaler Schwebebahn	Deutschland	Wupper		Zum Ende nächtlicher Umbauarbeiten Entfernen eines an den Schienen befestigten Baubehelfs („Kralle") versäumt, Kralle bringt ersten Zug am Morgen zum Absturz (s. Abschn. 3.9)	5 T 2 V			Tagespresse

Nicht in Tabelle aufgenommen, da keine ausreichenden Angaben

Jahr	Brücke				Stichwörter zum Versagen	Pers.-sch.	Ein-sturz	Lg./Spw. (m)	Quellen
	Ort; Art	Land	über	für					
1894	Bei Paularo	Italien	Chiarso		Bei Probebelastung				SBZ 1984, No. 4, 1
1945	Hindenburgbrücke in Köln	Deutschland	Rhein	Str	Zusammenbruch bei Instandsetzung				Tagespresse
1956	Brücke für Kamptalkraftwerk Ottenstein	Österreich							Tagespresse
1957	Brücke im Streyrlingtal	Österreich							Tagespresse
1962	Fife	Schottland		Str	Überbau stürzt ein wegen Knicken von Hilfsstützen. Kräfteverlagerung wegen Setzungen	3 T			Highw. Publ. Wks. 1968 June, 15

Tabelle 3 (Fortsetzung)

Jahr	Brücke				Stichwörter zum Versagen	Pers.-sch.	Ein-sturz	Lg./Spw. (m)	Quellen
	Ort; Art	Land	über	für					
1962	Teil der Europabrücke bei Innsbruck	Österreich		Str					Tagespresse
1966	Brücke ü. d. Rideau-River b. Ottawa	Kanada		Str		? T			Tagespresse
1967	Talbrücke in Mexico City	Mexico		Str		21 T			Tagespresse
1973	Brücke bei Matelandia, nahe der Grenze zu Paraguay	Paraguay ???		Str	Einsturz bei Einweihung	7 T 30 V			Tagespresse
1974	Hängebrücke bei Saravena	Kolumb.		Str	wie vor	28 T			Tagespresse
1975	Ayato Bridge	Japan		Str	Betonhohlkasten im Mittelfeld. Ursache?	4 T 4 V			Concrete 44
1976	Brücke in Brüssel	Belgien		B	Spielende Kinder verursachen mit Knallkörpern Gasexplosion	4 V			Tagespresse
1976	Brücke bei Henderson, Kentucky	USA		Str	Überlastung der 85 Jahre alten Brücke bei Reparaturarbeiten				Tagespresse
1978	Brücke im Staat Bihar	Indien				70 T 25 V			Tagespresse
1981	Brücke sdl. Haiderabad	Indien				2 T 15 V			Tagespresse

Tabelle 3 (Fortsetzung)

Jahr	Brücke				Stichwörter zum Versagen	Pers.-sch.	Ein-sturz	Lg./Spw. (m)	Quellen
	Ort; Art	Land	über	für					
1984	Yankee Doodle Bridge, Connecticut	USA		Str	Unklar				ENR 1984, 13. 09., 11
1984	Penang-Verbindung	Malaysia		Str		7 T			Tagespresse
1986	Behelfsbrücke bei Ratingen	Deutschland	Autobahn A3	Str	Behelfsbrücke fällt bei Abbruch auf Autobahn				Tagespresse
1994	Friedensbrücke Frankfurt	Deutschland	Main	Str	Bauteil, 30 m lang, 15 m breit, von Pfeiler abgerutscht, durchgebrochen und auf Baustellenschiff gefallen	0			dpa. Bild 3.40 b

Trotz der im Abschnitt 1.3 diskutierten Schwierigkeiten rechtfertigt die Signifikanz von Hauptursachen folgende Zusammenfassung der Hauptursachen für Versagen beim Bau:

Ursache	Fall aus Tabelle 3	Anzahl
Unplanmäßige Überlastung	69	1
Unterschätzung der Windlast-Wirkung	5	1
Fehler in Entwurf, Statik, Konstruktion	8, 19, 30, 34, 41, 43, 44 47, 49, 52, 53, 56, 57, 60, 74, 76, 77, 82, 85,	19
Nicht er- oder bekanntes Phänomen	40, 46, 87	3
Nicht erkanntes Risiko, allgemein	2, 31	2
Nicht erkannte/beachtete Instabilität	7, 12, 15, 16, 20, 21, 33, 36, 39, 58	10
Unverantwortliches Handeln beim Bau	1, 3, 4, 6, 9, 10, 11, 14, 17, 18, 22, 24, 26, 27, 32, 37, 38, 42, 45, 50, 51, 54, 55, 59, 61, 62, 65, 66, 67, 68, 72, 73, 75, 78, 80, 84, 86, 88, 90. 91, 92, 93	42
Werkstoffmängel, auch bei Betonfestigkeit	25, 28, 29. 64	4
Versagen einer Baumaschine	89	1
Unbekannt	13, 23, 35, 48, 63, 70, 71, 79, 81, 83	10
Summe		93

Unverantwortliches Handeln beim Bau, ob in Unwissenheit oder aus Gleichgültigkeit, hat zu rd. 45 der Versagensfälle geführt oder zumindest dazu beigetragen und dominiert damit vor allen anderen Ursachen deutlich. Daß rd. 20 % der erfaßten Versagensfälle beim Bau auf Fehler in Statik und Konstruktion zurückgehen, unterscheidet meine Zusammenstellungen von anderen ein wenig. Beim Vergleich muß man aber beachten, daß z. B. D.W. Smith [7] Unfälle beim Bau mit denen im Betrieb, auch solchen, die z. B. durch Schiffsanstoß entstanden sind, zusammenfaßt. So weist er das Versagen von (5 + 12) = 17 der von ihm erfaßten 143 Fälle, also nur 12 % diesen Fehlern zu. Unverantwortliches Handeln beim Bau kommt bei ihm als Ursache nicht vor. Das liegt daran, daß er nach technischen Ursachen, also z. B. Werkstoffversagen, ordnet und die Frage, wie es dazu kam, nicht erörtert.

Vier Bilder von Schadensfällen (Bild 3.1), die in diesem Buch in Tabelle 3 knapp erläutert, die aber nicht weiter betrachtet werden, geben einen Eindruck von der Vielseitigkeit der Versagensbilder.

Eine kritische Bemerkung von A. F. Gee in [21], dort Ziffer 110, soll schon hier am Beginn dieses Abschnittes zitiert werden. Er sagt – frei übersetzt –: „Die Anzahl von Brückenzusammenbrüchen während des Baus, also für den Fall, daß die erwarteten Lasten wirken, belegt verhältnismäßig unkompliziert, daß Ingenieure oft nicht

Bild 3.1
Bilder zu vier beim Bau eingetretenen Schadensfällen nach Tabelle 3
a) Brücke über die Burrardbucht in Vancouver. 1958, Fall 3.38
b) Hölzerne Fußgängerbrücke über den Neckar in Esslingen. 1977, Fall 3.62
c) New Haengju Bridge in Seoul, Korea. 1992, Fall 3.88
d) Verbundbrücke über den Tennessee River bei Clifton. 1995, Fall 3.91

sehr gut entwerfen und analysieren, um Strukturen zu erzeugen, die den planmäßigen Lasten widerstehen. Ich wundere mich darüber: denn es gibt sicher sehr große
Sicherheitsfaktoren bei den Verkehrslasten, und Ingenieure könnten sich leider
ebenso als unfähig erweisen, ohne diese versteckten Sicherheiten Strukturen für Be-
triebsbedingungen zu entwerfen."

Aus meiner Sicht ist die Kritik sicher überzogen, wenn man die Anzahl der Versagensfälle an der Gesamtzahl der Bauwerke (vgl. dazu Abschnitt 1.5) mißt. Dennoch
gibt die Kritik Anlaß, über die Berechtigung der oft reduzierten Sicherheitsmargen
für Bauzustände nachzudenken. Darauf gehe ich im Abschnitt 11.7.3 ein.

3.2   Knicken von Druckstäben in Fachwerkbrücken

Auf diese Instabilität geht das Versagen der Fälle 3.6, 3.7, 3.16, 3.21 und 3.26 zurück.
Typisch ist das Versagensbild der Eisenbahnbrücke über die Morawa (Fall 3.16) bei
Ljubitschewo in Serbien im Jahr 1892 (Bild 3.2). Der folgenschwerste Einsturz in-
folge Stabknicken war der der Auslegerbrücke über den St. Lorenzstrom bei Quebec
(Fall 3.21) im Jahr 1907. Immer wieder wird auf diesen Unfall eingegangen, u.a. von:

• A. Walzel [18, S. 28–38]

1909 beschreibt er die Geschichte der Brücke und ihres ersten Einsturzes, nennt die
wichtigsten Daten des Entwurfs (Bild 3.3), Kosten, Montage und deren zeitlichen
Ablauf, die Bauherrnschaft, die beteiligten Ingenieure, den verantwortlichen Chefplaner sowie die ausführenden Firmen, und stellt heraus, daß die Brücke mit einer
Mittelspannweite von 550 m die weitgespannteste Brücke der Welt werden sollte.

Die menschlichen Probleme werden dargelegt, u.a. die Eitelkeit der Planer, die sie
veranlaßte, mit der Mittelspannweite die der Brücke über den Firth of Forth von
1890 um 27 m zu übertreffen, die kränkliche Verfassung des betagten Chefingenieurs Cooper, der die Baustelle nie betreten hat, der wegen seines zu geringen Ho-
norars ohne Mitarbeiter für das Projekt zurecht kommen mußte und der in seinen
Überlegungen relativ willkürlich z.B. mit angesetzten Einwirkungen, der Erfassung
des Knickproblems und schließlich über zulässige Spannungen an der Sicherheit
manipulierte, sowie die Tatsache, daß der für die Zeichnungen verantwortliche Ingenieur Szlapka seit Jahrzehnten nie auf Baustellen, sondern immer nur in Büros
gearbeitet hatte. Dazu gehört auch, daß der Obermonteur auf der Baustelle kein
Techniker war. Die Probleme, die aus dem Fehlen von Kompetenz bei denen, die
Entscheidungen zu treffen hatten, Fehlen von Zuständigkeit bei denen, die kompe-
tent waren, und durch unklare Regelungen der Zuständigkeiten und Mangel an Koordination entstanden, faßt Walzel in bezug auf den Chefplaner u.a. wie folgt zusammen."Wir haben hier gewissermaßen das Bild, daß der leitende Feldherr einer
Schlacht, ein alter kränklicher, wenn auch fähiger und immer noch energischer
Mann, viele Meilen weit vom Kriegsschauplatze die Schlacht leiten will und sie
dann trotz moderner Einrichtungen, wie Telegraph und Telephon, verliert, weil er im
entscheidenden Augenblicke nicht unmittelbar eingreifen kann."

Bild 3.2
Morawabrücke Lubitschew. 1892, Fall 3.16

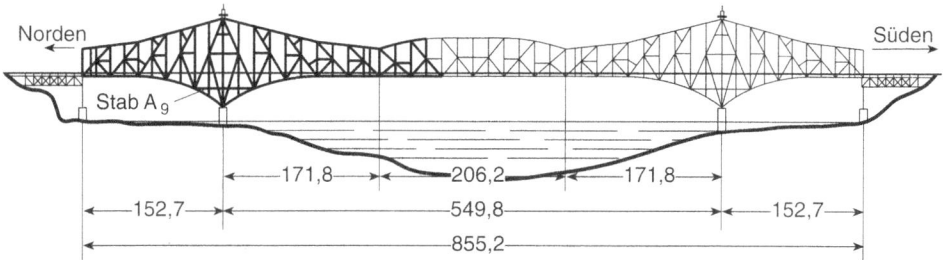

Bild 3.3
St. Lorenzstrombrücke bei Quebec. Hauptträgersystem. 1907, Fall 3.21

Technisch bedeutend war, daß nur die Zugstäbe gelenkig mit Bolzen-Augen-Verbindungen angeschlossen und die anderen mehrteilige, vergitterte Druckstäbe waren, die biegesteif mit Nietverbindungen miteinander verbunden waren. Die über den Pfeilern rd. 96 m hohen Fachwerke und die gewaltigen, bis 3 m langen und 60 cm dicken Gelenkbolzen geben einen Eindruck von den ungewöhnlichen Abmessungen des Bauwerkes.

Da die präzise und vollständige Schilderung von A. Walzel nachgelesen werden kann, soll sie hier nicht wiederholt werden, auch nicht die von ihm zitierten Aussagen im Bericht der Untersuchungskommission. Technisch führten Fehlbeurteilungen des Verhaltens mehrteiliger, schwach vergitterter Druckstäbe und erheblich zu gering (nur zu rd. 80 %) ermittelte Eigenlasten zum Einsturz. Er hätte dennoch vermieden werden können, wenn den „sehr beachtenswerten, warnenden Vorzeichen" rechtzeitig die notwendige Aufmerksamkeit geschenkt worden wäre. Dies unterblieb aber wegen der eigentümlichen, durch die mangelhafte Qualifikation der zuständigen Ingenieure bedingten Organisation.

• M. Herzog [33, S. 17–22]

1998 wiederholt er weitgehend die Angaben von A. Walzel, geht aber auf den Querschnitt des ausgeknickten Untergurtstabes näher ein (Bild 3.4). Herzog stellt fest: „Die eigentliche Ursache der Unterbemessung des vierteiligen Druckstabes ist die falsche Berechnung der Vergitterung, für die Szlapka keinen experimentellen Beweis besaß."

• E. S. Ferguson [12, S. 171–175]

1992 stellt er seine Ausführungen zum Einsturz der St. Lorenzstrom-Brücke unter die Überschrift „Menschliches Versagen und andere Überraschungen".

Er zitiert den Berichterstatter der Engineering News: „Die lange und sorgfältige Untersuchung des Trümmerhaufens zeigt, daß das Material von ausgezeichneter Qualität und die Arbeit bemerkenswert sorgfältig ausgeführt war." Und weil die Stäbe viel größer waren als bei gewöhnlichen Brücken, stellt er die Entscheidung in Frage, die zur Konstruktion der zusammengesetzten Druckstäbe (Bild 3.4) geführt hat: „Wir gehen von den gewöhnlichen Säulen der gewöhnlichen Konstruktion, die in vielfacher Praxis ausprobiert wurde, zu enormen, schweren dickplattigen Stahlpfeilern über und wenden dieselben Gesetze an. Gibt uns die Bestätigung durch das Experiment eine Gewähr? Außer im Licht der Theorie sind diese Strukturen eigentlich unbekannt. Wir kennen das Material, das in ihre Zusammensetzung eingeht, aber wir kennen nicht den Verbund."

Mich überrascht, daß in allen Veröffentlichungen ein Aspekt zu fehlen scheint: der biegesteife Anschluß der Druckstäbe an andere führt bekanntlich zu Zwängungsspannungen infolge von Biegemomenten. Unter bestimmten Voraussetzungen vernachlässigen wir die daraus stammenden Normalspannungen und betrachten sie als Neben-

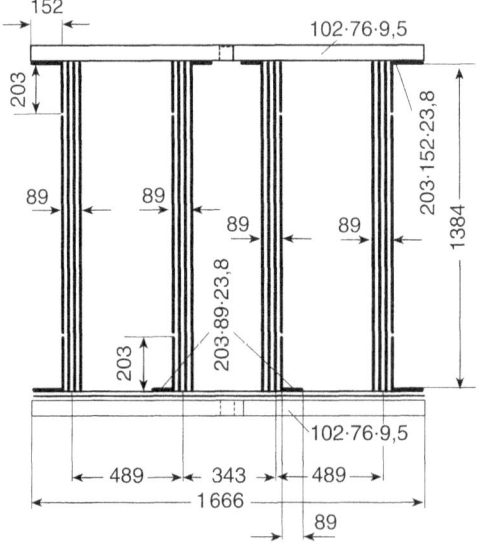

Bild 3.4
St. Lorenzstrombrücke bei Quebec.
Querschnitt des ausgeknickten Untergurtstabes A9. 1907, Fall 3.21

spannungen, weil sie zur Aufrechterhaltung des Gleichgewichtes nicht erforderlich sind. K. Klöppel stellt die Zusammenhänge in [39] leicht nachvollziehbar dar. Auf diejenige Voraussetzung, die für uns im Zusammenhang mit dem Einsturz der St. Lorenzstrombrücke wichtig ist, weist er allerdings nicht besonders hin: es ist die Fähigkeit der Stäbe, die Biegemomente mit steigender Belastung durch Plastizieren abzubauen. Das können – um die Klassifizierung des Eurocode 3 zu benutzen – nur Stäbe mit sogenannten kompaktem Querschnitt. Der Querschnitt nach Bild 3.4 kann das nicht: die Zwängungsdruckspannungen führen zusammen mit den Spannungen aus der Normalkraft zum Ausbeulen der Lamellenpakete mit dem Verhältnis b/t = 1384/89 = rd. 16. Denn sie sind am Rand durch den Winkel $203 \times 89 \times 23,8$ bzw. $203 \times 152 \times 23,8$ mit dem abstehenden Winkelschenkel $89 \times 23,8$ bzw. $152 \times 23,8$ so gut wie nicht versteift. Das (b/t)-Verhältnis 16 ist deutlich größer als der Grenzwert grenz (b/t) = rd. 9 (vgl. z.B. DIN 18800/1, Tabelle 18) für kompakte Querschnitte aus Stahl S 235, dem nach Angaben von A. Walzel in [18] der Stahl der St. Lorenzstrombrücke in etwa entspricht. Die in allen Berichten angegebenen seitlichen Verschiebungen der Lamellenränder im Druckstab, der ausknickte, von rd. 50 mm – das waren die zuvor erwähnten „sehr beachtenswerten, warnenden Vorzeichen" – werden hiermit erklärt. An der vorhergehenden Betrachtung ändert die schwache Vergitterung des rd. 17 m langen Druckstabes A9 durch die kleinen Winkel $102 \times 76 \times 9,5$ nur wenig. Die in bezug auf die große Querschnittsfläche des Stabes von rd. 0,5 m^2 sehr kleine Schubsteifigkeit verschlechtert höchstens die Situation.

Der Umstand, daß wegen der bolzenlosen Ausführung eines Teiles der Fachwerkstabanschlüsse Zwängungsspannungen auftraten, diese aber trotz des mehrteiligen, nicht kompakten Querschnittes vernachlässigt wurden, gehört nach meinem Urteil zu den wesentlichen Ursachen für dieses schwere Unglück.

3.3　Ausweichen stählerner Druckstäbe oder -gurte aus der Fachwerk- bzw. Trägerebene – Trogbrückenproblem

Auf diese Instabilität geht das Versagen der Fälle 3.12, 3.15, 3.20 und 3.36 zurück. Das Problem trat zunächst bei Fachwerkbrücken mit unten liegender Fahrbahn auf, bei denen die Obergurte wegen zu geringer Bauhöhe nicht durch einen Horizontalverband seitlich ausgesteift werden konnten. Später betraf es auch Untergurte von Fachwerk- und Vollwandträgerbrücken, die aus verschiedenen Gründen nicht durch einen Horizontalverband miteinander verbunden waren. Typisch hierfür ist das Versagensbild der Brücke über das Lauterbachtal bei Kaiserslautern (Bild 3.6), die im Jahr 1954 (Fall 3.36) bei der Montage versagte. Hierzu gebe ich folgende Informationen aus meiner Mitarbeit am Gutachten meines Lehrers K. Klöppel über die Schadensursache:

Das Bauwerk war im Krieg durch Sprengung zerstört worden. Die Hauptträger für einen neuen Stahlverbundüberbau wurden aus den Trümmern der zuvor zwei nebeneinander liegenden Überbauten gewonnen. Das 272 m lange, über 5 Öffnungen durchlaufende Bauwerk ist im Bild 3.5 dargestellt. Seine 11,1 m breite, vorgespannte

System

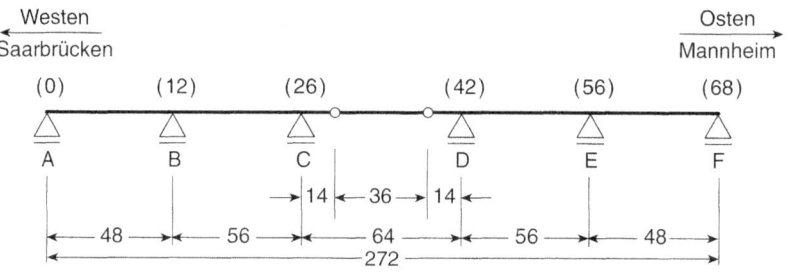

Bauvorgang

1. Anheben
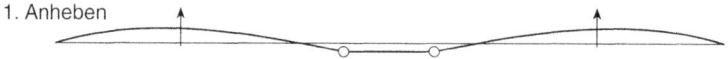

2. Einschalen und bewehren
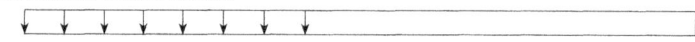

3. Einhängeträger betonieren
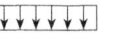

4. Einhängeträger ballastieren

5. Osthälfte betonieren
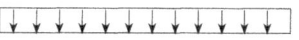

6. 6 m der Westhälfte betonieren

Querrahmen im Feld B - C

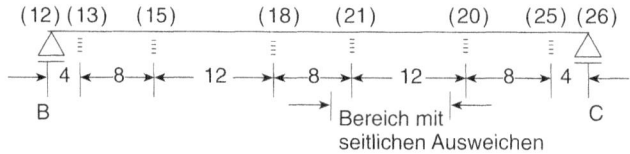

Untergurt-Druckspannungen im Feld B - C

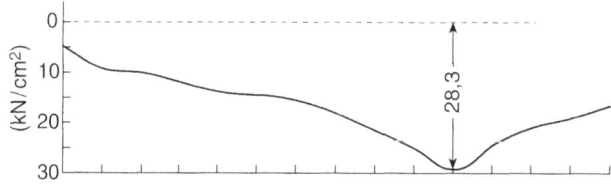

Bild 3.5
Lauterbachtalbrücke bei Kaiserslautern. System und Bauvorgang. 1954, Fall 3.36

Betonfahrbahnplatte liegt auf zwei 3,20 m hohen, I-förmigen, durch Nietung zusammengefügten Vollwandträgern aus S 355 (= St 52), die einen gegenseitigen Abstand von 6,80 m haben, und ist mit diesen verdübelt. Ungewöhnlich sind die von den Militärbehörden der Besatzungsmächte geforderten, in der Mittelöffnung angeordneten beiden Gelenke, die einen 36 m langen Einhängeträger begrenzen.

In der Ebene der unteren Flansche der 1,00 m hohen Querträger, deren obere Flansche mit der Obergurtkante der Hauptträger bündig liegen, ist ein Montage-K-Verband angeordnet. Weitere Fachwerkverbände hat die Brücke nicht. Die Abstände der Querträger, die zugleich den Riegel der mit „Pfosten" bis zu den Untergurten reichenden Halbrahmen bilden, betrugen in der durch den Krieg zerstörten Brücke 4 m. Beim Wiederaufbau wurden sie in der östlichen Brückenhälfte bis auf 8 m, in der westlichen bis auf 12 m (Bild 3.5) vergrößert.

Um später durch Ablassen des Verbundüberbaues Druckvorspannungen in den Beton einleiten zu können, mußte der stählerne Überbau vor dem Betonieren an den Pfeilern B und E um 380 mm (Bild 3.5) angehoben werden. Der Einhängeträger war 6 Wochen vor dem Unfall betoniert und mit rd. 540 t Ballast belastet worden, um später durch Entfernen des Ballastes Druckspannungen in die Betonplatte im Bereich um Stützen C und D neben dem Mittelfeld einzuprägen.

Das Betonieren der östlichen – in Richtung Mannheim gelegenen – Brückenhälfte war 7 Tage vor dem Unfall abgeschlossen. Die gesamte Brücke war eingeschalt und die Bewehrung in der westlichen – nach Saarbrücken zu gelegenen – Brückenhälfte verlegt. Mit dem Betonieren der westlichen Hälfte ist am Tage des Unfalles vom Kragarmende aus in Richtung zum Pfeiler C begonnen worden. Beim Absturz des Einhängeträgers waren hier 6 m der Brückenlänge betoniert.

Dann glitt der bereits betonierte Einhängeträger samt dem aufgebrachten Ballast von den Gelenklagern und stürzte 35 m tief ab. Der Absturz wurde dadurch eingeleitet, daß die unterhalb der Querträger liegenden Teile der Hauptträger zwischen den Punkten 19 bis 22 in südlicher Richtung rechtwinklig zur Hauptträgerebene ausbogen (Bild 3.6). In diesem Bereich waren nach dem Absturz des Einhängeträgers die Hauptträgerteile unterhalb des Montageverbandes um etwa 600 bis 700 mm nach Süden hin plastisch ausgebogen. Die Obergurte waren um ihre Längsachse etwas verwunden.

Die plastische, im Grundriß bogenförmige Verformung des Untergurtes bringt entsprechend des zwischen Bogen und Sehne dieser Verformung bestehenden Unterschiedes Δl bei Annahme einer quadratischen Parabel als Bogenform eine (wegen der Arretierung des westlichen Teiles der Brücke an der Anhebevorrichtung über Pfeiler B) nach Westen gerichtete Verrückung des Kragarmendes um etwa $\Delta l = 8/3 \cdot f^2/l = 8/3 \cdot 70^2/1100 = 12$ cm, die aber wegen des zusätzlichen elastischen Anteiles während des Absturzes mindestens 15 cm betragen haben dürfte. Weitere Einflüsse, die diesen Wert erhöht haben, sollen hier nicht diskutiert werden. Zusammenfassend kann festgehalten werden, daß die Verrückung der Kragarmenden die beiden Gelenklager vom Einhängeträger getrennt und dadurch deren Absturz verursacht hat.

Bild 3.6
Lauterbachtalbrücke bei Kaiserslautern, seitlich
ausgeknickter Untergurt (Blick in Richtung Osten
unter Feld B-C). 1954, Fall 3.36

Ursache für das seitliche Ausweichen der Untergurte war der über den ganzen Untergurt durchlaufende intensive Druckspannungszustand (Bild 3.5), der durch das Anheben über dem Lager B, der Einzellast am Kragarm aus dem Einhängeträger und der Last auf dem Kragarm verursacht wurde. Dieser Lastfall war in der statischen Berechnung nicht untersucht worden, obwohl er für die Bemessung großer Teile des Bauwerkes maßgebend war. Schon ein „Spannungsnachweis" hätte zu einer Verstärkung des Tragwerkes führen müssen. Die im Rahmen des Gutachtens durchgeführten Untersuchungen für instabiles Versagen infolge Ausweichen des punktweise gestützten Druckgurtes, infolge Kippen der Hauptträger und Biegedrillknicken der unteren Teile der Hauptträger ergaben für den Zustand beim Versagen theoretische Sicherheiten um 1,0.

In der Zusammenfassung heißt es im Gutachten von K. Klöppel u. a.: „Der in Rede stehende Schadensfall gehört auf Grund dieses Tatbestandes in diejenige Kategorie der Unfälle, die auf versehentliche Unterlassung eines gravierenden rechnerischen Nachweises, im weiteren Sinne also auf Rechenfehler, zurückzuführen sind. Es handelt sich hier also um keinen Unfall, der neue wissenschaftliche Anregungen oder gar Erkenntnisse vermittelt hätte und daher als Markstein in der Entwicklung der Stahlbauweise in deren Geschichte eingehen könnte, sondern um einen völlig unproblematischen und leicht vermeidbaren Schadensfall. Die Lehren aus diesem Vorfall sind daher auf anderen Gebieten als auf dem bauwissenschaftlichen zu ziehen." Hierauf gehe ich im Abschnitt 11.3.3.1 ein.

3.4 Versagen von stählernen Brücken mit Hohlkastenträgern

Hierzu gehören die Fälle 3.47, 3.49, 3.51, 3.53 und 3.58. Sie sind Beispiele für die vor allem im Großbrückenbau Ende der 60er Jahre international schnell zunehmende Verbreitung von Hohlkastenbrückenträgern, dies nicht nur in Stahl-, sondern auch in Spannbetonbauweise. Im Stahlbau erlaubte die Schweißtechnik, die Vorteile der Torsionssteifigkeit des Hohlkastens zusammen mit denen der Unterhaltung und der Ästhetik wirtschaftlich zu nutzen. So konnten z. B. exzentrische Lasten weitgehend von beiden Hauptträgerwänden aufgenommen werden, und nur in der Mitte aufgehängte Schrägseilbrücken wurden möglich. Hinzu kamen Vorteile von trapezförmigen Hohlkästen wegen ihrer unten für die Pfeiler günstigen kleinen und ihrer oben für die Fahrbahnauausbildung großen Breiten.

Neu war die Aufnahme von Gurtdruckkräften in den breiten, vor allem längsversteiften Untergurten der Hohlkästen. Die Beultheorie hatte sich zwar über den Stand der Normen hinausentwickelt, aber es war zu wenig bewußt, ja auch bekannt, daß die im allgemeinen in Stegen vorhandenen überkritischen Reserven in Gurten nur unter bestimmten Bedingungen zutreffen und daß vor allem Imperfektionen dort eine viel größere Rolle spielen. Die Folge war, daß gedrückte, versteifte Gurte im allgemeinen unbewußt mit kleineren Versagenswahrscheinlichkeiten entworfen und ausgeführt wurden, als sie sonst im Brückenbau üblich sind.

Typische Bilder des Versagens von versteiften Druckgurten zeigen die 4. Donaubrücke Wien und die Rheinbrücke Koblenz (Bild 3.7). Es soll aber schon hier betont werden, daß trotz der beschriebenen Mängel bei der Beurteilung der Tragfähigkeit der versteiften Gurte immer Mängel in der Konstruktion für das Versagen maßgebend waren. Diese Ursache nennt K. Roik [40] daher zu Recht in seiner Bilanz über die Unfälle Wien (3.47), Milford Haven (3.49), Melbourne (3.51) und Koblenz (3.53) mit den Worten „In allen Fällen lag die Ursache in Mängeln im konstruktiven Detail" an der ersten Stelle.

Über die vier ersten der fünf Schadensfälle ist, z.T. zusammenfassend, u.a. in [40] und [41] berichtet worden. Daher sollen sie hier nur ganz kurz beschrieben, dagegen aber allgemeine Gesichtspunkte herausgestellt werden.

Die innerhalb weniger Jahre aufgetretenen Schadensfälle an großen Stahlhohlkastenbrücken begannen 1969 mit dem der 4. Wiener Donaubrücke (Fall 3.47). Die Brücke mit Feldweiten von 120 m – 210 m – 82 m stürzte nicht ein, da sie als Durchlaufträger über 3 Felder auch ohne größere Biegemomente in den beiden, in den gedrückten Untergurten ausgebeulten Bereichen als fast statisch bestimmtes System tragfähig blieb. Nicht berücksichtigte Temperaturwirkungen haben den Schadensfall ausgelöst, und vereinfachende Annahmen für die Eigengewichtsverteilung haben zusätzlich zu Unterschätzungen der Beanspruchungen an den Versagenstellen geführt. Hier waren die gedrückten, rd. 7,5 m breiten Untergurte der beiden nebeneinander liegenden Hohlkästen durch Längssteifen aus Flachstählen, Abstand 580 mm, verstärkt (Bild 3.8). Im Bereich einer der beiden Ausbeulungen wechselt ihr Querschnitt von 160×12 für das 10 mm dicke Bodenblech auf der einen Seite

Bild 3.7
Versagen versteifter, gedrückter Gurte von Hohlkästen
a) 4. Donaubrücke Wien. 1969, Fall 3.47
b) Rhoinbrücke Koblenz. 1971, Fall 3.53

eines Stoßes auf 200 × 14 für das 12 mm dicke auf der anderen. An der anderen Schadensstelle war das 12 mm dicke Bodenblech mit Steifen 200 × 14 und das anschließende 15 mm dicke mit Steifen 200 × 15 verstärkt. Die Stöße sind im Bild 3.8 a dargestellt, einer der beiden ist in der linken Hälfte des Bildes 3.8 b zu erkennen.

Die Einzelfelder hatten im Bereich des 10 mm dicken Bodenbleches mit b/t = 580 nur eine Tragspannung von rd. 73% der Streckgrenze und beulten offensichtlich vor dem Versagen des Gesamtfeldes aus. Bild 3.9 zeigt die Einzelfeldbeulen unmit-

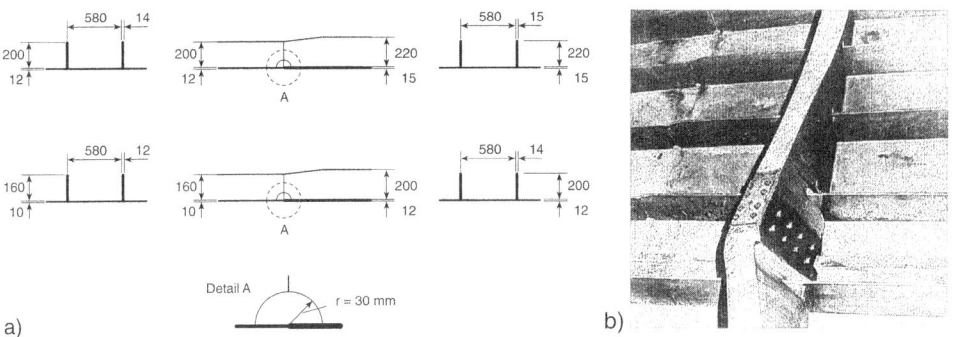

Bild 3.8
4. Donaubrücke Wien, Stoß der Längssteifen. 1969, Fall 3.47
a) Ausbildung in den ausgebeulten Bereichen
b) Gleichartiger Stoß in einem weniger stark ausgebeulen Bereich

telbar neben dem Bereich des Hauptschadens. Der Stoß führte zu einem Versatz der Schwerachse von rd 1 cm. Überraschend ist, daß in allen mir bekannten Untersuchungen nicht auf die im Bild 3.8b links erkennbaren Ausschnitte eingegangen wird. Das Maß r = 30 mm ist aus dieser Fotografie abgeleitet und dürfte recht gut stimmen. Der Ausschnitt schwächt das kleinere Profil 160 × 12 mit einem, nach DIN 18800/2, Element 301, berechneten wirksamen Teil des Bodenbleches von 413 × 10 auf rd. 95%. Dieser durch den Ausschnitt und den Schwerpunktversatz lokalen ausgeprägten Schwachstelle entspricht auch das Versagensbild (Bild 3.10) mit dem scharfen Knick an der Stoßstelle. Hinzu kommt, daß die relativ schlanken Flachblechsteifen mit b/t bis zu rd. 13 infolge Schweißens ihres Stoßes seitlich stark (angegeben werden in [41] 4 bis 6 mm) vorverformt waren, wodurch ihre versteifende Wirkung weiter eingeschränkt war (vgl. ausführliche Untersuchungen dazu in [41]).

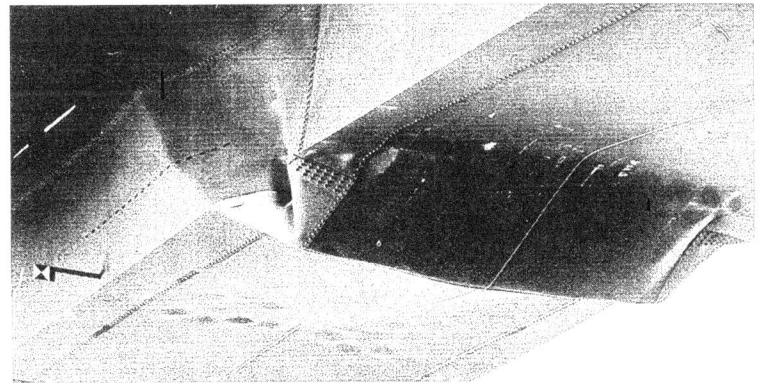

Bild 3.9
4. Donaubrücke Wien, Einzelfeldbeulen neben der Versagensstelle. 1969, Fall 3.47

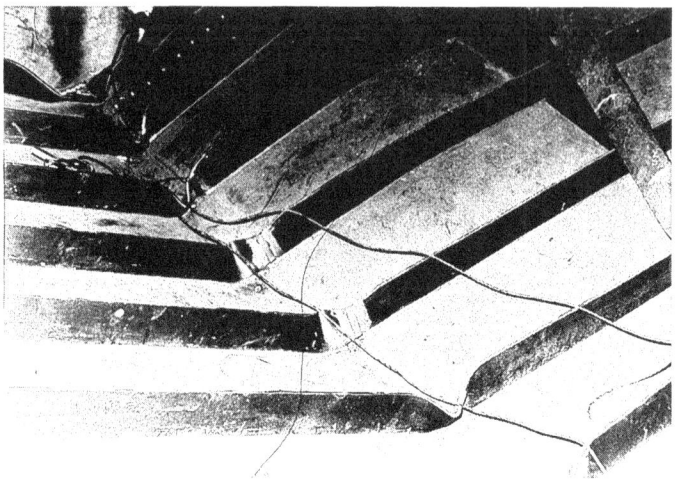

Bild 3.10
4. Donaubrücke Wien, Scharfer Knick im Stoß. 1969, Fall 3.47

Dreiviertel Jahre nach dem Schadensfall in Österreich stürzte die Cleddaubrücke in Milford Haven, Wales, bei der Montage ein (Fall 3.49). Die insgesamt 819 m lange Brücke mit Feldweiten von 77 m – 77 m – 77 m – 149 m – 213 m – 149 m – 77 m hatte einen trapezfömigen, 6,1 m hohen, oben 12,5 m und unten 6,7 m breiten Hohlkasten. Die nach beiden Seiten auskragende Fahrbahn war 20,3 m breit. Beim Freivorbau sollte das 9. Element an den bereits 59 m weit auskragenden Teil angeschlossen und der zweite Pfeiler erreicht werden. Beim Vorfahren dieses rd. 17 m langen und rd. 100 t schweren Abschnittes versagte der Auflagerquerträger über dem ersten Pfeiler. Der Kragarm knickte ab und schlug auf dem Boden auf (Angaben nach [41]). – Ursache für den Zusammenbruch ist die Fehleinschätzung der Traglast der großen Auflagerscheibe und dabei der nicht angemessen berücksichtig-

Bild 3.11
Cleddaubrücke in Milford Haven, Zustand nach dem Unfall. 1970, Fall 3.49

ten Außermittigkeit von Versteifungen und der Besonderheiten für den Kraftfluß aus der Neigung der Stege. Die erhebliche Unterbemessung wird dadurch deutlich, daß die größte Auflagerkraft im späteren Betriebszustand 55 % höher sein sollte als sie zum Zeitpunkt des Versagens war.

Obwohl das Schadensbild (Bild 3.11) ein Versagen des Hohlkastens nahelegen könnte, will ich betonen, daß der Schaden damit nichts zu tun hat. Dies scheint mir wichtig, da dieser Unfall immer wieder zusammen mit denen anderer Kastenträger genannt wird, die auf Versagen versteifter plattenartiger Gurte zurückgehen.

Nur etwa vier Monate später stürzte die West Gate Brücke in Melbourne, Australien, (Fall 3.51) bei der Montage ein (Bild 3.12). Die insgesamt 848 m lange Brücke mit Feldweiten von 112 m – 144 m – 336 m – 144 m – 112 m hatte einen dreizelligen, trapezförmigen Querschnitt (Bild 3.13). Der Brückenträger sollte in den drei

Bild 3.12
Westgate-Brücke in Melbourne, abgestürztes Brückenfeld. 1970, Fall 3.51

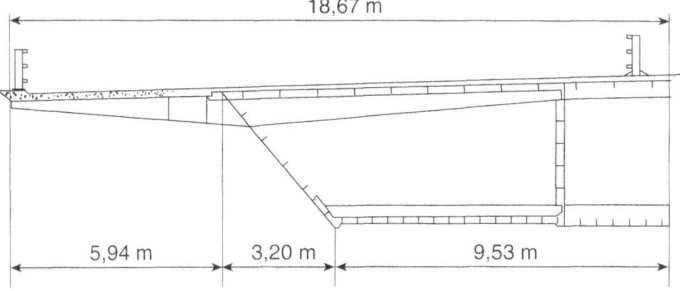

Bild 3.13
Westgate-Brücke in Melbourne, Querschnittshälfte. 1970, Fall 3.51

Bild 3.14
Westgate-Brücke in Melbourne, Längsfuge. 1970,
Fall 3.51
a) Untersicht vorm Zusammenrücken
b) Zustand beim Zusammenbau

Innenfeldern durch Schrägseile abgespannt werden. Die ungewöhnliche Montage, die nicht durchdachten Maßnahmen zur Behebung der aus unsachgemäßem Vorgehen stammenden Schwierigkeiten und schließlich der daraus folgende Einsturz sind u. a. in [33, 40] beschrieben. Bild 3.14 a zeigt, daß der Überbau zunächst in zwei Teilen montiert wurde, und Bild 3.14 b macht deutlich, welche unterschiedlichen und großen Verformungen an der Längsfuge beseitigt werden mußten, um den Zusammenbau zu ermöglichen. Bei entsprechenden Versuchen stürzte der Überbau ab. – Der Unfall hat mit dem Beulproblem von Kastenträgergurten nicht das geringste zu tun. Gründe für das Versagen sind u. a. Überlastung bei Manipulationen an der Gradiente durch Ballastierung des in der Montage in Längsrichtung halbierten, dadurch in seiner Tragfähigkeit stark reduzierten Kastenträgers. – Der Veröffentlichung über den Einsturz [42] und der Veröffentlichung über den Wiederaufbau [43] können weitere Informationen und Quellen für den Unfall und die Mängel des 1. Entwurfes entnommen werden.

Die Rheinbrücke Koblenz-Horchheim stürzte 1971 genau 1 Jahr nach dem Unfall in Melbourne bei der Montage ein, das Versagen betraf wieder eine Brücke mit einem großen trapezförmigen Hohlkasten: Für das dreifeldrige Bauwerk von insgesamt 442 m Länge sollten zunächst die 103 m weit gespannten Seitenfelder errichtet und das Mittelfeld von beiden Seiten auskragend ohne Hilfsstützen montiert werden. Nachdem mit einem jeweils auf der Kragspitze positionierten, rd. 100 t schweren Derrick linksrheinisch rd. 104 m Brücke im Mittelfeld fertiggestellt waren, versagte der Brückenträger rd. 50 m vom linksrheinischen Strompfeiler entfernt beim Anheben des ersten Teiles des letzten linksrheinischen Schusses infolge Erschöpfung der Tragfähigkeit des plattenförmigen, längsversteiften Untergurtes (Bild 3.15).

Bild 3.15
Rheinbrücke Koblenz. 1971, Fall 3.53
a) Brücke vor dem Unfall
b) Brücke beim Unfall

Entscheidend für das Versagen war die Ausbildung des Untergurtstoßes an der Versagensstelle [44]. Bild 3.16a zeigt den Querschnitt der Brücke und Bild 3.16b den Stoß des Bodenbleches mit den Längssteifen. Da zunächst vorgesehen war, den Querstoß des Bodenbleches automatisch zu schweißen, war dafür zwischen den Enden der Längssteifen 1/2 IPE 330 ein Freiraum von 400 mm belassen. Dieser wurde dann im Bereich der Steifenstege durch ein Paßstück, das nicht mit dem Bodenblech verbunden wurde, und durch eine damit verschweißte, aufgelegte Gurtstoßlamelle geschlossen. Es verblieb somit ein 460 mm langes Fenster ohne Stützung

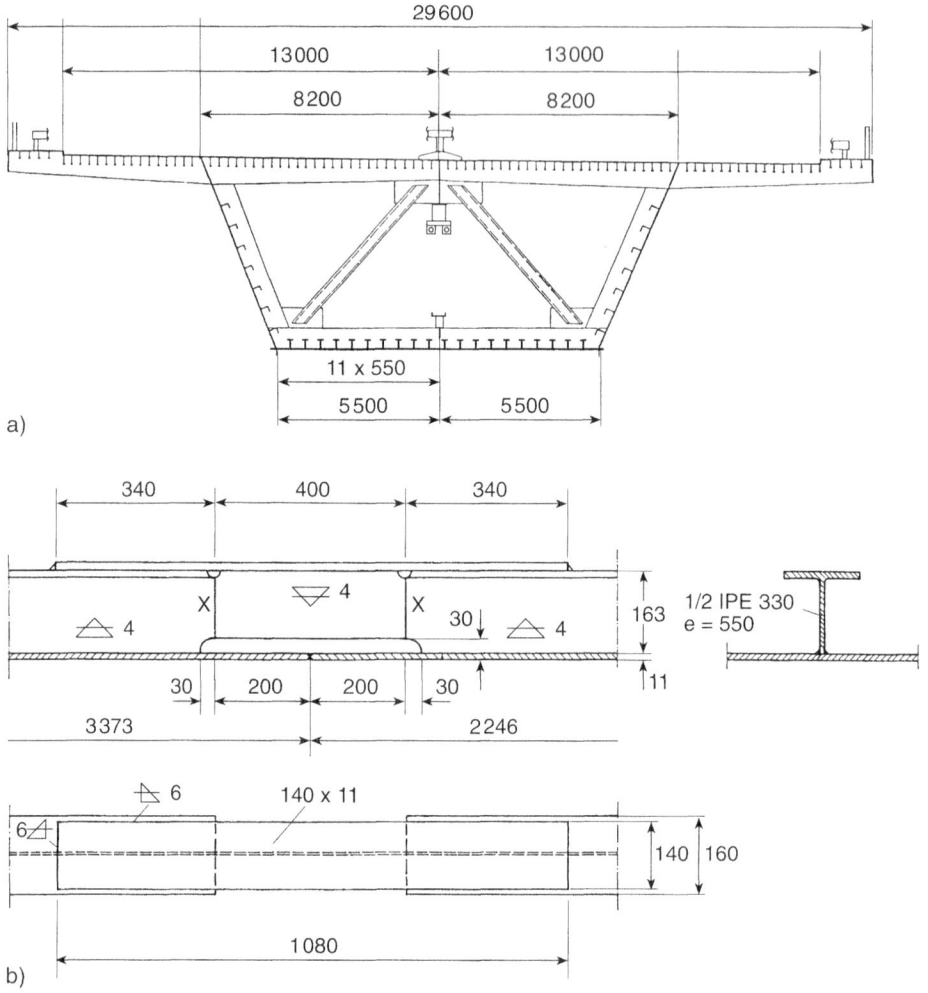

Bild 3.16
Rheinbrücke Koblenz, Konstruktion im Versagensbereich. 1971, Fall 3.53
a) Querschnitt
b) Baustellenstoß im Bodenblech

des im Versagensstoß 11 mm dicken Bodenbleches. Zur Schwäche des Stoßquer-
schnittes mit einem Schlankheitsgrad zwischen $460/(0{,}289 \cdot 11) = 145$ für den beiderseits gelenkig gelagerten und $145/2 = 72$ für den beiderseits eingespannten
Blechstab trugen Schweißverformungen erheblich bei. – Obwohl der Einsatz eines
Schweißautomaten schließlich verworfen wurde, wurde die durch ihn bedingte
Stoßausbildung nicht mehr geändert. – Das Versagen des Stoßquerschnittes bei den
im Rahmen des Gutachtens durchgeführten Versuchen [44] zeigt Bild 3.17. – Beim
Wiederaufbau wurde die extreme Auskragung von mehr als 100 m durch Anheben
des 600 t schweren Hauptfeld-Mittelteiles von den Enden der deutlich kürzeren

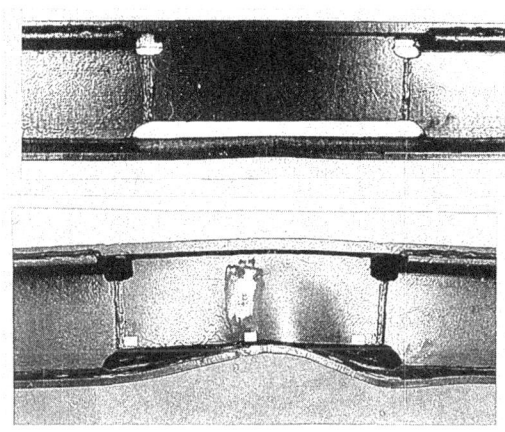

Bild 3.17
Rheinbrücke Koblenz, Versagen im Stoß-
bereich beim Versuch. 1971, Fall 3.53

Kragarme aus vermieden (Bild 3.18). – Der Unfallhergang ist außer in [42] u.a. auch in [6, 28, 33] beschrieben.

Erst sehr spät erfuhr die Fachwelt vom Montageeinsturz der Stauseebrücke Zeulen-roda in Thüringen, einer Landstraßenbrücke über das Tal der Weida, die nach dem Bau der Brücke aufgestaut wurde. Es ist das Verdienst von H.-P. Ekardt, hierüber 1998 ausführlich und verbunden mit allgemein gültigen Betrachtungen zur Inge-

Bild 3.18
Rheinbrücke Koblenz, Wiederaufbau mit kurzen Kragarmen. Fall 3.53

Bild 3.19
Stauseebrücke Zeulenroda, Blick auf versteiftes Bodenblech. 1973, Fall 3.58

nieurverantwortung berichtet zu haben [11], nachdem H. Elze zuvor 1996 in einem
Vortrag [45] auf den Unfall eingegangen war. Die 6 feldrige, 362 m lange Brücke
mit Stützweiten in den Endfeldern von 55 m und den anderen von 63 m, hatte einen
trapezförmigen, 2,15 m hohen, oben 5,4 m und unten 4,0 m breiten Hohlkasten.
Das mit Gehwegen 11 m breite Brückendeck kragt zu jeder Seite 3 m aus. Der Untergurt war durch 5 Flachblech-Längssteifen 125×20 und zwischen den Querrahmen mit Flachblech-Quersteifen 150×10 versteift (Bild 3.19). Der Unfall geschah
beim Freivorbau im 2. Feld, nachdem bereits mit zwei Schüssen 31,5 m Kragweite
erreicht waren (Bild 3.20 a) und der dritte, rd. 14 m lange Schuß, der auf Hilfsstützen aufgesetzt werden sollte, zum Einschwenken vorbereitet wurde. Versagt hat der
Hohlkasten durch Erschöpfung der Untergurt-Drucktragfähigkeit im 2. Feld unmittelbar vor dem Pfeiler (Bild 3.20 b).

Angaben über die Schnittgrößen im Versagensquerschnitt, alle Abmessungen, z. B.
der Blechdicke und der Rahmenabstände, und die Ausbildung der HV-verschraubten
Stöße waren mir nicht zugänglich. Daher bleibt mir nur die Möglichkeit, die Angaben
aus [11] und [45] wie folgt zusammenzufassen: Die Brücke war bereits 1968 entworfen worden, also vor dem Schadensfall der 2. Wiener Donaubrücke. Für den Montagefall war in Übereinstimmung mit den Baubestimmungen eine globale Sicherheit von
nur 1,15 festgelegt worden. Hierfür wurde für die gedrückten, versteiften Untergurte

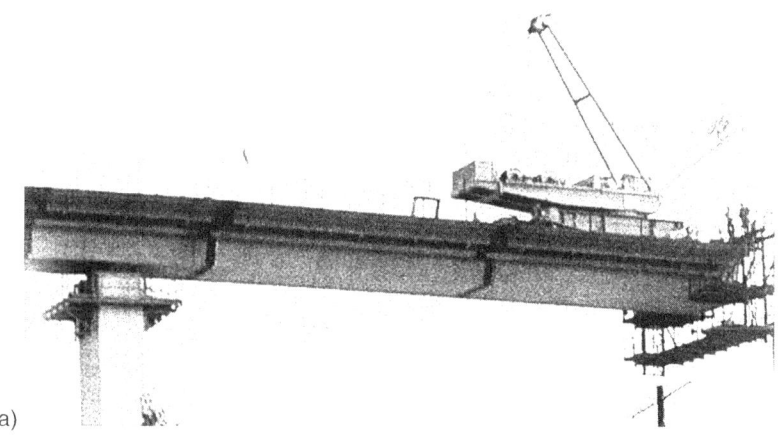

a)

b)

Bild 3.20
Stauseebrücke Zeulenroda. 1973, Fall 3.58
a) Bauzustand vor dem Unfall
b) Abgebrochener Kragarm

die Traglast durch Gleichsetzen mit der Verzweigungslast offensichtlich überschätzt. Wichtig erscheint auch der Termindruck für das Projekt, der nach dem Schadensfall Koblenz 1971 eine Überprüfung der Annahmen für diesen Nachweis verhinderte, und die völlige Trennung der Montage- von der Tragwerksplanung.

Die Unfälle in Wien, Milford Haven, Melbourne, Koblenz und Zeulenroda wurden oft zur Begründung von experimentellen und theoretischen Forschungsvorhaben zum Beulproblem zitiert. Die Einstürze betreffen längsversteifte, stählerne Hohlkästen, sind aber nicht dem völligen Versagen der Beultheorie – trotz der bei der Praxisanwendung vorhandenen Mängel – zuzuschreiben. Man kann ihre Ursachen und die des Unfalles Zeulenroda wie folgt ordnen:

Unfallort	Fall nach Tabelle 3	Ursache
Wien	47	Temperaturwirkung, vereinfachende Annahmen für Eigengewichtsverteilung, Konstruktion: Flachsteifen, Stoßexzentrizitäten, Schwächung am Stoß, Schweißvorverformungen
Milford Haven	49	Versagen des Auflagerquerträgers wegen Unterbemessung
Melbourne	51	Unkontrolliertes Vorgehen bei der Montage
Koblenz	53	Konstruktion: zu schwache Stoßausbildung
Zeulenroda	58	Planmäßig zu geringe Sicherheit bei der Montage und Fehleinschätzung der Tragfähigkeit des versteiften Kastenuntergurtes

Die Beurteilung von U. Krüger [46], nach der „doch … letztlich auch der Ansatz der geringen Beulsicherheit, die im Montagefall nochmals abgemindert werden durfte, zum Unglück bei"-trug, trifft sicher zu. Trotz Hinweisen in der Literatur war weitgehend nicht bewußt, wann überkritische Reserven vorhanden waren und diese formal geringe, auf die Verzweigungslast bezogene Beulsicherheiten rechtfertigten, wann aber dagegen Versagenslasten unter der Verzweigungslast liegen, nicht allein mit dieser beurteilt werden können und angemessene Sicherheiten eingehalten werden mussen.

3.5   Versagen auskragender Spannbetonbrückenträger

Hierzu gehören die Fälle 3.50, 3.55, 3.61 und 3.65. Typisch ist das Versagensbild bei der Brücke Viadotto Cannavino bei Agro de Celico in Italien (Fall 3.55, Bild 3.21). Wittfoht [47] setzt sich im Zusammenhang mit diesem Schadensfall anschaulich mit dem Unterschied der Wirkung von Vorspannung mit und ohne Verbund auseinander. „Der gravierende Nachteil ist, daß die Bewehrung ohne Verbund sich an einer Spannungsaufnahme unmittelbar nicht beteiligt und deshalb keinen Beitrag zur Begren-

Bild 3.21
Brücke Cannavino. 1972, Fall 3.55

zung der Rißbreite leistet. Im Fall Cannavino: Eine Überlastung des Kragträgers an seiner Spitze aus einem unbeabsichtigten Montagevorgang bewirkte eine Rißbildung im kritischen Schnitt. Da zu diesem Zeitpunkt der Verbund zwischen Spannbewehrung und Beton noch nicht hergestellt war, konnte der Riß sich öffnen und die gesamten Dehnungen der freien Spanngliedlängen „aufsammeln". Das führte zur Einschnürung der Betondruckzone bis zum explosionsartigen Versagen."

Auf eine andere Ursache war der Einsturz der Gasitschbachbrücke im Zuge der Österreichischen Südsteirischen Grenz-Bundesstraße B 69 bei Soboth nahe der jugoslawischen Grenze im Jahr 1970 (Fall 3.50) zurückzuführen. Die bis zu 48 m über dem Talgrund geführte, 192 m lange, im Grundriß gekrümmte Brücke mit Feldweiten von 32 m und 4×40 m hatte unter dem 11,4 m breiten Fahrbahndeck einen 2,2 m hohen Hohlkastenträger. Der Überbau wurde im Freivorbau mit 3,33 m langen Ortbetonabschnitten hergestellt. Dafür wurde der Kragarm bis zum Erreichen des nächsten Pfeilers dadurch entlastet, daß er über einen Pylon über dem Pfeiler mit Hilfe von rückwärts verankerten Abspannstangen aufgehängt wurde. Der von Stütze zu Stütze umgesetzte Hilfspylon war aus Betonfertigteilen zusammengesetzt, seine Diagonalen erhielten aus der Umlenkkraft infolge der Brückenkrümmung auch Zug. Der Unfall wurde durch Versagen der untersten Zugdiagonalen des Hilfspylons vor allem infolge zu geringer Einschraublänge von zwei seiner Spannstangen in Muffenstöße verursacht. Durch den Ausfall der Aufhängung klappte der Kragträger durch Bruch über dem vordersten Pfeiler herunter und zerstörte in einer Art Kettenreaktion alle rückwärtigen Pfeiler und Teile des gesamten Überbaus (Bild 3.22).

1975 brach der auskragende Teil der Spannbetonbrücke für die Tauernautobahn über die Lieser nahe Gmünd in Kärnten ab (Fall 3.61). Der 491 m lange, im Grund-

Bild 3.22
Gasitschbachbrücke bei Soboth, Steiermark, Brücke nach Einsturz. 1970, Fall 3.50
a) Kurz vor dem Einsturz
b) Nach Totalzerstörung

riß mit R = 600 m gekrümmte, 8feldrige Hohlkastenträger des Überbaus für die nach Süden führende Richtungsfahrbahn hatte Spannweiten von 48 m – 6 × 65 m – 53 m. Er wurde mit einem oben fahrenden Schalwagen hergestellt (Bild 3.23, Prinzipskizze). Der Schalwagen hatte immer nur das Gewicht der neu betonierten, 6,5 m langen Abschnitte zu tragen, bis diese erhärtet und vorgespannt waren. Nach Fertigstellung der je 5 Abschnitte rechts und links vom Pfeiler 4 und dem damit erreichten Anschluß an den Träger in der Mitte des Feldes 4 wurde der Schalwagen in Richtung zum Pfeiler 5 verschoben. Als sein vorderes Ende Pfeiler 5 erreicht hatte, brach beim Querverschieben, das durch die Grundrißkrümmung erforderlich wurde, der 32,5 m lange Kragarm über Pfeiler 4 ab, blieb an der Bewehrung hängen und drückte den Pfeiler 4 an seinem Kopf um rd. 2 m in Richtung zum Pfeiler 3 (Bild 3.24).

Als Ursache für das Versagen gelten: die Spannglieder waren zum Zeitpunkt des Schalwagenverschubes nicht verpreßt, die Betonfestigkeit des Trägers war noch nicht ausreichend, und der Schalwagen wurde abweichend von der Planung gehand-

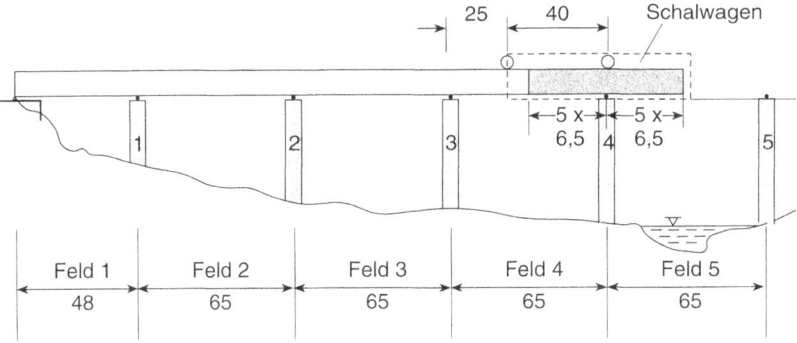

Bild 3.23
Lieserbrücke der Tauernautobahn bei Gmünd, Situation vor Verschieben des Schalwagens in Richtung Pfeiler 5. 1975, Fall 3.61

Bild 3.24
Lieserbrücke der Tauernautobahn bei Gmünd, Schadensbild (Hilfsstütze erst nachträglich errichtet). 1975, Fall 3.61

habt. Die Gutachter stellten fest, daß einer der drei Mängel allein nicht zum Versagen geführt hätte.

Über den Zusammenbruch der beiden Hälften der Ayato Bridge in Zentraljapan im Jahr 1979 (Fall 3.65) liegt nur ein kurzer Bericht vor. Es handelt sich um eine auf beiden Seiten eingespannte einfeldrige, durchgehend vorgespannte Brücke, deren Hälften auskragend mit Hilfe von zwei Schalwagen gebaut wurden. Um nach voll-

ständiger Fertigstellung einer Seite und nach fast vollständiger Demontage des dort
eingesetzten Schalwagens beim Schließen vor dem letzten Betonierabschnitt der anderen Seite einen Seitenfehler von rd. 30 cm auszugleichen, wurde eine Schräg-
strebe zwischen die Köpfe der beiden Kragarme eingebaut. Offensichtlich waren
die über sie ausgeübten Kräfte zu groß und verursachten den Einsturz beider Kragarme.

3.6   Versagen von im Taktschiebeverfahren hergestellten Brücken

Die taktweise Herstellung von Brückenteilen in einer ortsfesten Anlage hinter dem
Widerlager, das Anschließen an die bereits fertigen Teile und das Vorschieben des
immer länger werdenden Überbaus wurde zunächst im Spannbetonbrückenbau mit
wirtschaftlichen Vorteilen praktiziert. Es wurde mehrfach im Stahlbau übernommen. Beispiele dafür sind – mit den aus der Voutung der Hauptträger stammenden
besonderen Problemen – die Weserbrücke Bodenwerder [48] und als Beispiel für
eine Großbrücke die Autobahnbrücke über das Sauertal an der deutsch-luxemburgi-
schen Grenze [49].

Schwierigkeiten entstehen bei dieser Bauweise dadurch, daß der auskragende Brük-
kenteil große Auflagerkräfte auf das vorderste Lager bringt, bevor er auf dem nächsten Pfeiler aufliegt. Man versucht, das Problem – mit oder ohne Montagezwischen-
stützen – mit sehr leichten Vorbauschnäbeln zu mildern. Große Auflagerkräfte treten – besonders bei Brücken mit unterschiedlichen Stützweiten – oft auch in Bereichen auf, die später im Bereich einer Feldmitte liegen. Auf einen dadurch entstandenen besonderen Mangel geht der Schadensfall an der Brohltalbrücke (Fall 3.60)
im Jahr 1974 zurück. Der 600 m lange, 12 feldrige Überbau mit Spannweiten zwischen 35 und 70 m besteht aus zwei einzelligen Hohlkästen. Hilfspylone in den beiden 70-m-Feldern erlaubten, auch hier den für andere Felder ausreichenden Vorbauschnabel unverändert zu verwenden. Jeder Takt umfaßte einen 25 m langen Abschnitt. Mit dem 13. Takt hatte der Vorbauschnabel das erste 70-m-Feld erreicht,
und auf der vom Widerlager aus 1. Stütze lag gerade der später in der Mitte dieses
Feldes liegende Querschnitt. In dem hier nur 34 cm dicken Steg lag die Spannbewehrung sehr tief und eng und war z.T. nicht planmäßig verlegt, so daß die Min-
destabstände nicht eingehalten und daher beim Betonieren Hohlräume zwischen
und unter den Spanngliedern verblieben waren. Beide Stege des Brückenträgers
wurden über den Stützen eingedrückt und die Bodenplatte beschädigt. Der Überbau
sackte um rd. 8 cm ab, der Schaden blieb lokal begrenzt. Gleichartige, aber geringere Schäden wurden nachträglich auch in anderen Querschnitten festgestellt. Zum
Schaden trug auch bei, daß die Spannglieder im versagenden Querschnitt planmäßig noch nicht verpreßt waren.

In der Schweiz wurde das Taktschiebeverfahren bei Verbundbrücken angewandt, indem die Fahrbahnplatte in einer Anlage hinter dem Widerlager hergestellt und auf
die zuvor vollständig montierten Stahlträger aufgeschoben wurde (Bild 3.25). Die
Reibung wird dabei mit Hilfe von Gleitschuhen, die in Aussparungen in der Beton-

Bild 3.25
Straßenbrücke Valagin, Aufschieben der Fahrbahnplatte. 1973, Fall 3.57

platte eingesetzt und mit einer Lösung von Graphitpulver in Wasser geschmiert wurden, reduziert, dennoch treten sehr große Reibungskräfte auf, die der Anwendung des Verfahrens in bezug auf die Brückenlänge Grenzen setzen. Die Gleitschuhe werden nach Erreichen der endgültigen Position durch Bolzendübel ersetzt, diese angeschweißt, und die Aussparungen ausbetoniert, um den Verbund zwischen Betonplatte und Stahlträger herzustellen.

Zwei so geplante Brücken stürzten 1973 innerhalb von zwei Monaten beim Bau ein, die Rhonebrücke Illarsaz im Kanton Wallis (Fall 3.56, Bild 3.27) und die Straßenbrücke Valagin über die Sorge nördlich von Neuenburg (Fall 3.57, Bild 3.26). Die Ursachen für das Versagen waren verschieden: Bei der Rhonebrücke scheint ein Teil der in [51] dargelegten Probleme – Biegemomente in den Stahlträgern und in der Betonplatte aus der Exzentrizität der Reibungskräfte, Querlasten auf die Stahlträger aus Führungskräften, streuende Einflüsse auf die Größe und Lage der Reibungskräfte – nicht angemessen beachtet zu sein. Bei der 340 m langen, 10 feldrigen Verbundbrücke Valagin [52] mit Stützweiten zwischen 23 und 44 m wurden die hinter dem bergseitigen Widerlager gefertigte, 18,5 m breite Platte in Richtung des Gefälles von 6,5 % auf die beiden 2,05 m hohen Stahlträger geschoben. Nachdem so in 9 Takten 180 m Fahrbahn fertiggestellt waren, wurde eine seitliche Abweichung der Platte von der Brückenlängsachse festgestellt. Zu ihrer Korrektur wurden zur Aufnahme von Führungskräften an die Stahlträger seitlich Konsolen angeschweißt. Nach erneutem Andrücken der Pressen und einem dadurch erzeugten

Bild 3.26
Straßenbrücke Valagin nach dem Einsturz. 1973, Fall 3.57

Bild 3.27
Rhonebrücke Illarsaz nach dem Zusammenbruch. 1973. Fall 3.56

Weg von 20 cm kam die Platte von selbst in Bewegung und soll nach Augenzeugen nach einem Weg von rd. 40 m im Augenblick des Einsturzes eine Geschwindigkeit von 2 bis 3 m/s gehabt haben.

Die Ursache des Einsturzes ist die Unterschreitung des angenommenen Reibwertes. Eine kritische Auswertung der beim Schieben in den einzelnen Takten aufgebrachten Pressenkräfte hätte gezeigt, daß sich der Reibwert von etwa 10 % im 1. Takt bis zum 9. Takt dem kritischen Wert von 6,5 %, dem des Gefälles, bedrohlich genähert hatte: die Sicherheit gegen Gleiten ging damit verloren. Spätere Untersuchungen, die die bekannte Tatsache bestätigten, daß der Reibwert, abhängig von vielen Baustelleneinflüssen sehr streut, zeigen, daß die untere Grenze des Reibwertes – für die Auslegung der Pressen auch die obere – vorsichtig angenommen werden muß.

Die ebenfalls im Taktschiebeverfahren hergestellte Mainbrücke für die Autobahn A3 bei Aschaffenburg (Fall 3.85) stürzte 1988 ein, da die Querkraft zwischen Hilfspylon und Auflager (Bild 3.28) nicht aufgenommen werden konnte und schlagartig

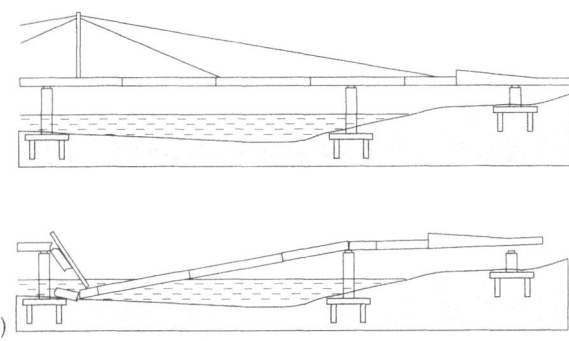

a)

b)

Bild 3.28
Mainbrücke für die Autobahn A 3 bei Aschaffenburg. 1988, Fall 3.85
a) Skizze mit Zuständen vor und nach dem Einsturz
b) Foto der eingestürzten Brücke

einen Querkraftbruch auslöste. Ursache war das Übersehen des maßgebenden Lastfalls. Auf Bild 3.28 erfolgt das Schieben von links nach rechts, und der Vorbauschnabel hat bereits das Widerlager erreicht. Das Foto zeigt die eingebrochene Brücke, der rückwärts geneigte Pylon ist am linken Bildrand zu erkennen.

3.7   Einsturz der Rheinbrücke Frankenthal

Die zweifeldrige Autobahnbrücke über den Rhein zwischen Frankenthal und Sandhofen nördlich von Mannheim stellte 1940 mit ihren Stützweiten von 147 und 161 m einen Weitenrekord für Stegblechträger dar. Sie besteht aus zwei nebeneinander liegenden Stahlbrücken mit je zwei 6,0 m hohen Vollwandträgern mit 1,2 m breiten Gurten. Die beiden 5,3 m auseinander liegenden Träger jeder Brücke sind mit Halbrahmen und die beiden, mit 8 m Achsabstand nebeneinander liegenden Brücken durch Querträger miteinander verbunden. Weitere Angaben zur Konstruktion findet man in der Arbeit [3], in der H. Ackermann über 30 Jahre nach dem Unfall erstmals in der Literatur über die Katastrophe berichtet. Darauf, daß nicht alle Angaben darin mit dem Inhalt von [53] übereinstimmen, gehe ich am Schluß dieses Abschnittes kurz ein.

Die hier gegebene Schilderung beruht auf der zuvor genannten Quelle und

– Informationen, die der Gutachter Kurt Klöppel uns, seinen Assistenten, in den 50er Jahren gab, und
– dem Bericht [53] sowie einem kurzen Film über die Versuche, die von Kurt Klöppel und seinem damaligen Mitarbeiter, W. Cornelius, im Ingenieurlabor der Technischen Hochschule Darmstadt durchgeführt wurden.

Die beiden Brückenträger wurden gleichzeitig montiert (Bild 3.29). Damit wurde in der Brückenmitte auf dem Strompfeiler (Pkt. 21) und zwei auf beiden Seiten daneben errichteten Hilfsjochen begonnen. Von da an war der Überbau auf dem Strompfeiler horizontal unverschieblich gelagert, so wie es auch für den Endzustand vorgesehen war. Nach Fertigstellung eines Abschnittes von 49 m Länge begann der Freivorbau nach beiden Seiten, indem die per Schiff angelieferten Bauteile mit einem Portalkran auf das fertige Brückenteil gehoben, auf Transportwagen abwechselnd zu den beiden Vorbauspitzen gefahren und dort mit Vorbauderricks eingebaut wurden. In den Mit-

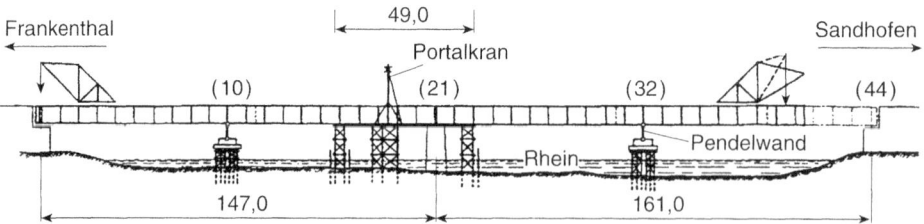

Bild 3.29
Rheinbrücke Frankenthal, Übersicht und Angaben zur Montage. 1940, Fall 3.34

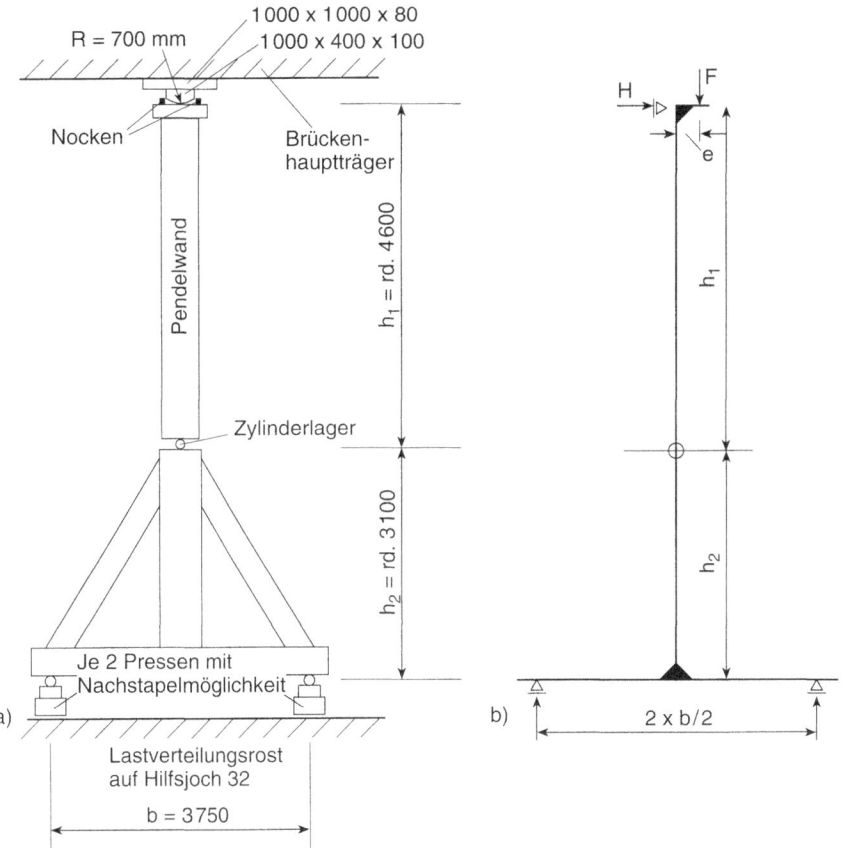

Bild 3.30
Rheinbrücke Frankenthal, Pendelwand. 1940, Fall 3.34
a) Ausführung
b) Idealisierung für Systemuntersuchung

ten der beiden Öffnungen wurden in den Punkten 10 und 32 Hilfsunterstützungen erforderlich, um die Kraglängen auf etwa 80 m zu beschränken.

Zwischen der Unterkante der vier Stahlhauptträger und dem Hilfsjoch 32 war folgende Konstruktion, beschrieben von oben nach unten, eingebaut (Bild 3.30a):

- Unter jedem Hauptträger war ein Lagerkörper angeschraubt, der aus einer oberen, ebenen Lagerplatte $1000 \times 1000 \times 80$ und einer darunter angeschweißten, nach unten gewölbten Lagerplatte $1000 \times 400 \times 100$ bestand. Jede dieser vier gewölbten Lagerplatten ruhte auf einer ebenen Lagerplatte, die am oberen Ende einer durchgehenden Pendelwand befestigt war. – Über die Aussteifung der Stegbleche im Punkt 32 liegen keine Angaben vor.

- Die Pendelwand hatte eine Systemhöhe von h_1 = rd. 4600 mm. Oben war sie horizontal an jedem Lager durch acht auf der pendelseitigen Platte aufgeschweißte

Nocken, die die gewölbte Platte gegen Verschieben sichern sollten, gehalten. Sie
lagerte statisch bestimmt auf zwei Zylinder-Kipplagern, über die keine Angaben
vorliegen.

- Jedes Zylinder-Kipplager gab seine Last über eine Verteilungskonstruktion auf
  die Hilfspfeiler ab. Diese beiden h_2 = rd. 3100 mm hohen „Verteiler" – eines
  stromaufwärts, das andere stromabwärts – führten ihre Last auf je 4 Punktkipp-
  lager weiter, die in Brückenlängsrichtung einen Abstand von 3750 mm und in
  Brückenquerrichtung von 5000 mm hatten. An jedem dieser Lagerpunkte waren
  zwei Pressen und Konstruktionen zur Lastein- und -weiterleitung angeordnet,
  dies ebenfalls für den Einbau von Trägern zum Nachstapeln. Für die ganze
  Brücke gab es also 16 Pressen, sie hatten eine Tragkraft von je 2500 kN, also zusammen 40 000 kN, die maximale Auflagerkraft geht aus [53] mit 24 000 kN hervor. Die Pressen unter der Pendelwand waren erforderlich, um den Überbau vor
  dem Einbau der letzten Schüsse so weit anzuheben, daß er auf das Widerlager
  aufgesetzt werden konnte.

- Unter der Hubkonstruktion sorgte ein Rost für die Verteilung der Last aus jeder
  der beiden Verteilerkonstruktionen auf je eine Gruppe von 54 senkrechten Holzpfählen $\varnothing$ 40 cm. Diese zusammen 108 Pfähle bildeten mit 6 Schrägpfählen in
  und gegen die Stromrichtung je Pfahlgruppe, also zusammen 24 Schrägpfählen,
  das Hilfsjoch im Punkt 32. In [53] heißt es zur Aussteifung des Joches in Brückenlängsrichtung: „Da wegen der Anordnung der Pendelwand nur mit geringen in
  Längsrichtung der Brücke wirkenden Kräften gerechnet wurde, waren in dieser
  Richtung keine Schrägpfähle, sondern zur Versteifung nur hölzerne Querzangen
  und Streben, sowie Spannstangen unter Wasser vorhanden."

Die Pendel- und Hubkonstruktion wog 240 t, der Abstand von Brückenunterkante
bis zum Rost auf dem Hilfsjoch betrug vor Beginn des Anhebens rd. 8 bis 9 m, der
Abstand von Oberkante Rost bis zur Flußsohle dürfte rd. 11 bis 12 m betragen
haben.

In Bild 3.30 b ist ein System dargestellt, an dem das Verhalten der Konstruktion stu-
diert werden kann.

Die Pendelwand erlaubte, Längsverschiebungen der Brückenträger am Ort der
Hilfsunterstützung infolge Temperatur- und Spannungsänderungen im Untergurt
zwängungsfrei aufzunehmen. Sie hatte vor Beginn des Anhebens nahezu senkrecht
gestanden, weil nach [53] zu diesem Zeitpunkt eine mittlere Temperatur von 10 °C
herrschte und der Einfluß aus der Montage bei Belastung des Pendels weitgehend
ausgeschaltet war. Dagegen hatte der Überbau am Punkt 32 eine Längsneigung von
1,3 %. Diese verursachte wegen der Wölbung der Lagerplatte, für die sich aus anderen Zahlenangaben in [53] ein Radius von rd. 700 mm ergibt, eine Verschiebung
der Wirkungslinie der Auflagerkraft um 9,1 mm in Richtung zum Widerlager 44
und damit eine H-Kraft von 9,1/4617 = 0,002 = 0,2 % der Vertikalkraft, auf das
Joch in Richtung zum Strompfeiler 21 wirkend. Bei einer Auflagerkraft von 4mal
6000 kN sind das bereits vor dem Anheben insgesamt 48 kN.

Das Anheben wurde wechselseitig vorgenommen, indem zuerst die Pressen auf der Seite zum Widerlager um 20 mm, danach die anderen ebenfalls um 20 mm angehoben wurden. Wegen des Höhenunterschiedes zwischen Pressen und Lager der Pendelwand auf der Verteilungskonstruktion von rd. 3100 mm verschob sich beim Anheben um 20 mm auf der Widerlagerseite das untere Lager der Pendelwand um 16,5 mm in Richtung zum Pfeiler, so daß dadurch nach [53] zunächst unter Voraussetzung eines starren Joches eine H-Kraft von 0,45 % der Vertikalkraft, also von $24\,000 \times 0,45/100 = 108$ kN auf das Hilfsjoch entstand, zusammen also 156 kN wirkten. Diese Zahlenwerte können von mir nicht geprüft werden, da die Anlagen zu [53] fehlen und daher Konstruktion und Maße der unteren „Zylinderlager" nicht bekannt sind.

Da die Aussteifung der Joche in Brückenlängsrichtung mit Spannstangen unter der Wasserlinie und Holzzangen darüber im ganzen als relativ weich bezeichnet werden muß, folgt aus der Verschiebung des Hilfsjochkopfes eine eher große Vergrößerung dieses Wertes von 156 kN.

Wichtig ist die Tatsache, daß durch den zufälligen Beginn des Anhebens auf der Seite zum Widerlager sich die beiden Anteile der Abtriebskräfte (48 kN aus Überbauneigung und 120 kN aus einseitigem Anheben) addierten. Wäre auf der anderen Seite begonnen worden, hätte die maximale Horizontalkraft auf den Hilfspfeilerkopf anstelle von 156 kN in Richtung zum Strompfeiler nur $108 - 48 = 60$ kN in Richtung zum Widerlager betragen: das Joch wäre vermutlich nicht eingestürzt!

Auf der Frankenthaler Seite konnte das Anheben planmäßig durchgeführt werden. Auf der Sandhofener Seite sprang dagegen die Pendelwand heraus, als nach etwa 120 mm Hub die Pressen stillstanden und das Einschieben von 100 mm hohen Stapelplatten beginnen sollte. Die herabstürzende Brücke brachte das Hilfsjoch und das rechte Brückenfeld zum Einsturz (Bild 3.31).

Mit großer Wahrscheinlichkeit ist der Zusammenbruch erfolgt, weil die Neigung des Überbaues und das wechselseitige Anheben auf den beiden Seiten der Verteilerkonstruktion zu einer zunehmenden Verschiebung des Hilfsjochkopfes und damit zu zunehmender Abweichung der Wirkungslinie der Auflagerkraft von der Vertikalen führte. Dabei ist zu beachten, daß sich der Anteil daran aus einem Hub auf der Widerlagerseite durch den gleich großen Hub auf der Pfeilerseite nicht kompensierte. Eine Begründung dafür wird in [53] nicht gegeben, sie ist aber offensichtlich auf der einen Seite darin zu suchen, daß mit zunehmenden Anheben die Auflagerkraft infolge des Anhebens steigt und damit wegen des Einflusses der Verformungen auf das Gleichgewicht Verschiebungsanteile zurückbleiben, zum anderen in den bleibenden Verformungen in den Anschlüssen der Hilfsjochaussteifungen.

Einsicht in das Tragverhalten gibt die Untersuchung des Systems nach Bild 3.32. Die Außermittigkeit e ist zur Verdeutlichung relativ groß gezeichnet. Für die gestrichelt eingetragene verformte Lage unter der Voraussetzung einer Anhebung v_B sind kleine Verformungen unterstellt, wegen des kurzen Hebelarmes e ist dessen Neigung vernachlässigbar klein und daher nicht dargestellt. Die Federzahl c_1, in Kraft/Weg

Bild 3.31
Rheinbrücke Frankenthal, eingestürzte Brücke. 1940, Fall 3.34

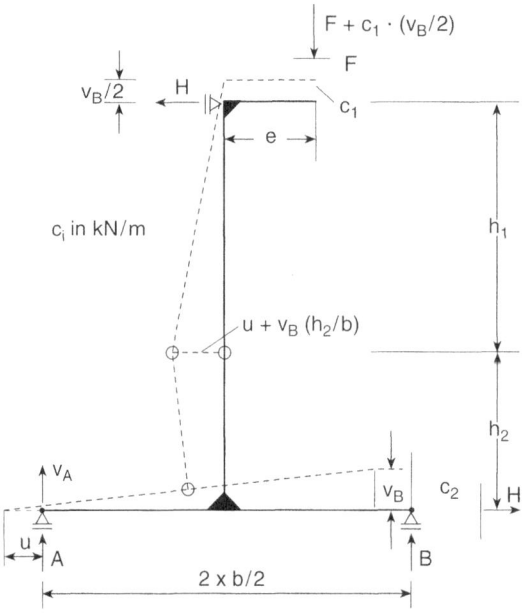

Bild 3.32
Rheinbrücke Frankenthal, idealisiertes System zur Untersuchung der Pendelwandschiefstellung. 1940, Fall 3.34

definiert, erfaßt den Zuwachs der Auflagerkraft infolge Anhebens wegen der Steifigkeit des Brückenträgers und c_2 das Anwachsen der Horizontalkraft im Hilfsjoch infolge seitlicher Auslenkung seines Kopfes.

Die Gleichgewichtsbedingung in der verformten Lage (Theorie II. Ordnung) lautet:

$$H = \frac{u + v_B \cdot (h_2/b) + e}{h_1} \, (F + c_1 \cdot v_B/2). \text{ Mit } H = c_2 \cdot u \text{ folgt}$$

$$H = \frac{v_B \cdot (h_2/b) + e}{h_1 - (F + c_1 \cdot v_B/2)/c_2} \, (F + c_1 \cdot v_B/2)$$

Zahlenwerte: $h_1 = 4,6$ m, $h_2 = 3,1$ m; $b = 3,75$ m, $h_2/b = 0,83$
$e = 0,0091$ m, $F = 24\,000$ kN

$$H = \frac{0,83 \cdot v_B + 0,0091}{4,6 - (24\,000 + c_1 \cdot v_B/2)/c_2} \, (24\,000 + c_1 \cdot v_B/2)$$

Geschätzt und angenommen: c_1 und c_2

H-Kraft für verschiedene Annahmen

	Theorie I. Ordnung $c_2 = \infty$	Theorie II. Ordnung $c_2 = 5 \cdot 10^4$ kN/m
$v_B = 0$	$H = 47$ kN	$H = 53$ kN
$v_B = 0,02$ m $c_1 = 0$	$H = 134$ kN	$H = 150$ kN
$v_B = 0,02$ m $c_1 = 10^5$ kN/m	$H = 140$ kN	$H = 157$ kN

Beim Anheben über den Pressen am Lager A folgt:

$v_A = 0,02$ m $c_1 = 10^5$ kN/m	$H = -41$ kN	$H = -46$ kN

Die Ergebnisse stimmen nicht genau mit denen in [53] überein, da wegen Fehlen von Informationen hier Näherungen erforderlich waren. Sie machen aber nochmals zweierlei deutlich:

- Der Einfluß der Verformungen auf das Kräftespiel ist groß, vermutlich größer, als zuvor mit $c_2 = 5 \cdot 10^4$ kN/m – das bedeutet, daß sie das Joch am Kopf unter einer Horizontalkraft von $H = 10\,000$ kN horizontal um $u = 1,0$ m verschiebt – angenommen wurde.

- Vermutlich wäre kein Einsturz erfolgt, wenn mit dem Anheben auf der Seite zum Strompfeiler begonnen worden wäre. – Das habe ich im Abschnitt 1.1 mit Zufall gemeint.

- Die Seitenverschiebung u und damit die Horizontalkraft kehrt nach Ausgleich der Hübe rechts und links nicht auf den Ausgangswert zurück, sondern steigt wegen des Anwachsens der Auflagerkraft um $c_1 \cdot v_B/2$ bzw. $c_1 \cdot v_A/2$ bei jedem Hub.

In [53] werden zwei weitere Gründe für das Versagen erörtert:

- Ein Teil der Nocken zur seitlichen Lagesicherung der Pendelwand unter den Brükkenhauptträgern ist erst auf der Baustelle ohne planmäßiges Spiel angeschweißt worden. Die Nocken können durch die Winkeländerung zwischen den Lagerplatten angesprengt sein. In [53] wird nachgewiesen, daß bei Annahme von 1 mm Spiel bereits 2 % Neigung der Pendelwand zum Bruch der Schweißnähte des Nockenanschlusses führen.

- Aus Zeugenaussagen geht hervor, daß eine der Pressen beim Anheben nicht planmäßig mitgelaufen ist. Aus dem Aufbau der Verteilerkonstruktion und deren Maßen gemäß Bild 3.33 folgt:

20 mm Zurückbleiben der beiden Pressen am Punkt A führt zu einer Verschiebung der Punkte E und F von $20 \cdot (2170/3750) = 11{,}6$ mm nach links. Dadurch wird die Verbandstrebe E-H des Horizontalverbandes in der oberen Ebene des Verteilers um $\Delta s = [(5000^2 + (3750 + 11{,}6)^2]^{1/2} - [(5000^2 + (3750^2]^{1/2} = 6257 - 6250 = 7$ mm verlängert und die Strebe F-G um das gleiche Maß gestaucht. Das führt zu erheblichen Fließverformungen in den Nietanschlüssen dieser Stäbe und zu deren Versagen, so wie sie auch in den Trümmern vorgefunden wurden. – Die räumliche Wirkung kann durch isolierte ebene Betrachtungen nicht gefunden werden!

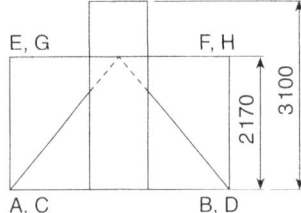

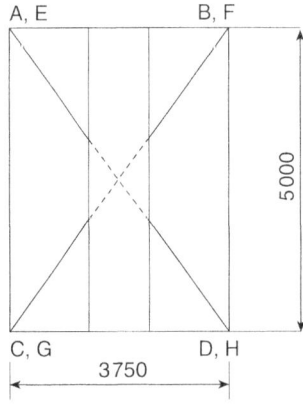

Bild 3.33
Rheinbrücke Frankenthal, zur Zerrung des oberen Horizontalverbandes in der Verteilerkonstruktion. 1940, Fall 3.34

Aus diesen Gründen enthält der Bericht [53] folgende Zusammenfassung:

Als Ursache des Unfalls ist das Ausspringen der Pendelwand des Joches 32 festzustellen. Dies wurde veranlaßt

a) durch das Ausweichen des Rammjoches nach dem Pfeiler zu infolge wechselsei-
   tigen Anhebens, womit die Schiefstellung des Pendels eingeleitet wurde,
b) durch Unregelmäßigkeiten beim Anheben, wodurch Beanspruchungen an den Anschlüssen der oberen Verbände der Verteiler die Fließgrenze erreichten.
   Durch die hierdurch nach Stillsetzen der Pumpen noch langsam zunehmende
   Schrägstellung des Pendels sprangen plötzlich zwei Nocken am oberen Auflager
   ... der Pendelwand ab, die nachträglich an der Baustelle ohne genügenden Spielraum angeschweißt worden waren. Durch den hiermit verbundenen Stoß zerrissen
   die Anschlüsse der Verteilerverbände und sprang die Pendelwand aus.

In [53] findet sich kein Hinweis auf die in [3, dort auf Seite 10] als Ursache angegebene Längsverschiebung der Brücke.

3.8 Schadensfall beim Bau der Autobahnbrücke Heidingsfeld

1963 entstand beim Betonieren der Fahrbahnplatte der Autobahnbrücke Heidingsfeld bei Würzburg (Fall 3.41) größerer Sachschaden, ohne daß es zu einem Einsturz
kam. Die 9feldrige, 664 m lange Verbundbrücke mit Stützweiten bis 80 m hat zwei
5,0 bis 6,0 m hohe Stahl-Vollwandträger im Abstand von 23 m. Sie tragen eine
33,5 m breite, auf Querträgern im Abstand von 2 m aufliegende, in Längsrichtung
vorgespannte Betonfahrbahnplatte. Zum Zeitpunkt des Unfalles waren etwa 2/3 der
Betonplatte betoniert, wobei der Stahlträger zum späteren Einbringen einer Vorspannung durch Stützenbewegungen an den Pfeilern durch Anheben bis 2,8 m und
an den Widerlagern durch Absenken um 1,3, im ganzen also um 4,1 m konvex überhöht war. Während des Betonierens lagen die Hauptträger daher auf den Pfeilern
auf Stapeln aus Betonplatten.

Nach einer längeren Winterpause war gerade mit dem Betonieren im letzten Feld
auf der Nürnberger Seite wieder begonnen worden, als weit entfernt davon die Sta-
pelung auf dem von der Frankfurter Seite 2. Pfeiler, der das Festlager trug und über
dem der Überbau 2,4 m überhöht war, unter einem der beiden Hauptträger zusammenbrach. Dadurch sackte der Überbau hier um rd. 0,8 m ab und verschob sich als
Ganzes in Längsrichtung um 0,135 m, bis er an der Kammermauer des tieferen der
beiden Widerlager, des auf der Frankfurter Seite, anlag. Im Bereich vor und hinter
diesem Pfeiler, in dem die Betonplatte noch fehlte, verdrehten sich die Stahlträger
infolge Biegedrillknicken (Kippen). Nahe einem Nachbarpfeiler knickte der Untergurt seitlich aus, und an verschiedenen Stellen entstanden Stegblechbeulen und
Schweißnahtrisse. Weitere Angaben findet man in [3] und [5].

Die Stapelungen bestanden aus z.T. nur äußerst schwach bewehrten, 0,15 m dicken Betonplatten mit Abmessungen von 1,45 m × 1,45 m oder 0,7 m × 0,7 m. Bild 3.34 zeigt
den Stapel auf einem anderen Pfeiler. Der gebrochene, 2,35 m hohe Stapel hatte – von

Bild 3.34
Autobahnbrücke Heidingsfeld, Betonplatten-
stapel. 1963, Fall 3.41

unten nach oben angegeben – 10 große und 5mal je 4 kleine Platten sowie eine Lage aus 0,1 m dicken Hartholzbohlen. Der darauf abgesetzte untere Lagerkörper war in Brückenquerrichtung 1,5 m und in Brückenlängsrichtung 1,0 m breit. Nachträgliche Messungen ergaben, daß die Oberflächen der Platten z.T. nicht exakt planparallel waren, die Unterschiede der Plattendicken an zwei gegenüber liegenden Rändern betrugen bis 0,6 cm. Außerdem waren die Platten zum Teil leicht ballig, dafür werden bis 2,5 mm Dickenunterschied angegeben. Zum Ausgleich dieser Imperfektionen wurden Streifen aus Dachbitumenpappe zwischen den Platten eingelegt. Einige der Betonplatten hatten bereits unmittelbar nach dem Einbau Risse, die in den Wintermonaten besonders in den Randzonen durch Wasser mit Frosteinwirkungen verstärkt worden waren.

In der Dokumentation [5] wird auf die Neigung der oberen Platten der Rollenlager und die daraus stammenden Horizontalkräfte auf das Festlager hingewiesen und angegeben, daß die Neigung im Mittel über die Brückenlänge 1% betragen hat. Das stimmt mit der Längsneigung der Brucke aus dem vertikalen Ausrundungsradius von R = 25 000 m mit Tiefpunkt im 2. Feld auf der Frankfurter Seite überein. Die Größtwerte der Neigung hieraus und aus der parabelförmigen Führung des Untergurtes mit einem Stich von 1,0 m betragen rd. 2,24% + 0,60% = 2,84% am Widerlager auf der Nürnberger Seite.

Ursache für das Versagen der 5 Lagen kleiner und der 2 großen Stapelplatten oberhalb der gut bewehrten nächsten großen Betonplatte waren Spaltzugkräfte aus lokalen Spitzen der Pressungen zwischen den Platten. Zusammen mit den Beanspruchungen aus den Horizontalkräften und wegen der aus Bewehrungsmangel stammenden Schwäche der Platten konnten diese Spaltzugkräfte nicht aufgenommen

werden. Sicher haben auch die Kraftumlenkungen infolge der sich von Fuge zu
Fuge verändernden Lage der Bereiche, in denen die Kräfte vorwiegend übertragen
wurden (Bild 8 in [5], Seite 387), und der Schmiereffekt des Bitumen in den Fugen
eine Rolle beim Zerstören des Stapels gespielt. Der im Zusammenhang mit diesem
Schadensfall gern bemühte „Kirschkerneffekt" ist zwar spektakulär, dürfte aber
vom Kern der Ursache ablenken. Denn es geht um die Ursache für die Zerstörung
der Platten und nicht für ein äußerst unwahrscheinliches seitliches Herausschnellen
oder Herausdrücken ganzer Platten.

3.9   Versagen beim Abbruch oder Umbau

Vom Versagen betroffen waren beim Abbau 12 und beim Umbau 4 der in Tabelle 3
erfaßten Brücken. Ihr großer Anteil von 12,9 % + 4,3 % = rd. 17 % an den 93 Versagensfällen beim Bau zeigt, wie auch die nachfolgenden Angaben belegen, daß offensichtlich im allgemeinen beim Ab- und Umbau nicht mit der gleichen Sorgfalt
vorgegangen wird, wie beim Neubau.

Zunächst zu den 12 Schadensfällen beim Abbau.

Steinerne Bogenbrücken tragen allein über Bogenschub. Wenn das beim Abbau
nicht bedacht wird (Fall 3.24), wie 1910 bei einer Brücke über die Leinleiter in Hei-
ligenstadt, Oberfranken, und der Schlußstein herausgenommen wird, ohne den Bogen zuvor einzurüsten, ist der Zusammenbruch sicher.

Die durch vorzeitigen Abbruch der Betonplatte einer einfeldrigen Verbundbrücke
über den Mittellandkanal bei Bramsche nahe Osnabrück (Fall 3.59) beseitigte Seitenstützung des Obergurtes führte 1974 zum Absturz in den Kanal. Im Gegensatz
zur Abbruchplanung waren die Hauptträger zur Verringerung der Stützweite nicht
zuvor auf Hilfsstützen aufgesetzt worden.

Fast genau so liegen die Ursachen für den Absturz eines 50 t schweren Trägers
beim Abbruch einer Straßenüberführung bei Harrisburg in Pensylvania (Fall 3.92)
im Jahr 1996: Abweichend vom Montageplan waren die Gurte an zwei Stellen voll
durchgetrennt worden und damit deren Seitensteifigkeit entscheidend verringert.

Ähnliches geschah 1982 beim Abbruch der äußeren Hauptträger einer einfeldrigen
Brücke bei Dedensen westlich von Hannover, wie im Fall 3.59 ebenfalls über den
Mittellandkanal (Fall 3.75), als ein 120 t schwerer Hauptträger nach Lösen der letz-
ten von drei seitlichen Verbindungen mit dem mittleren Brückenteil kippte
(Bild 3.35) und drohte, in den Kanal zu fallen.

Verwandt ist hiermit der Schadensfall 3.66, in dem bei Abbrucharbeiten zunächst von
Nebenkonstruktionen – hier einem Kabelkanal – für die Tragfähigkeit von noch vorhandenen Brückenteilen wichtige Bauteile – hier Bewehrungsstäbe – zerstört wurden.

Völlig anders ist dagegen die Ursache für den 1984 eingetretenen Schaden beim
Abbruch einer Eisenbahnbrücke bei Kreuzwertheim auf der Strecke Lohr–Wertheim
(Fall 3.78): vorschriftwidrig verwendete Hubstangen und Muttern führten zum Ab-

Bild 3.35
Mittellandkanalbrücke Dedensen, gekippter
Hauptträger. 1982, Fall 3.75

sturz eines 70 m langen Brückenteils beim Freiheben von den Lagern auf den zur
Aufnahme bereit liegenden Ponton und dessen Versenkung.

Die Ursachen für den Absturz eines Teilstücks einer Autobahnbrücke bei Schwaig
1978 (Fall 3.63) und einer Brücke im Westen Tokios in den Tamafluß beim Abbruch
(3.79) 1984 sind nicht bekannt.

Der Fall 3.84 betrifft 1987 eine 4feldrige Spannbetonbrücke mit 4stegigem Platten-
balken. Beim Abbruch wurde durch Beseitigung eines Endfeldes die Endveranke-
rung konzentrierter Spannglieder beseitigt. Da der Haftverbund nicht ausreichte,
die Vorspannung in den noch stehenden Feldern aufrecht zu erhalten, stürzten die
drei übrigen Felder ein.

Der Fall 3.76, Einsturz einer Behelfsbrücke beim Ausrollen, geht auf das Fehlen einer
Koordinierung von Planung und Ausführung zurück. Das Vorgehen auf der Baustelle
war bei der Planung nicht erwogen, daher waren Bauteile nicht ausreichend bemessen.

Im Fall 3.89, Abbruch der alten Brücke Holtenau über den Nord-Ostsee-Kanal bei
Kiel im Jahr 1992, war zunächst der rd. 700 t schwere Schwebeträger der Gerber-
Fachwerkbrücke über dem Kanalbereich in einer durch das Zusammenwirken von
2 Schwimmkränen mit einem 1000-t-Autokran schwierigen Operation ohne Probleme ausgebaut worden. Beim folgenden Abbau eines 500 t schweren Bauteils in
einem der 2. Innenfelder der 5 feldrigen Brücke war dieser 1000-t-Kran zusammen
mit zwei 500-t-Autokränen zusammen eingesetzt. Durch Versagen einer seiner Hy-
draulikeinrichtungen beim Schwenken unter Last stürzte das Teilstück ab, wodurch
alle eingesetzten Hebezeuge total zerstört wurden (Bild 3.36 b).

a)   b)

Bild 3.36
Versagen beim Neubau oder Abbau
a) Neubau: Czerny-Brücke, Heidelberg. 1985, Fall 3.80
b) Abbau: Alte Brücke Holtenau, Blick auf Abbruchstelle.
   1992, Fall 3.89

Besondere Lehren können aus dem Fall 3.87, Absturzgefahr beim Abbruch der 5feldrigen Autobahnbrücke über das Werratal bei Hedemünden, 1991, gezogen werden [54]. Die 40 Jahr alte, geschweißte Vollwandträgerbrücke wurde abgebaut, da sie den Verkehrsanforderungen nicht mehr genügte, und durch eine breitere ersetzt. Während des Abbaus versagten – allerdings ohne Absturz – beide Träger des zweiwandigen Überbaus durch Beulen ihrer unteren Flansche und ihrer Stege unter einem negativem Biegemoment, das sie nach der ursprünglichen statischen Berechnung der Brücke tragen sollten. Hauptursache war eine nicht erkannte und sonst kaum vorkommende Beulform der aus 2 Lamellen bestehenden Gurte, die nur an ihren Längskanten durch Kehlnähte miteinander verschweißt waren.

Auf den Abbauvorgang muß hier nicht eingegangen werden, da es allein um das negative Grenz-Biegemoment an der Versagensstelle geht. Es wird bestimmt vom Beulen des Gurtes, der hier aus einer Grundlamelle 500×12 und einer Zusatzlamelle 480×15 besteht; letztere hat also – sicher außergewöhnlich – eine 20% größere Querschnittsfläche als die erste. Das (b/t)-Verhältnis jeder Seite der Grundlamelle war mit rd. 21 etwa doppelt so groß, wie der Grenzwert 12,9 nach DIN 18 800 Teil 1, Tabelle 13.

Die kleinste Beullast für diesen Gurt liefert die Beulform nach Bild 3.37a. Sie führt auf eine Beulspannung, die bei etwa 65 bis 70% der Streckgrenze liegt. Die Verzweigungsspannung für diesen Beulfall kann heute der später durchgeführten Untersuchung [55] von W. Protte entnommen werden. – Der im Bild 3.37b gezeigte, nach dem Versagen durchgeschnittene Gurt bestätigt die im Bild 3.37a unterstellte Beulform.

In diesem Fall war das Versagen übrigens u. a. mit verursacht durch größere als die berücksichtigten Lasten und durch geringere Festigkeiten, als sie für den deklarierten Stahl hätten vorhanden sein müssen.

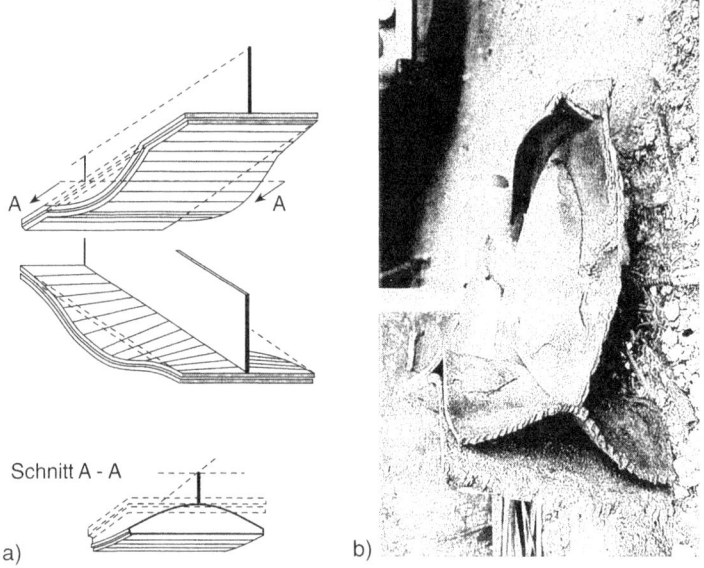

Bild 3.37
Werrabrücke Hedemünden, „Lamellenbeulen" des beim Abbau gedrückten Gurtes. 1991, Fall 3.87
a) Beulform
b) Versagensstelle nach Durchtrennen

Bild 3.38
Big-Otter-Brücke bei Staunton. 1887, Fall 3.11

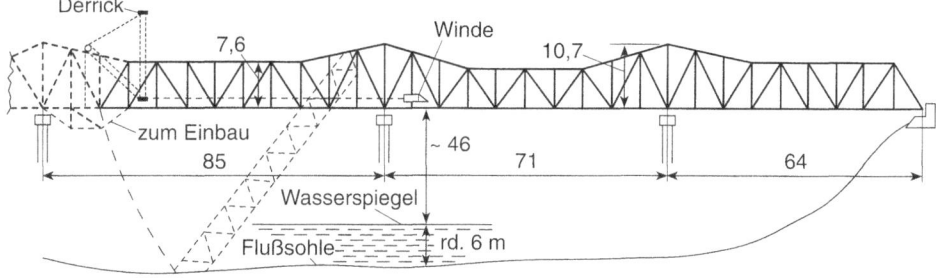

Bild 3.39
Fachwerkbrücke über den Bluestone River
bei Hinton. 1949, Fall 3.35
a) System
b) Abgeknickter Kragarm

Hiermit und mit geringen Korrekturen der statischen Berechnung z. B. aufgrund von Abweichungen geometrischer Maße von den Planwerten und der Kopplung der versagenden Träger mit daneben liegenden Trägern gab es eine sehr gute Übereinstimmung zwischen dem vorhandenen und dem Grenzwert des Biegemomentes an der Versagensstelle.

Die 5 Schadensfälle beim Umbau sind wie folgt zu kommentieren:

Die Schwächung eines Stabes aus Schweißeisen durch unplanmäßiges Überhitzen beim Umbau (Ersatz einer Holz- durch eine eiserne Brücke) führte 1887 bei der Big-Otterbrücke bei Staunton in Virginia (Fall 3.11) zum Zusammenbruch eines Brückenfeldes beim Passieren eines Kohlenzuges. Mit Bild 3.38 wird zugleich eine

a)

b)

Bild 3.40
Unplanmäßige Zusammenbrüche beim Abbau
a) Brücke der Autobahn A7 über die Aller. 1987, Fall 3.84
b) Friedensbrücke Frankfurt über den Main. 1994

der instruktiven Skizzen in der Arbeit von E. Elskes [15] wiedergegeben, die Stamm z.T. in seine Dokumentation [17] übernommen hat.

Unwissenheit oder Leichtsinn sind die Ursache für die Einstürze einer Brücke bei Chester (Fall 3.17) im Jahr 1893: Daß ein Zug trotz Lösen einiger Tragglieder beim Umbau passieren konnte, ist genau so wenig zu verstehen, wie 1990 das Offenlassen umbaubedingter, temporärer Öffnungen in den Beton-Pontons der Schwimmbrücke über den Washingtonsee in Seattle (Fall 3.86), durch die Wasser eindringen konnte und mehrere Pontons versanken.

Hierzu gehört 1999 auch der Absturz einer Kabine der Wuppertaler Schwebebahn (Fall 3.93), der darauf zurückgeht, daß ein an den Schienen befestigter Baubehelf nach Beendigung nächtlicher Umbauarbeiten nicht entfernt worden war.

3.10　　Bemerkungen zum Freivorbau

Auffallend ist mit 14 Fällen die große Anzahl von Brückeneinstürzen während des auskragenden Freivorbaus. Fast jede dieser Katastrophen oder Gefährdungen hat andere Ursachen:

Fall	Brücke	Ursache	Bild
3.21	Fachwerk	Versagen eines Druckstabes	3.3, 3.4
3.30	Fachwerk	Versagen des Hilfsjoches v. d. Kragarm	
3.34	Vollwandträger	Versagen des Hilfsjoches v. d. Kragarm	3.29–3.33
3.35	Fachwerk	Bruch eines Zugstabes	3.39
3.38	Fachwerk	Versagen des Hilfsjoches v. d. Kragarm	3.1 a
3.46	Schrägseilbrücke	Gefährdung durch Schwingungen	–
3.49	Kastenträger	Versagen des Aulagerquerträgers	3.11
3.50	Spannbeton	Versagen des Hilfspylons	3.22
3.53	Kastenträger	Versagen des gedrückten Untergurtes	3.15–3.18
3.55	Spannbeton	Stoßlast infolge Absturz eines Rüstträgers	3.21
3.58	Kastenträger	Versagen des gedrückten Untergurtes	3.19, 3.20
3.61	Spannbeton	Von Planung abweichens Vorgehen	3.23, 3.24
3.65	Spannbeton	Zwangskorrektur der Brückenform	–
3.91	Verbund	Vermutlich falsche Anordnung von Stegversteifungen	3.1 d

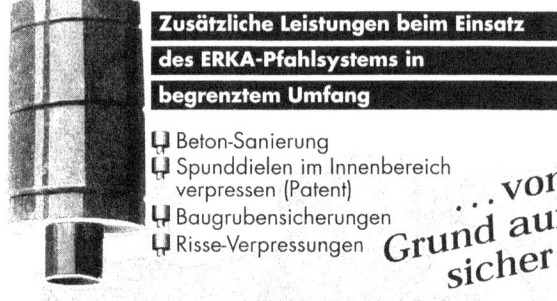
Externe Vorspannung und Segmentbauweise

Beiträge zur Tagung vom 5. bis 7. Oktober 1998
Hrsg.: Josef Eibl
1998. 382 Seiten mit zahlreichen Abbildungen und Tabellen. Format 17 x 24 cm.
Br. DM 128,-/EUR 65,45/sFr 113,-   ISBN 3-433-01783-2

Ziel des Buches ist es, dem Ingenieur in der Praxis die Einsatzmöglichkeiten und den Stand der Entwicklung der externen und verbundlosen Vorspannung an Hand von Berichten über Anwendungen im Bauwesen aufzuzeigen und Gelegenheit zum Erfahrungsaustausch zu geben.

Die Vorträge ordnen sich in folgende vier Themengruppen ein:
1. Vorspannsysteme für die externe resp. verbundlose Vorspannung
2. Hoch- und Ingenieurbauten - Flachdecken
3. Extern vorgespannte, monolithische Brücken
4. Extern vorgespannte Brücken in Segmentbauweise

Ernst & Sohn Verlag für Architektur und technische Wissenschaften GmbH
Bühringstraße 10, 13086 Berlin, Tel. (030) 470 31-284, Fax (030) 470 31-240
marketing@ernst-und-sohn.de   www.ernst-und-sohn.de

Ernst & Sohn
A Wiley Company

4 Versagen im Betrieb

4.1 Tabelle 4, allgemeine Betrachtungen

Für die in Tabelle 4 aufgenommenen 86 und angefügten 33 Fälle gelten die Angaben im Abschnitt 3.1. Nachfolgend werden die Versagensfälle jeweils einer, der Hauptursache, zugeordnet. Das ist hier noch schwieriger als im Abschnitt 3.1, denn in mehreren Fällen könnte man auch anders entscheiden, insbesondere dann, wenn in den Quellen mehrere Ursachen genannt werden.

Tabelle 4
Versagen von Brücken im Betrieb außer solchen durch äußere Einwirkungen, wie z. B. Schiffsanprall, Erdbeben, Explosion. Abkürzungen siehe Abschnitt 1.3

Lfd. Nr.	Jahr	Brücke				Stichwörter zum Versagen	Pers.-sch.	Ein-sturz	Lg./Spw. (m)	Quellen
		Ort; Art	Land	über	für					
4.1	1209	Old London Bridge	England	Themse	Str	Brücke bildete großes Hindernis für die tideabhängige Strömung und erzeugte mehrere Meter hohe Wasserstandsdifferenzen auf ihren beiden Seiten. Außerdem Überlastung durch Häuser auf der Brücke. Allmählicher Verfall. Lied: „Die Londonbrücke, sie stürzt ein, sie stürzt ein". – 1832 abgerissen	0	Teil		[76] S. 22 s. auch [77], 107 Bild 4.1a
4.2	1817	Dryburgh Abbey. Kettenhängebrücke	Schottland	Tweed	B	Wenige Monate nach Fertigstellung durch Sturm zerstört (s. Abschn. 4.2)		Total	–/79/79	St 66, auch [78]
4.3	1820	Union Bridge bei Berwick. Kettenhängebrücke	Schottland	Tweed	Str	wie vor		Total	–/137/137	St 66, auch [78]
4.4	1826	Kettenhängebrücke	Wales	Menai Straits	Str	Im Sturm mehrmals (auch 1836, 1839) beschädigt, bis 5 m große vertikale Amplituden, erforderte Umbau (s. Abschn. 4.2)	0	Kein	–/177/177	St 67
4.5	1830	Kettenhängebrücke in Durham	England	Tees River	B	Übermäßige Durchbiegung infolge Verkehrslasten führen zum Einsturz (s. Abschn. 4.2)		Total	–/86/86	St 77, auch [78]
4.6	1830	Brücke in Yorkshire. Kettenhängebrücke	England	Yore River	Str	Wenige Monate nach Fertigstellung: Überlastung durch Kuhherde (s. Abschn. 4.2)		Total		St 77
4.7	1830	Kettenhängebrücke bei Montrose. 1. Einsturz	Schottland		Str	Einsturz wegen Überlastung (s. Abschn. 4.2)		Teil	–/132/132	St 66

Lg. = Länge; Spw. = größte Spannweite/Spannweite des Einsturzfeldes

Tabelle 4 (Fortsetzung)

Lfd. Nr.	Jahr	Brücke				Stichwörter zum Versagen	Pers.-sch.	Ein-sturz	Lg./Spw. (m)	Quellen
		Ort; Art	Land	über	für					
4.8	1831	Broughton-Ketten-hängebrücke, Lancashire	England		Str	2 Jahre alte Brücke stürzt wegen Schwingungen, erzeugt durch Marschkolonne, ein (s. Abschn. 4.2)		Total		St 76
4.9	1833	Kettenhängebrücke in Nassau. Fahrbahn aus Holz	Deutschland	Lahn	Str	Schwere Beschädigungen bei einem Sturm mit Ketten- und Fahrbahnbruch (s. Abschn. 4.2)		Teil	96/75/75	St 67, BI 1931, 316
4.10	1833	Kettensteg in Brighton. 1. Einsturz	England	Meer	F	Einsturz wegen Sturm (s. Abschn. 4.2)		Teil	310/78/78	St 66
4.11	1836	Kettensteg in Brighton. 2. Einsturz	England	Meer	F	Einsturz wegen Sturm (s. Abschn. 4.2)		Total	310/78/78	St 66
4.12	1838	Kettenhängebrücke bei Montrose. 2. Einsturz	Schottland		Str	Einsturz wegen Sturm (s. Abschn. 4.2)		Total		St 66
4.13	1847	Brücke in Cheshire	England	Dee	B	(s. Abschn. 4.3)	5 T 18 V	Total	90/30/30	Civ. Eng. 1994, 52, [23], BI 1994, 421 Bild 4.5
4.14	1850	Kabelhängebrücke bei Angers	Frank-reich	Maine	Str	Eingestürzt durch Schwingungen, erzeugt durch Marschkolonne (s. Abschn. 4.2)	200 T	Total	102/102/102	St 66 u. 76
4.15	1852	Kabelhängebrücke Roche Bernard nahe Genf	Schweiz	Rhone	Str	Zerstörung durch Sturm: „Brücke stampfte wie ein Schiff im Sturm", da ohne Ver-steifungsträger gebaut (s. Abschn. 4.2)		Total	–/195/195	St 67

Tabelle 4 (Fortsetzung)

Lfd. Nr.	Jahr	Brücke				Stichwörter zum Versagen	Pers.-sch.	Ein-sturz	Lg./Spw. (m)	Quellen
		Ort; Art	Land	über	für					
4.16	1854	Kabelhängebrücke bei Wheeling	USA	Ohio	Str	Zusammenbruch bei Sturm. Konsequenzen daraus z. B. für Roeblings Hängebrücke über den Niagara (s. Abschn. 4.2)		Total	–/308/308	St 67 auch [56], 163 und 267
4.17	1855	Lewiston-Queenston-Kabelhängebrücke	USA	Niagara	Str	Starke Beschädigung bei Sturm (s. Abschn. 4.2)			–/318/318	St 67, [56], 181
4.18	1864	Lewiston-Queenston-Hängebrücke	USA	Niagara	Str	Zusammenbruch bei Sturm (s. Abschn. 4.2)		Total	wie vor	St 57, [56], 181
4.19	1868	Fachwerkbrücke bei Czernowitz. 4feldrig	Österreich	Pruth	B	Überbau nach dem System „Schifkorn" bricht beim Passieren eines Zuges zusammen. Ursache: ungeeignete Durchbildung der Fachwerkknoten		Teil	228/58/58	W 19, [78] Bild 4.1 b
4.20	1876	Ashtabula-Brücke	USA	Schlucht	B	Bei Schneesturm unter Last eines schweren Zuges zusammengebrochen. Ursache: Bruch eines Gußeisenbauteiles, vermutlich durch Verwechslung von Bauteilen bei der Montage, aber auch Ermüdung nicht ausgeschlossen	80 T	Total	45/45/45	E 7, 2, BT 1994, 394
4.21	1877	Holzfachwerkbrücke bei Uschgorod, Westkarpaten	Ungarn	Drau	B	Absturz des Zuges durch Versagen der Fahrbahnkonstruktion wegen „Schwäche der Konstruktion" für angestiegene Lasten (s. Abschn. 4.5)		Total		[78] 83, Bild 4.1 c
4.22	1877	Brücke bei Llanerchymedd zwischen Bangor und Amboch	England	Alan	B	Nach längerem Regenwetter unter Last eines passierenden Zuges eingestürzt. Ursache unbekannt		Total		St 52

Tabelle 4 (Fortsetzung)

Lfd. Nr.	Jahr	Brücke				Stichwörter zum Versagen	Pers.-sch.	Ein-sturz	Lg./Spw. (m)	Quellen
		Ort; Art	Land	über	für					
4.23	1879	Eisenbahnbrücke zwischen Edinburg und Dundee	Schottland	Firth of Tay	B	(s. Abschn. 4.4)		Teil		Bild 4.6
4.24	1885	Dampfschiff-Landungssteg bei Chatham östlich London. 12feldrig	England	Medway River	F	Zusammenbruch unter Last von 50 bis 80 Personen. Ursache: Keine ausreichende Seitensteifigkeit führt zu seitlichem Ausweichen der Obergurte	0	Total	24/24/24	W 22
4.25	1886	Kettenhängebrücke bei Mährisch-Ostrau	Mähren	Ostrawitze	Str	Einsturz beim Passieren einer Ulanen-Reitergruppe. Ursache: Ketten durch Korrosion stark geschwächt, 25 cm² anstelle von 158 cm² wirksam (s. Abschn. 4.2)	6 T ?? V	Total	92/66/66	W 22
4.26	1886	Fachwerkbrücke der Salzburg-Tiroler Bahn bei Hopfengarten	Österreich	Brixer Ache	B	Zusammenbruch unter einem Güterzug. Ursache: Vermutliche Reißen eines versprödeten Untergurtstabes, aber auch Knicken eines Gurtstabes nicht ausgeschlossen (s. Abschn. 4.8)	3 V		20/20/20	SBZ 1886, 23. 10., 103 W 22
4.27	1887	Busseybrücke bei Forest Hill nahe Boston. Gitterfachwerk	USA		Str	Bemessungs- und Konstruktionsfehler führen zum Zusammenbruch unter einem Vorortzug	26 T 115 V			St 48 E 7
4.28	1891	Fachwerkbrücke bei Mönchenstein südlich Basel	Schweiz	Birs	B	(s. Abschn. 4.6)	73 T 131 V	Total	42/42/42	St 38, W 23 Bild 4.7
4.29	1892	Fachwerkbrücke bei Frankfurt	Deutschland	Nidda	Str	Unter Belastung durch Straßen-Dampfwalze Einsturz infolge Knickens eines Obergurtstabes wegen zu geringer Seitensteifigkeit	0	Total	27/27/27	W 25

Tabelle 4 (Fortsetzung)

Lfd. Nr.	Jahr	Brücke				Stichwörter zum Versagen	Pers.-sch.	Einsturz	Lg./Spw. (m)	Quellen
		Ort; Art	Land	über	für					
4.30	1896	Bedford, Ohio	USA		B	Einsturz sowohl wegen zu geringer Seitensteifigkeit als auch wegen zu spröden Werkstoffes, Phosphorgehalt zu groß (s. Abschn. 4.7)		Total	215/43/43	St 48
4.31	1912	Glen Loch, Pennsylvania	USA		B	Ursache für Abreißen einer Vertikale vermutlich Ermüdung. Folge: Zugentgleisung und Einsturz	4 T ? V	Total		B+E 1912, 73
4.32	1923	Brücke im Zuge der Kiaochow-Strecke. 8feldrig, eingleisig	China	Yunfluß	B	Reißen einer Endstrebe, vermutlich infolge Resonanz zwischen Frequenz der Lokomotiventreibräder und dem Überbau		Teil	248/31/31	BT 1924, 574
4.33	1926	Kabelhängebrücke bei Whitesville, West Virginia, nahe Charleston	USA	Coal-River	F	Älterer Bruch eines Spannschlosses wegen mangelhafter Schweißnaht in einer Lasche beim Wechseln von 100 Zuschauern von einer auf die andere Längsseite der Brücke zur Beobachtung eines Karnevalumzuges (s. Abschn. 4.2)	6 T 24 V	Total	65/65/65	ENR 1926, 194
4.34	1926	3feldrige Betonbogenbrücke, eingleisig mit Pfeilern für zweigleisigen Ausbau	Rumänien	Milcovfluß	B	Ein Pfeiler setzt sich plötzlich um rd. 1,2 m. Ursache: Pfeilergründung mit Nutzung alter Mauerwerkspfeiler schwach, Hochwasser 1,2 m über angenommenem höchstem Wasserstand	0	Kein	90/30/30	ENR 1927, 07.04., 557
4.35	1927	Pontonbrücke in Burlington, Vermont	USA	Winooski River	Str	Überlastung durch überladenen Lastwagen führt zum Versinken eines Pontons (s. Abschn. 4.5)		Teil	–	ENR 1927

Tabelle 4 (Fortsetzung)

Lfd. Nr.	Jahr	Brücke				Stichwörter zum Versagen	Pers.-sch.	Ein-sturz	Lg./Spw. (m)	Quellen
		Ort; Art	Land	über	für					
4.36	1930	Flußsteg bei Koblenz, 10 m langes Mittelteil auf zwei Schwimmkörpern, gelenkig angeschlossene, 7 m lange Seitenteile	Deutschland	Mosel-hafen	F	Überlastung bei einer Feier führt zum Kentern des schwimmenden Teiles und Abgleiten der Rollenlager an den Stegenden. Mitursache: Kreisquerschnitt der Schwimmkörper (s. Abschn. 4.5)	1 T	Total		BT 1930, 659, 1921, 14 Bild 4.1e
4.37	1933	Brücke der Pennsylvania Railroad nahe Washington. 4feldrige Plattenbalkenbrücke	USA	Anacostia River	B	Unterkolkung eines Flußpfeilers der 30 Jahre alten Brücke führt bei Hochwasser zur Schiefstellung und verursacht Zugentgleisung. Ursache: mangelhafte Inspektion		Teil	80/20/20	ENR 1933, 687
4.38	1933	Brücke zwischen Hargis und Tucumcari, New Mexiko. 2feldrig	USA	Blue Water Creek	B	Ähnlich wie vor		Total	24/12/12	wie vor
4.39	1936	Brücke über die Hardenbergstraße in Berlin	Deutschland	Straße	B	Sprödbruch, geschweißte Zweigelenkrahmen (s. Abschn. 4.7)	0	Kein	50/50/50	Bild 4.8.a
4.40	1937	Fachwerkbrücke bei Pagosa Springs in Colorado	USA	San Juan River	Str	Überlastung durch gleichzeitige Überfahrt eines ganzen Wagenparks führt zum Einsturz (s. Abschn. 4.5)		Total		St 35
4.41	1938	Talbrücke Rüdersdorf bei Berlin	Deutschland	Tal	Str	Sprödbruch, geschweißte Vollwandträger, 2,8 m hoch (s. Abschn. 4.7)	0	Kein	745/67/67	Bild 4.8b und 4.10a

Tabelle 4 (Fortsetzung)

| Lfd. Nr. | Jahr | Brücke | | | | Stichwörter zum Versagen | Pers.-sch. | Ein-sturz | Lg./Spw. (m) | Quellen |
		Ort; Art	Land	über	für					
4.42	1938	Vierendeelbrücke bei Hasselt	Belgien	Albert-Kanal	Str	Sprödbruch, geschweißte bogenförmige Hauptträger (s. Abschn. 4.7)	0	Total	75/75/75	Bild 4.9
4.43	1940	Hängebrücke	USA	Tacoma Narrows	Str	(s. Abschn. 4.2)	0	Total	1526/ 854/854	Bild 4.3
4.44	1944	Fachwerkbrücke Chester, Illinois. 2feldrig	USA	Mississippi	Str	Windkräfte werfen den zweifeldrigen Überbau in den Fluß. Ursache: Abhebende Vertikalkräfte aus Wind auf die bis 31 m hohen, nur 8,7 m breiten Träger nicht berücksichtigt (s. Abschn. 4.4)		Total	408/204/ 204	St 64
4.45	1946	Behelfsbrücke in Regensburg	Deutschland	Donau	Str	Baileybrücke durch Überlastung eingestürzt (s. Abschn. 4.5)		Total		St 35
4.46	1947	Straßenbrücke bei Fresno, Kalifornien	USA	King's Slough	Str	Überlastung durch landwirtschaftlichen Traktorzug (s. Abschn. 4.5)		Total	??/36/36	St 36
4.47	1948	Landungssteg bei Stresa	Italien	Langen-see	F	Überlastung durch rd. 1000 Persoren, die bei einem Gewitter gleichzeitig ein Schiff betreten wollten (s. Abschn. 4.5)	12 T			St 37
4.48	1950	Elbow Grade Bridge, Willamette National Forest. Einfeldriges Holzfachwerk	USA	McKenzie River	Str	Brücke bricht unter planmäßiger Last bald nach Errichtung zusammen (s. Abschn. 4.9)	0	Total	37/37/37	[8] Bild 4.14
4.49	1951	Duplessis-Brücke, vollwandiger Verbundträger, 2feldrig, zw. Montreal und Quebec	Kanada	St. Maurice River	Str	Sprödbruch (s. Abschn. 4.7)	4 T	Teil	421/55/ 55	SB 1951, 103 BI 1951, 316 ENR 1951, 08.02., 24

Tabelle 4 (Fortsetzung)

Lfd. Nr.	Jahr	Brücke				Stichwörter zum Versagen	Pers.-sch.	Ein-sturz	Lg./Spw. (m)	Quellen
		Ort; Art	Land	über	für					
4.50	1957	Hängebrücke Dawson-Creek, British Columbia	Kanada	Peace River	Str	Kabelverankerungsblock gleitet 3,7 m auf schiefrigem Boden. Dadurch knickt Kabelumlenkstütze am Ende des 142 m langen Seitenfeldes. Versteifungsträger dieses Feldes stürzt ab (s. Abschn. 4.2)	0	Teil	568/284/ 142	SB 1957, 381 Bild 4.2
4.51	1960	Fachwerkdurchlaufträgerbrücke bei Leer, Ostfriesland	Deutschland	Leda	B	Alte Vorlandpfeilergründungen werden beim Neubau der durch einen Damm verkürzten Brücke ohne Änderung für die neuen Widerlager benutzt in der Annahme, daß Horizontaltalkräfte aus dem Erddruck des Dammes aufgenommen werden können	0	Kein	157/45/ 45	BI 1960, 376
4.52	1962	Brücke in Melbourne	Australien	Yarra River	Str	Sprödbruch (s. Abschn. 4.7)	0	Kein	1000/49/ 31	BI 1963, 360 Bild 4.10b
4.53	1964	Spannbetonbrücke Untergriesheim. Einzelliger Hohlkasten	Deutschland	Jagst	Str	Zwängungen insbesondere aus Temperaturunterschieden führen bei schwacher Bügelbewehrung zu 17 m langem Horizontalriß in einem Steg	0	Kein	45/32/23	BS 1965, 157
4.54	1965	Brücke bei Charleston, South Carolina	USA	Cooper River	B	Infolge Unterspülung und Wurmbefall von Holzpfählen war ein Strompfeiler nach Oberstrom gekippt und die beiden auf ihm liegenden Überbauten absturzgefährdet. Vorübergehende Sicherung des Pfeilers durch Seilverbindung mit einer stromabwärts stehenden Brücke. Endgültige Sanierung u. a. durch Stahlpfähle und neuem Unterwasserbeton	0	Kein	4800/83/ 83	ENR 1965, 02. 09., 28 BI 1967, 70

Tabelle 4 (Fortsetzung)

Lfd. Nr.	Jahr	Brücke				Stichwörter zum Versagen	Pers.-sch.	Einsturz	Lg./Spw. (m)	Quellen
		Ort; Art	Land	über	für					
4.55	1965	Signalbrücke in Clapham Junction, London	England	Gleise		Starke Korrosion an der rd. 60 Jahre alten Brücke verursacht Bruch eines Diagonalstabes unmittelbar vor der ersten Nietreihe an einem Knotenblech	0	Kein	37/37/37	Civ. Eng. a. Publ. Works Rev. 1966, Jan., 66
4.56	1967	Silver Bridge zwischen Point Pleasant, West Virginia, und Gallipolis, Ohio. Kettenhängebrücke, Kettenglieder sind I-Stäbe mit Augen	USA	Ohio	Str	48 Jahre alte Brücke wegen schlechter Wartung und Unterhaltung unter starkem Verkehr und bei starkem Wind durch Ermüdungsbruch eines Augenstabes eingestürzt (s. Abschn. 4.8)	46 T	Total	446/214	BI 1969, 380 1990, 379 BT 1994, 394 Bild 4.12
4.57	1968	Brücke der A2 bei Lichtendorf nahe Schwerte	Deutschland	Bahngleise	Str	Durch Pfeilerkopfzerstörung senkt sich Brücke um bis zu 30 cm und bekcmmt Risse. Ursache: Abrollen einer Lagerwalze wegen Überbauverkürzung aus Kriechen, Schwinden und langandauernder tiefer Temperatur	0	Kein	230/50/50	BMV 82, 279
4.58	1969	Kreuzungsbauwerk Schmargendorf, Berlin. Ungewöhnlicher Querschnitt	Deutschland	Straße	Str	Erhebliche Rißschäden im Überbau. Mängel in der statischen Berechnung. Neubau erforderlich	0	Kein	229/56/56	BS 1980, 45 BVM 92.76
4.59	1970	Brücke in Illinois	USA	Kaslaski River	B	Bei erster Zugpassage eingestürzt. Brücke war „kopflastig", offensichtlich nicht gegen Abheben verankert		Total		Tagespresse

Tabelle 4 (Fortsetzung)

| Lfd. Nr. | Jahr | Brücke | | | | Stichwörter zum Versagen | Pers.-sch. | Ein-sturz | Lg./Spw. (m) | Quellen |
		Ort; Art	Land	über	für					
4.60	1970	Schrägseilbrücke der Autobahn A1 in Hamburg	Deutschland	Norderelbe	Str	Brücke wird nach Rissen in Pylonen gesperrt wegen Gefahr des Herabfallens der statisch überflüssigen, dünnwandigen Pylonoberteile. Ursache: Windschwingungen		Total	300/172/172	Tagespresse
4.61	1970	Buckman Bridge bei Jacksonville, Florida	USA			Hohlpfeiler vor dem Schließen mit Seewasser gefüllt. Anaerobische Bakterien entwickeln aus der Spanplattenschalung Methangas, das explodiert und einen Teil der Brücke zum Einsturz bringt		Teil		Sc. American 1993, May
4.62	1972	Stahl-Holzbrücke in Naga City, 250 km von Manila	Philippinen		Str	Hölzerne Brücke bei Prozession mit über 1000 Personen auf 240 m² völlig überlastet und eingestürzt (s. Abschn. 4.5)	145 T 200 V	Total	40/40/40	Tagespresse
4.63	1973	Vorlandbrücke der Mainbrücke Hochheim	Deutschland	Main-Vorland	Str	Lager rollt bei großer Wärme von Lagerplatte und stellt Pfeiler schief. Brücke senkt sich im Lagerbereich um 38 cm, dadurch zahlreiche Risse im Überbau. Ursachen: Extreme Wärmeperiode. Schiefstellung eines Pfeilers durch ungleiche Setzungen	0	Teil	425/35/35	BMV 82, 284
4.64	1974	Holzsteg in der Kitzlochklamm bei Zell am See, Pinzgau	Österreich	Rauriser Ache	F	Steg bricht wegen morschen Fußes einer Abstütz-Strebe unter Last einer Schulklasse bei Gruppenfoto zusammen. Mangel trotz Inspektion nicht festgestellt (s. Abschn. 4.8)	8 T 16 V	Total		Tagespresse
4.65	1975	Brücke in der Lafayettestraße, St. Paul, Minnesota. 3feldrig	USA	Mississippi	Str	Sprödbruch (s. Abschn. 4.7)	0	Kein	269/110/110	BI 1978, 348

Tabelle 4 (Fortsetzung)

Lfd. Nr.	Jahr	Brücke Ort: Art	Land	über	für	Stichwörter zum Versagen	Pers.-sch.	Ein-sturz	Lg./Spw. (m)	Quellen
4.66	1976	Holzsteg in Vorarlberg	Öster-reich		F	Morscher Steg bricht unter Kindergruppe zusammen (s. Abschn. 4.8)	8 V	Total		Tagespresse
4.67	1976	Betonrampen der Nordbrücke Düsseldorf	Deutsch-land	Rhein-Vorland	Str	Risse vermutlich infolge Zwang führen zur Sperrung	0	Kein		Tagespresse
4.68	1976	Reichsbrücke, Wien	Öster-reich	Donau	Str	(s. Abschn. 4.8)	1 T	Total	241/163/163	Gutachten [73], s. auch [74], Bild 4.13
4.69	1977	Brücke Puschkin, 30 km südlich Moskau	Rußland	Bahn-anlage	Str	Unzureichende Instandhaltung der 1940 bereits eingestürzten Brücke führt zu erneutem Einsturz (s. Abschn. 4.8)	20 T 100 V	Total		Tagespresse
4.70	1977	Brücke in Provinz Punjab	Indien	Indus	Str	Brücke bricht unter Last eines Omnibus zusammen	22 T	Total		Tagespresse
4.71	1978	Pontonbrücke in Beloslaw bei Warna	Bulga-rien	Kanal	Str	Überlastung bringt Ponton zum Umkippen (s. Abschnitt 4.8)				Tagespresse
4.72	1978	Hängebrücke bei Bristol	England	Severn	Str	– Austausch von Hängern wegen Drahtbrüchen erforderlich. Ursache: Ermüdung infolge unerwartet starkem und schwerem Lkw-Verkehr (s. Abschn. 4.8) – Risse im Versteifungsträger. Ursache: Zwängungen aus Querschotten und Kerben aus deren Anschluß. Schotte waren zum Einschwimmen erforderlich und zur Einsparung von Kosten entgegen der ursprünglichen Planung nicht ausgebaut worden	0	Kein	1598/988/988	SB 1982, 249 BI 1973, 225 s. auch SB 1994, 251

Tabelle 4 (Fortsetzung)

Lfd. Nr.	Jahr	Brücke Ort; Art	Land	über	für	Stichwörter zum Versagen	Pers.-sch.	Ein-sturz	Lg./Spw. (m)	Quellen
4.73	1978	Nayarhatbrücke, Betonplattenbalken. 3feldrig mit Einhängeträger im Mittelfeld	Bangladesch		Str	Schwere Mängel im Entwurf und bei der Herstellung, z. B. niedergetretene Oberbewehrung, schwache Bewehrungsstöße, führen zur Sperrung		Nein	110/?/?	BI 1978, 292 ACI Journ. 1977, March, 128
4.74	1978	Tongibrücke. 3feldrig, Mittelfeld als Rahmen ausgebildet, Auskragungen in Seitenfelder, dort Gelenke	Bangladesch		Str	wie vor		Nein	76/?/?	wie vor
4.75	1978	Mathabhangabrücke. 3feldrige Auslegerbrücke, 3stegiger Plattenbalken	Bangladesch		Str	Durchstanzen eines mittleren Pfeilers durch 45 cm dicke Kopfplatte eines Senkkastens und Eindringen in das Flußbett, danach Bruch der beiden außen stehenden Stützen. Ursache: untere Bewehrung in der Kopfplatte ohne Überdeckung		Total	100/?/?	wie vor
4.76	1979	Schwimmbrücke bei Peninsula, westlich von Seattle	USA	Hood-Kanal	Str	13 Beton-Pontons losgerissen bei noch nie da gewesener Kombination von Wind, Wellen und Strömung, Wasser durch Luken und aufgerissene Löcher für die Verankerung eingedrungen (s. Abschn. 4.4)		Teil	1985/?/?	ENR 1979, 22.02., 11
4.77	1979	Stabbogenbrücke bei Prairie du Chien, Wisconsin	USA	Kanal d. Mississippi	Str	Riß im kastenförmigen Versteifungsträger führt zur Sperrung. Ursache: Durch zu hohen Kohlenstoff-, Mangan- und Schwefelgehalt ist Stahl sprödbruchgefährdet. Aufwendige Sanierung unter fließendem Verkehr mit Hilfe von vier Hilfsunterstützungen (s. Abschn. 4.7)	0	Kein	141/141/141	BI 1982, 400 ENR 1981, 19. 11., 28

Tabelle 4 (Fortsetzung)

Lfd. Nr.	Jahr	Brücke				Stichwörter zum Versagen	Pers.-sch.	Ein-sturz	Lg./Spw. (m)	Quellen
		Ort; Art	Land	über	für					
4.78	1980	Maracaibo-Brücke	Venezuela	Meeres-bucht	Str	Schrägkabel reißt infolge Korrosion. Ursachen: Durch Veränderung der Küstenverhältnisse Wechsel von Süß- zu Salzwasserbedingungen sowie durch Luftverschmutzung durch chemische Industrie erhöhte Umweltbelastung, aber auch Mangel an Überwachung und Wartung (s. Abschn. 4.8)	0	Kein	8679/235/235	BI 1991, 457 s. auch Abschn. 2.3
4.79	1982	Stabbogenbrücke bei Sioux-City, Iowa	USA	Missouri	Str	Sprödbruch in Obergurtlamelle 800 × 70, die als Ersatz für eine wegen Oberflächenmängeln verworfene Lamelle eingebaut worden war. Unabhängige Prüfung ergab abweichend von der des Herstellers zu geringe Zähigkeit (s. Abschn. 4.7)	0	Kein	130/130/130	SB 1983, 58
4.80	1982	Bogenförmiger Durchlaß aus Wellblech i. d. Paulding Country Route bei Antwerp, Ohio	USA		Str	10 Jahre alter Durchlaß, 4,5 m hoch, stürzt nach 10 Jahren ein. Ursache: ungeeignetes Verfüllmaterial, auch mangelhafter Entwurf mit zu großer Weichheit. – 9 m waren damals Rekordweite für diese Bauweise	5 T 4 V	Total	9/9/9	ENR 1983, 17.11., 12
4.81	1983	Connecticut Turnpike Bridge bei Grenwich, Connecticut	USA	Mianus River	Str	(s. Abschn. 4.10)	3 T 3 V	Teil	809/?/30	[79], ENR 1983, 07.07., 10; Bilder 4.15a und 4.16
4.82	1984	Plattenbalkenbrücke Cleveland, Ohio. 8-Feld-Träger	USA	Rockey River	Str	Sperrung nach Entdecken eines Risses in einem der 4 Hauptträger-Untergurte 610 × 41 und im unteren Teil des 14 mm dicken Steges. Dauerbruch aus Beanspruchungen infolge räumlicher Wirkung (s. Abschn. 4.8)			347/55/55	ENR 1984, 16.08., 12

Tabelle 4 (Fortsetzung)

Lfd. Nr.	Jahr	Brücke				Stichwörter zum Versagen	Pers.-sch.	Ein-sturz	Lg./Spw. (m)	Quellen
		Ort; Art	Land	über	für					
4.83	1985	Hängebrücke Sully-sur-Loire, 250 km südlich Paris. 4 Felder	Frank-reich	Loire	Str	4feldrige Hängebrücke, Mauerwerkspfeiler von 1832, erneuerte Tragkonstruktion von 1946. Ursache: Schlechte Qualität des Stahls der Kabeldrähte mit zu hohem Gehalt an Kohlenstoff, Phosphor und Schwefel mit starker Versprödung, insbesondere bei niedriger Temperatur. Bei Unfall −20 °C (s. Abschn. 4.7)	0	Total	400/100/ 100	BI 1985, 494; ENR 1985, 24.01., 10, 12.09., 12 Bild 4.1 d
4.84	1994	Sungsu-Fachwerk-brücke in Seoul. Verbund, Mittelfeld mit Gerbergelenken (36 m–48 m–36 m)	Korea	Han-River	Str	Höhere Lasten zugelassen als geplant. Herstellung einer I-Naht anstelle einer geplanten X-Naht für einen Stumpfstoß 18 mm gegen 52 mm in der Aufhängung des abgestürzten Einhängeträgers mit Anschäftung 1:2 anstelle von 1:10 (s. Abschn. 4.10)	32 T 17 V	Teil	1160/ 120/?	SB 1995, 24 Bilder 4.15 b und 4.17
4.85	1996	Bogenartige Fachwerkbrücke östlich von Cleveland, Ohio. 3feldrig, im Mittelfeld eingehängter, 54 m langer Träger, Brücke genietet und geschraubt	USA	Grand River	Str	Knotenbleche zur Verbindung eines gedrückten Pfostens, einer gedrückten und einer gezogenen Diagonale mit dem gedrückten Untergurt beulen antimetrisch aus. Dadurch werden die beiden gedrückten Füllstäbe 7,5 cm aus der Fachwerkebene und um das gleiche Maß gegen den Systempunkt verschoben. Ursache: Konstruktionsfehler und Abrostung der Bleche auf 76% der planmäßigen 11 mm Dicke. – Schaden wurde aufwendig repariert.	0	Kein	217/91/?	Civ. Eng. 1997, H 9, 50 BI 1999, ???

Tabelle 4 (Fortsetzung)

Lfd. Nr.	Jahr	Brücke				Stichwörter zum Versagen	Pers.-sch.	Ein-sturz	Lg./Spw. (m)	Quellen
		Ort; Art	Land	über	für					
4.86	1996	Koror-Babelhuap-Brücke, Karolinen. 1977 mit 241 m-Mittelspannweite weitestgespannte Spannbetonbrücke	Palau	Toagle-Kanal	Str	Nach starken Verformungen aufgrund unterschätzter Kriech- und Schwindwerte sowie mangelhafter Betonqualität – Durchhang in Feldmitte 130 mm – Sanierung 1996, u. a. durch biegsteifes Schließen des Gelenkes in Brückenmitte, damit Änderung des stat. best. Systems mit Inkaufnahme einer Unsicherheit in bezug auf die Schnittgrößenverteilung. Eingestürzt auch wegen Korrosion	2 T 4 V	Total	385/241/ 241	ENR 1996, 14. 10., 10 BI 1997, 206 B+St 1997, 78

Nicht in Tabelle aufgenommen, da zu wenig Informationen

Jahr	Brücke				Stichwörter zum Versagen	Pers.-sch.	Ein-sturz	Lg./Spw. (m)	Quellen
	Ort; Art	Land	über	für					
1444	Rialtobrücke in Venedig	Italien	Canale Grande	F	Überlastung durch Schaulustige bei der Hochzeit des Marquis von Ferrara bringt 3. Brücke zum Einsturz				
1811	Schuykill Falls Kettenbrücke	USA							St 77
1850	Ballock Ferry Bridge bei Loch Lomond	Schottland							St 77
1854	Hängebrücke bei Covington	USA	Licking River		Beim Passieren einer Rinderherde eingestürzt				[76], 216
1882	Brücke Inverythan	Schottland			Gußeiserne Brücke stürzt durch Ermüdung ein				BT 1994, 394

Tabelle 4 (Fortsetzung)

Jahr	Brücke				Stichwörter zum Versagen	Pers.-sch.	Ein-sturz	Lg./Spw. (m)	Quellen
	Ort; Art	Land	über	für					
1891	Norwood Junction, London	England			Gußeiserne Brücke stürzt 31 Jahre nach Inbetriebnahme durch Ermüdung ein				BT 1994, 394
1897	Über den Tiger bei Spartanburg								Railr. Gaz. 1897, 11, 8; St 50
1928	Doppelklappbrücke zwischen Jersey City und Newmark	USA	Hackensack R.	Str					ENR 1930, 16.10., 613
1953	Brooklyn-Brücke bei Harrodsburg	USA	Kentucky River	Str	80 Jahre alte Fachwerkbrücke bricht unter Last eines 1,5-t-Lkw zusammen	1 V	Total		Tagespresse
1962	Brücke bei Traunstein, Verbindung Salzburg–München	Deutschland		B					Tagespresse
1962	Brücke nahe beim Kloster Moraca	Jugoslawien		Str		21 T 17 V			Tagespresse
1966	Brücke auf der Strecke Antwerpen–Aachen	Belgien		B	8 Jahre alte Brücke vermutlich wegen Erdrutsch eingestürzt	2 T 16 V			Tagespresse
1966	Brücke bei Punta Piedras	Venezuela	Caparofluß	Str	Brücke stürzt unter der Last eines Omnibus ein	20 T ?? V			Tagespresse
1967	Ariccia-Brücke 30 km sdl. Rom zw. Arricia und Albano. Bis 60 m hoch	Italien	Tal	Str	In der 114 Jahre alten, 3stöckigen steinernen Bogenbrücke brechen die beiden oberen Mittelbögen zusammen. Ursache unbekannt	2 T	Teil	312	Tagespresse
1967	Brücke, Louisiana	USA	Caney River	Str					

Tabelle 4 (Fortsetzung)

Jahr	Brücke				Stichwörter zum Versagen	Pers.-sch.	Ein-sturz	Lg./Spw. (m)	Quellen
	Ort; Art	Land	über	für					
1968	Brücke bei Florenz	Italien	Arno						
1968	Brücke über den Moraca in Titograd, Montenegro	Jugoslawien	Fußg.		Hängebrücke stürzt vermutlich wegen Überlastung ein	6 T 21 V			Tagespresse
1970	Brücke über den Gerdau bei Groß-Süstedt nahe Uelzen	Deutschland	Straße						Tagespresse
1973	Brücke bei Redwitz	Deutschland	Rodach	Str	Brücke bricht unter Last eines Betonmischers zusammen				Tagespresse
1974	Bambusbrücke über den Ganges bei Khagaria im Staat Uttar Pradesh	Indien		F		40 T			Tagespresse
1975	Hochbrücke in Hamburg	Deutschland	Köhlbrand	Str	Sperrung wegen Schwingungen im Wind und unter schwerem Verkehr				Tagespresse
1976	Hängebrücke in Tokio	Japan	Fußg.		Einsturz wegen Gleichschritt von rd. 50 Schulkindern				Tagespresse
1976	Brücke in Childersburg, Alabama	USA	Cosa-River	B	Zusammenbruch unter passierendem Zug				Tagespresse
1977	Fachwerkbrücke	Phillippinen	Straße		„Alte, verrostete Brücke" bricht unter Last eines schwer beladenen Sattelschleppers zusammen				Tagespresse
1977	Brücke im Staat Assam	Indien		B	Brücke bricht unter Zuglast zusammen	45 T 100 V			Tagespresse
1978	Brücke bei San Sebastian	Spanien	Urumea	F	Zusammenbruch bei Menschenansammlung	7 T			Tagespresse

Tabelle 4 (Fortsetzung)

Jahr	Brücke				Stichwörter zum Versagen	Pers.-sch.	Ein-sturz	Lg./Spw. (m)	Quellen
	Ort; Art	Land	über	für					
1978	Brücke südlich von Ancona	Italien		B -	Zusammenbruch kurz nach Passieren eines Zuges	0			Tagespresse
1979	Brücke bei Salvatierra	Mexiko		F		7 T			Tagespresse
1982	Brücke über den Brajmanbari	Bangladesch		Str	Brücke bricht unter völlig übersetztem Bus ein	45 T			Tagespresse
1983	Holzbrücke auf der Insel Cebu	Phillippinen		F	Überlastung	20 T			Tagespresse
1984	Hängebrücke über den River Iapo	Brasilien				8 T			Tagespresse
1984	Hängebrücke bei Munnar im Staat Kerala	Indien		F		14 T 11 V			Tagespresse
1984	Woodwrow-Wilson-Bridge	USA	Potomac						
1992	Chongson-Brücke	Korea		Str	12 Jahre alte Betonbrücke an der Südspitze versagt				ENR 1992, 17.08., 9 BT 1993
1997	Behelfsbrücke über den Jarkon-River	Israel		F	Offensichtlich schlecht gebaut und überlastet	2 T 64 V			Tagespresse

Hauptursachen für Versagen im Betrieb

Ursache	Fall aus Tabelle 3	Anzahl
Unplanmäßige Überlastung, statisch	6, 7, 21, 32, 35, 36, 40 45, 46, 47, 62, 70, 71, 84	14
Planmäßige Belastung mit dynamischer Wirkung	8, 14, 28, 43	4
Windlast, auch mit dynamischer Erregung	2, 3, 4, 9, 10, 11,12, 15, 16, 17, 18, 23, 60, 76	14
Entwurfs- oder Bemessungsfehler	1, 5, 19, 24, 27, 34, 44, 48, 50, 51, 53, 57, 58, 59, 63, 67, 72, 73, 74, 75, 80, 81, 85	23
Ausführungsfehler	20, 33	2
Nicht be- oder erkanntes Stabilitätsproblem	13, 29, 30	3
Ermüdung	31	1
Werkstoffprobleme	39, 41, 42, 49, 52, 65, 77, 82, 83, 86	10
Mängel bei Überwachung und Wartung	25, 37, 38, 54, 55, 56, 64, 66, 68, 69, 78, 79	12
Unbekanntes Phänomen	61	1
Unbekannt	22, 26	2
Summe		86

Es fällt auf, daß Entwurfs- und Bemessungsfehler mit 27% dominieren. Statische Überlastung und Windlasten, auch verbunden mit dynamischen Erscheinungen, sind mit je 16% an den Versagensfällen beteiligt. Auf Mängel bei Überwachung und Wartung gehen 14% zurück. Mit 12% ist der Anteil werkstoffbedingten Versagens relativ groß.

Die Häufigkeit des Versagens infolge Überlastung scheint fundamental von den Angaben von D.W. Smith in [7] abzuweichen. Mit der Zuschärfung von A.G. Gee ([21], Ziffer 108) geht nur einer der von D.W. Smith erfaßten 143 Versagensfälle auf Überlastung zurück, und „dies war eine obskure Holzbrücke in den Philippinen", – gemeint ist Fall 4.62. In der Diskussion wird diese vermeintliche Tatsache darauf zurückgeführt, daß Brücken für sehr große und sehr unwahrscheinliche Verkehrslasten entworfen werden müssen.

Der mit 1 von 143 = 0,7% zu 14 von 86 = 16,8% vermeintliche große Unterschied der Anteile soll hier ein wenig durchleuchtet werden mit dem Ziel zu betonen, daß Zusammenstellungen wie die von Smith oder die hier vorgestellte für statistische Auswertungen wenig geeignet sind. Denn bei der Erfassung von Versagensfällen ist Zufall unvermeidlich, und ihre Zuordnung zu wenigen Ursachen ist von Ermessen nicht frei.

Man kommt zu einem völlig anderen Vergleich, wenn man etwa wie folgt korrigiert:

- D.W. Smith erfaßt nicht die frühen Katastrophen, vor allem nicht die, die auf Überlastung von Hängebrücken zurückgehen. Wenn man diese aus der Zeit von 1833 bis 1877 (Fälle 4.6, 4.7, 4.21, 4.32) aus Tabelle 4 herausnimmt, bleiben von den 14 nur 10 Fälle (4.35, 4.36, 4.40, 4.45, 4.46, 4.47, 4.62, 4.70, 4.71, 4.84) übrig.

- D.W. Smith erfaßt überlastete Pontonbrücken und Stege (Fälle 4.35, 4.36, 4.47) nicht und selbstverständlich auch nicht die Fälle 4.70, 4.71 und 4.84 aus Jahren nach seiner Veröffentlichung im Jahr 1976. Ihr Streichen in Tabelle 4 führt auf 6 Fälle, die auf Überlastung beruhen.

- Die Bezugszahl 143 bei Smith enthält drei durch Hochwasser verursachte Gruppen mit zusammen 62 Versagensfällen, die in der Tabelle 8 nicht vorkommen. Wenn man diese bei Smith streicht, geht die Bezugszahl von 143 auf 81 zurück.

- Die von Smith erfaßten Fälle enthalten auch solche, die ich in die Tabellen 3 und 5 bis 9 eingeordnet habe. Hier stehen in den 7 Tabellen – also ohne Versagen von Gerüsten – zusammen 92 + 86 + 47 + 17 + 17 + 32 + 15 = 291 Versagensfälle.

Man könnte gegenüberstellen

1 Fall von 61 bei Smith, also 1,6 %, und
6 Fälle von 291 hier, also 2,1 %

und kommt zu einer befriedigenderen Übereinstimmung.

Die vier im Bild 4.1 wiedergegebenen Fotos oder Zeichnungen sollen zum besseren Verständnis der Angaben zu den 5 Versagensfällen 4.1, 4.19, 4.21, 4.36 und 4.83 beitragen.

4.2 Versagen von Hängebrücken

Hierzu gehören vor allem zwischen 1817 und 1838, aber auch bis 1967, 13 Versagen von oder Schäden an Kettenhängebrücken (Fälle 4.2 bis 4.12, 4.25, 4.56), 8 davon durch Windeinwirkung, 4 durch Überlastung oder dynamische Anregung durch die Benutzer sowie 1 durch Ermüdung. Ab 1852 kommen 9 Versagensfälle von Kabelhängebrücken hinzu (Fälle 4.14 bis 4.18, 4.33, 4.43, 4.50 (Bild 4.2), 4.72), von denen wiederum 5 Fälle Windeinwirkungen zuzuordnen sind.

Die windverursachten 13 Schäden sind vor allem durch Fehlen von Versteifungsträgern oder durch ihre zu geringe Steifigkeit verursacht. Es ist erstaunlich, daß vom ersten Einsturz dieser Gruppe im Jahr 1817 bis zu dem der Tacomabrücke im Jahr 1940 (Fall 4.43) 130 Jahre vergangen sind, ohne daß die richtigen und vollständigen Lehren aus den vielen Schäden gezogen wurden. Die große Leistung von J. Roebling beim Bau seiner Ohiobrücke im Jahr 1866 bei Cincinnati, seine, die seines Sohnes und dessen Frau beim Bau der 1883 eingeweihten Brooklyn-Brücke über den Hudson in New York (vgl. dazu [56]) sind daher umso höher zu bewerten.

1940 hat der Einsturz der Tacomabrücke das Vertrauen in Großbrücken in der Öffentlichkeit nachhaltig erschüttert. Die immer wieder gezeigten Filmaufnahmen der

a)

b)

Bild 4.1
Bilder zu fünf im Betrieb eingetretenen Schadensfällen nach Tabelle 4
a) Old London Bridge, erbaut 1176 bis 1209, Zustand Anfang des 17. Jahrhunderts. Fall 4.1
b) Pruthbrücke bei Czernowitz, zur Bauweise Schifkorn. 1868: Fall 4.19
c) Brücke bei Uschgorod (früher Unghvar), Westkarpaten. 1877, Fall 4.21
d) Hängebrücke Sully-sur-Loire. 1985, Fall 4.83
e) Stegbrücke über Moselhafen bei Koblenz, Brückensystem mit Schwimmkörpern. 1930, Fall 4.36

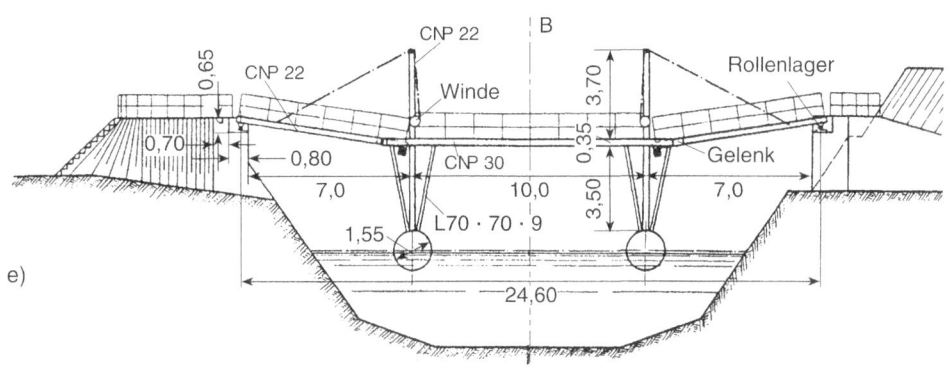

Katastrophe haben sicher dazu beigetragen, sie in lebhafter Erinnerung zu behalten. Daher gehen viele Autoren auch viele Jahre danach auf dieses Verhängnis ein, in Büchern, z.B. 1952 C. Stamm in [17], 1993 E.S. Ferguson in [12], 1966 A. Prugsley in [57] und 1998 M. Herzog in [33], außerdem wird der Einsturz in vielen Zeitschriften, z.B. in [23], ja sogar im Fernsehen (im wiederholt gezeigten Film „Auf Biegen und Brechen") immer wieder kommentiert.

Die Tacomabrücke zeichnete sich durch einen sehr geringen Kabeldurchhang – $L/f = 845/71 = $ rd 12 –, durch einen sehr niedrigen – $L/h = 845/2,45 = 350$ – und einen äußerst schmalen Versteifungsträger – $L/b = 72$ – aus. Wegen dieser Abmessungsverhältnisse war die Brücke in jeder Hinsicht sehr weich, insbesondere hatte der Versteifungsträger äußerst geringe Biege- und Torsionssteifigkeit, außerdem

a)   b)

Bild 4.2
Hängebrücke Dawson-Creek über den Peace River. 1957, Fall 4.50
a) Abgerutschtes Widerlager
b) Eingestürztes Seitenfeld

einen brettartigen Querschnitt. Diese Verhältnisse verursachten gleich nach der Fertigstellung Schwingungen bei Wind quer auf die Brücke, die durch die in Brückenlängsrichtung wirksamen Verbindungen der Kabel mit dem Versteifungsträger klein gehalten wurden. Als aber etwa 4 Monate nach der Inbetriebnahme der Brücke Schwingungen infolge eines länger anhaltenden, stetigen Windes mit einer Geschwindigkeit von rd. 19 m/s diese Verbindungen zerstörten, wurde die Brücke durch antimetrische Biege-Torsions-Schwingungen mit vertikalen Amplituden bis über 8 m und Querneigungen bis 45° zerstört (Bild 4.3).

Die Untersuchungskommission stufte die Ursache für den Einsturz, die aerodynamische Instabilität der Brücke, als ein bis damals unbekanntes Phänomen ein. Diese Feststellung fordert bis heute zu immer neuen, kontroversen Stellungnahmen heraus. Im Mittelpunkt steht dabei die von O.H. Ammann entworfene George Washington-Brücke, mit der 1931 erstmals eine Spannweite von 1000 m überschritten und gleichzeitig ein aus ästhetischen Gründen in bezug auf die realisierte Schlankheit für viele Ingenieure nachahmenswertes Bauwerk entstanden war (Bild 4.4).

Diese Brücke wurde – im 1. Ausbau mit nur einer Fahrbahnebene – mit einem Versteifungsträger äußerst geringer Steifigkeit – Stüssi sagt in [58, S. 37] „ohne Versteifungsträger" – gebaut, da Ammann die Vorspannung aus dem Brückenträgergewicht bei der großen Spannweite für ausreichend hielt. Diese rein statischen Überlegungen betrafen aber nur die Verformungen unter Verkehrslasten, für die bei zunehmender Stützweite wegen der Zunahme der ständigen Last der Versteifungsträger unbedeutend wird. Die windverursachten Einstürze in der Frühzeit des Hängebrückenbaus waren aber nicht, wie Herzog in [33, Seite 38], sagt, dabei vergessen. Stüssi führt in [58, S. 35] dazu aus: „Othmar H. Ammann kannte die Entwicklung der Hängebrücken und damit diese Schadensfälle sehr gut; wir erkennen dies aus einem Aufsatz, in dem er 1923 die Verwendung der Hängebrücke auch bei kleineren Spannweiten, für Straßenbrücken bei Spannweiten von über 300 Fuß und für Eisenbahnbrücken bei über 800 Fuß, empfiehlt."

Bild 4.3
Tacomabrücke kurz vor dem Einsturz. 1940, Fall 4.43

Bild 4.4
Georg Washington-Brücke von O. H. Ammann: Wegen extremer Schlankheit
ästhetisches Vorbild u. a. für Tacomabrücke

Für das Versagen von Brücken im 19. Jahrhundert infolge Wind wurde damals das Fehlen von Horizontalverbänden verantwortlich gemacht. Stüssi begründet dies – allerdings allein mit einer rein statischen Betrachtung – wie folgt: „In einer sehr großen und schweren Hängebrücke hat der horizontale Windverband eine ähnliche Aufgabe wie das lotrechte Versteifungssystem; er ist im wesentlichen ein seitliches Versteifungssystem, und er ist nicht erforderlich für die Sicherheit des Tragwerks wie bei kleineren Spannweiten oder Brücken eines anderen Tragsystems. Die Ketten oder Kabel, an denen die schwere Fahrbahn aufgehängt ist, sind immer im stabilen Gleichgewicht. Einige der frühen Hängebrücken, die durch Wind zerstört wurden, hatten überhaupt keinen Windverband, und der Winddruck muß gegen 100 % des Eigengewichts betragen haben. Im Fall der vorgeschlagenen Brücke würde der größte in New York je beobachtete Winddruck, auf die ganze Spannweite wirkend, vier Prozent des Eigengewichts nicht übersteigen. Es ist jedoch bekannt, daß der größte Winddruck nie gleichmäßig über so große Flächen verteilt ist, und die durchschnittliche Windbelastung würde deshalb die Hälfte der größten Windbelastung kaum übersteigen. In der vorgeschlagenen Brücke wurde der Windverband deshalb so bemessen, daß unzulässig große seitliche Ausbiegungen, die den Verkehr stören oder die Fahrbahnkonstruktion beschädigen könnten, verhindert werden."

Stüssi schildert, wie der Entwurf Ammanns in Europa von führenden Fachleuten als gefährlich empfunden wurde und erinnerte sich an die Äußerungen eines prominenten Stahlbauprofessors 1930: „Dieser Ammann in Amerika ist tollkühn, wenn er eine so große Hängebrücke ohne Versteifungsträger baut".

Ammanns George Washingtonbrücke hatte folgende Verhältnisse:

- Mittelspannweite zu Durchhang L/f =1067/97,5 = rd. 11
- Mittelspannweite/„Versteifungsträger"-höhe L/h = 1067/3,04 = 351
- Mittelspannweite/„Versteifungsträger"-breite L/b =1067/32,3 = 33

Sie verließ mit L/h = 351 das bis dahin bei rd. 400 bis 500 m weit gespannten Brücken übliche Verhältnis von 60 bis 80. Da sie sich aber im Wind ruhig verhielt, wurde die Bauart Vorbild für viele nachfolgende Hängebrücken, so auch für die Tacomabrücke. Wenn bei dieser auch das Verhältnis L/h = 340 etwa mit dem der George Washingtonbrücke übereinstimmte, so übertrifft sie mit L/b = 72 den Wert 33 gewaltig und auch mit L/f = 12 noch den Wert 11 dieser Brücke. Die Torsionssteifigkeit beider Brückenträger scheint nach den mir zugänglichen Unterlagen äußerst, wenn nicht sogar vernachlässigbar klein gewesen zu sein, Angaben über die Ausbildung der Horizontalverbände liegen nicht vor.

Wie schon angedeutet, wurde die Behauptung, die aerodynamische Instabilität der Brücke sei ein bis damals unbekanntes Phänomen gewesen, schon bald nach dem Unfall kritisiert. Mit der Zeit gewann die Erkenntnis Raum, daß diese Beurteilung nicht zutrifft und be- oder sogar verhindert, die notwendigen Lehren für Bauingenieure aus der Katastrophe zu ziehen. Die Kritiker an der Aussage der Kommission weisen u. a. darauf hin,

- daß für das mit Schwingungen verbundene Versagen von Hängebrücken im Wind im 19. Jahrhundert das Fehlen von Steifigkeiten des Versteifungsträgers erkannt und dokumentiert war und daß statische Betrachtungen dem nicht gerecht werden,
- daß wegen des ästhetisch begründeten Wunsches nach Schlankheit das bis 1930 eingehaltene Verhältnis von Spannweite zu Versteifungsträgerhöhe von 60 bis 80 mit der George Washington Bridge – ohne an die Unfälle aus dem 19. Jahrhundert zu denken – sprungartig auf das Mehrfache vergrößert wurde und
- daß die Theorie der Flatterschwingungen in anderen Ingenieurdisziplinen bekannt war, aber nicht beachtet wurde.

Einer der frühen Kritiker ist 1941 J. K. Finch, Dekan der ingenieurwissenschaftlichen Fakultät der Columbia Universität. Die Reaktion von Kollegen auf seinen Artikel [59] veranlaßte ihn, den Inhalt zwei Wochen nach der Veröffentlichung praktisch zurückzunehmen mit den Worten „(Ich) wurde darauf aufmerksam gemacht, daß der nicht sehr sorgfältige Leser ... folgern könnte ..., daß der moderne Brückeningenieur angesichts des früheren Versagens von Brücken nachlässig war. Der Verfasser behauptete nicht und legte dem Leser keineswegs nahe, daß der moderne Ingenieur die Einzelheiten früherer Unglücksfälle hätte kennen müssen."

Einer der späten Kritiker ist 1977 D. Billington, Professor für Bauwesen in Princeton. Er vermutet in [60], daß ein Bewußtsein für Geschichte die begeisterte Übernahme des Ammannschen Gedankens vielleicht hätte dämpfen können. Die Berichte über Mängel oder Einstürze von Hängebrücken in Europa und Amerika im neunzehnten Jahrhundert wiesen eine erstaunliche Ähnlichkeit mit dem auf, was im Film vom Einsturz der Tacomabrücke zu beobachten ist. Billington behauptet in seiner historischen Untersuchung, die in den zwanziger Jahren von O. H. Ammann für den Entwurf der George Washington-Brücke getroffene Entscheidung, ohne Versteifungsträger auszukommen, habe „direkt zum Versagen der Tacoma Narrows-Brücke geführt." Sie habe aber dem Urteil von John Roebling und anderer Erbauer von Hängebrücken entgegengestanden, für die Versteifungsträger erforderlich sind, damit der Wind das Brückendeck nicht zum Schwingen bringen kann.

Ammans Überlegungen leuchteten vielen Brückenbauern ein, und mehrere lange, schlanke und beunruhigend biegsame Hängebrücken wurden in den Jahren nach 1930 gebaut. Billington nennt hierfür in einer Tabelle 5 zwischen 1937 und 1939 fertiggestellte Hängebrücken mit Spannweiten zwischen 228 und 1280 m (letztere ist die Golden Gate-Brücke, die nach dem Einsturz der Tacomabrücke 1951 versteift wurde), bei denen Schwingungen infolge Wind beobachtet wurden.

E. S. Ferguson berichtet [12], daß Billingtons Aufsatz von manchen Ingenieuren als ein Angriff auf die führenden Gestalten der Zeit und besonders auf O. H. Ammann aufgefaßt worden sei. Eine Widerlegung war nach Meinung der vielen Kritiker Billingtons nötig, um den „unverdienten Vorwurf" zurechtzurücken, der damit mehreren Brückenbauingenieuren gemacht wurde, und um „ihre eigentliche Stellung in der Geschichte der Ingenieurkunst zu erhalten."

Vielleicht ist die Tacomabrücke eines derjenigen Bauwerke, denen der Erfolg scheinbar gleichartiger zum Verhängnis wurde (vgl. dazu auch Abschnitte 1.4 und 4.3). Es
ist aber nicht zu rechtfertigen, dafür die Entwerfer erfolgreicher Ausführungen – hier
O. H. Ammann als Entwerfer der George Washingtonbrücke – verantwortlich zu machen. Berechtigt ist aber sicher die Kritik an der Darstellung der Untersuchungskommission, die durch Vernebelung der Ursache erschwert hat, aus dem Unfall schnell
die richtigen Lehren zu ziehen. Eine davon ist auch die, aus dem Parameterraum be-
währter Tragwerke nicht zu weit herauszugehen, bevor die Phänomene, die sich im
Lauf der Geschichte bei geringem Verlassen gezeigt haben – hier der Schwingungen
im Wind –, völlig geklärt sind.

4.3   Einsturz der Dee-Brücke

Die Dee-Brücke (Fall 4.13) gilt nach [61] als ein Musterbeispiel für das „Erfolgssyn-
drom", mit dem der Erfolg von Ingenieurkonstruktionen über das Mißachten z. B.
der bei ihnen eingehaltenen Parameterbereiche zum Versagen weiterer, scheinbar
gleicher Bauwerke führt. H. Petrowski sagt, daß überhöhtes Vertrauen zu einer Kon-
struktionsart leicht zur Minimierung bis Ignorierung von Risiko-Faktoren führt.

Die Brücke über den Fluß Dee in Cheshire stürzte 1847 knapp ein Jahr nach ihrer
Fertigstellung ein, 5 Tote und 18 Verletzte waren zu beklagen. Hauptursache war
mangelhafte Torsions-Stabilität, letztlich grundsätzlich die gleiche wie bei der Ta-
coma-Narrows-Brücke fast 100 Jahre später.

Die gußeisernen Träger in der von Robert Stephenson entworfenen Brücke hatten
den in Bild 4.5 a dargestellten Querschnitt. Der im Vergleich zum Untergurt relativ
kleine Obergurt ergab sich aus der im Vergleich zur Zugfestigkeit großen Druckfe-
stigkeit des Gußeisens. Das Verhältnis betrug beim Gußeisen der Dee-Brücke 16 : 3.

Mit einer Unterspannung aus Schweißeisen nach Bild 4.5 c wurde die 9-m-Spann-
weite der zunächst ab 1831 – ohne diese Ergänzungen – gebauten Brücken verdrei-
facht. Stephenson erreichte bei der Dee-Brücke fast 30 m. Die Hauptträger waren in
den Drittelspunkten an den Umlenkstellen der Unterspannung gestoßen.

Der Einsturz geht zurück auf das mit zunehmender Länge immer mehr dominierende
Biegedrillknickproblem, das durch Fehlen einer Seitenstabilisierung aus der Quer-
konstruktion der Fahrbahn (Bild 4.5 b) nicht behindert und durch den Trägerstoß und
durch die Exzentrizitäten bei der Einleitung der Kräfte aus der Unterspannung in die
Hauptträger gefördert wurde. Daß eine zunächst nicht vorgesehene, dann zur Dämp-
fung von Schwingungen und zur Erhöhung der Feuersicherheit aufgebrachte Be-
schotterung (Bild 4.5 b) die ständige Last vergrößert hatte, war mit für die Katastrophe verantwortlich.

W. Plagemann faßt in seinem Bericht [9] den Kern der Ursache wie folgt zusammen:
„Es wurde nicht erkannt, daß bis zu einer bestimmten Grenze auf das Tragverhalten
des Systems unbedeutend bleibende Einflüsse bei Überschreiten dieser Grenze vor-

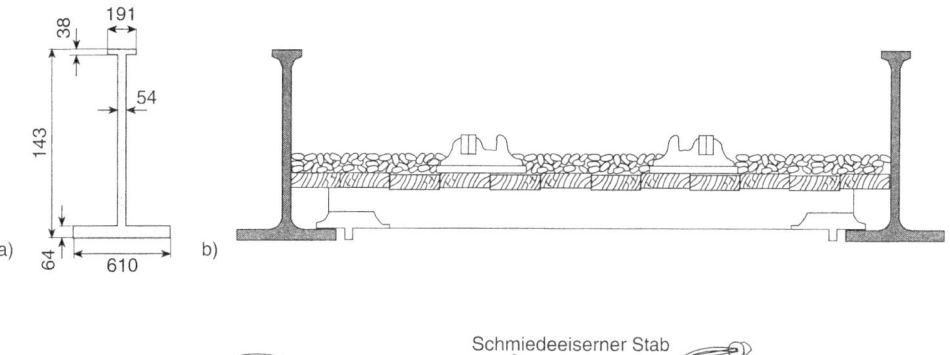

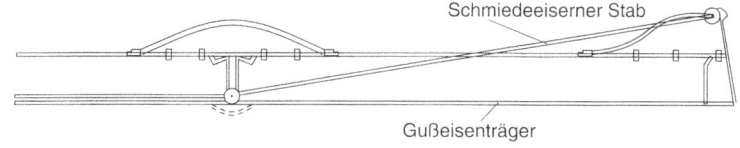

Bild 4.5
Dee-Brücke in Cheshire. 1847, Fall 4.13
a) Querschnitt der Gußeisenträger
b) Querschnitt der Brücke
c) Unterspannung

rangig werden, wie z. B. mangelnde Torsionssteifigkeit gegenüber einer überhöhten Zugbeanspruchung. – Bei den kürzeren und gedrungeneren Trägern mit geringer Spannung der Zugglieder traten Stabilitätsprobleme nicht auf, erst bei den längeren und schlankeren Trägern mit erhöhter Vorspannung und damit vergrößerter Druckspannung im Oberflansch wurde die Instabilität dominant." Es geht auch hier – wie in manchen anderen Fällen – um ein Problem der Extrapolation [10].

Auf eine ausführliche Darstellung der Geschichte der Dee-Brücken-Bauweise bis zum Einsturz der Deebrücke in [23] wird hingewiesen.

4.4 Einsturz infolge Windeinwirkung, keine Hängebrücken

Die Welt war erschüttert, als sie 1879 von der Einsturzkatastrophe der eingleisigen Eisenbahnbrücke über den Firth of Tay erfuhr, bei der 90 Insassen des gerade passierenden Personenzuges den Tod fanden (Fall 4.23). Hauptursache für das Unglück waren zu niedrig angesetzte Windlasten, aber auch andere Mängel trugen zum Unglück bei. Der Wind hatte beim Unglück eine Geschwindigkeit von etwa 34 m/s, das bedeutet eine Windstärke 10 bis 11 nach Beaufort. Der Winddruck war beim Entwurf bereichsweise nur mit einem Drittel des tatsächlichen Wertes berücksichtigt worden. – Da über die Katastrophe immer wieder berichtet und dabei u.a. alles über Windlasten, Konstruktion, Verantwortung der Beteiligten (vgl. z.B. [3, 13, 17, 23, 33]) und auch über die Auswirkungen des Einsturzes auf den Bau der Brücke über den Firth of Forth [28] gesagt worden ist, soll hier die Wiedergabe des Bildes 4.6 genügen.

Bild 4.6
Eisenbahnbrücke über den Firth auf Tay. 1879. Fall 4.23

Ursache für den Absturz der zweifeldrigen Fachwerkbrücke bei Chester über den Mississippi im Jahr 1944 (Fall 4.44) sind Windkräfte. Der Unfall ist trotz des mit 8,7 m Breite im Vergleich zur Fachwerkträgerhöhe zwischen 18 und 31 m relativ schmalen Brückenquerschnittes nur durch Auftriebskräfte aus Wind auf die Betonfahrbahntafel zu erklären [33, S. 45].

Auch der Untergang eines großen Teiles der 28 Jahre alten Pontonbrücke bei Peninsula über den Hoodkanal 1979 (Fall 4.76) geht hauptsächlich auf Windkräfte zurück. 13 der 110 m × 15 m großen und 500 t schweren Betonpontons sanken bei Windgeschwindigkeiten bis 45 m/s. Die Katastrophe begann mit dem Ausfall der Verankerung des Pontons, der neben dem beweglichen (= herausschwimmbaren) Brückenabschnitt lag, entweder durch Bruch eines Bolzens oder eines Ankerseiles infolge Überbeanspruchung durch Wind, Strömung und Wellen und dessen Abdriften. Darauf verloren nacheinander 12 weitere Pontons ihre Verankerung und versanken infolge Eindringen von Wasser durch Luken und aufgerissene Löcher der Verankerungsanschlüsse. – Auf den Fall 3.86, den Untergang der Beton-Pontonbrücke in Seattle über den Washingtonsee beim Umbau 1990, wird hingewiesen.

4.5 Einsturz infolge Überlastung, keine Hängebrücken

Unter Überlastung wird eine größere Last als die dem Entwurf zugrunde gelegte verstanden. Daher gilt das in München 1999 für die Thalkirchener Brücke über die Isar zu findende Warnschild „Einsturzgefahr bei Überlastung" nicht nur für diese, sondern für jede Brücke und ist insofern überflüssig.

Verschiedenartige Überlastungen haben zu Brückeneinstürzen geführt. Einzelne, zu schwere Straßenfahrzeuge waren in den Fällen 4.35 und 4.46 die Ursache, zu große Konzentration von Fahrzeugen im Fall 4.40. Personenanhäufungen auf leichten Brücken haben den Einsturz in den Fällen 4.36, 4.47 und 4.62 verursacht. Dazu gehören auch die Einstürze von Hängebrücken durch Überlastung, über die im Abschnitt 4.2 berichtet wurde.

Genauere Angaben zu durch Überlastung verursachten Einstürzen in den Fälle 4.21, 4.45 und 4.71 fehlen.

4.6 Einsturz der Brücke Mönchenstein, Fall 4.28

Beim Einsturz der Eisenbahnbrücke über die Birs bei Mönchenstein bei Basel (später Münchenstein) starben 1891 73 Menschen, über 100 wurden verletzt. Es wundert daher nicht, daß dieser Unfall immer wieder betrachtet wird. Entsprechend umfangreich ist die Literatur [13, 17, 33, 63]. C. Stamm nennt in [17] zahlreiche Quellen, die sich mit der Ursache des Unfalls und mit den aus ihm gezogenen Lehren befassen.

Die einfeldrige Fachwerkbrücke mit 42 m Spannweite hatte über je 3,5 m abwechselnd steigende und fallende Diagonalen und trug ein Gleis. Bedingt durch die gegen die Brückenachse nicht rechtwinklig liegenden Auflagerbänke waren die beiden Fachwerke der Hauptträger gegeneinander um ein 3,5-m-Fachwerkfeld versetzt.

Die Brücke war 10 Jahre vor dem Einsturz durch Absinken eines Widerlagers infolge Sohlenvertiefung durch Hochwasser beschädigt, anschließend repariert und 1 Jahr vor dem Unfall für größere Belastungen verstärkt worden. Sie stürzte beim Passieren eines mit zwei Lokomotiven bespannten Personenzuges ein (Bild 4.7). Als Hauptursache wurden zu schwache und exzentrisch angeschlossene Diagonalen im Mittelbereich der Fachwerkträger angesehen. Es werden aber auch andere Schwächen genannt, wie eine Art stoßartiger Stabbelastung durch den schnellen Wechsel der Diagonalkräfte von extremen Zug- zu extremen Druckkräften. Für wichtig – dies allgemein für Brückenkonstruktionen – halte ich die in [17] wiedergegebenen Ausführungen von A. Föppl [63]: „Die Brücke ist ... eingestürzt, da sie als räumliches Tragwerk betrachtet labil war. ... Es ist ungerechtfertigt, sich bei der Behandlung der Fachwerktheorie auf ebene Fachwerke zu beschränken. Unsere Fachwerke sollen sich im dreidimensionalen Raum bewähren und es genügt daher nicht, sie ausschließlich nach den hergebrachten Methoden der ebenen Fachwerktheorie zu behandeln." Im vorliegenden Fall fehlte an jedem Brückenende im oberen Windverband eine Diagonale, mit denen die Obergurtenden an den spitzen Ecken der Brücke gegen seitliches

Bild 4.7
Eisenbahnbrücke über die Birs bei Mönchenstein. 1891, Fall 4.28

Ausweichen gehalten waren. Es fehlten auch ausreichend steif ausgebildete Portale, die diese Aufgabe hätten übernehmen können.

4.7   Werkstoffbedingte Einstürze oder Schäden: Sprödbrüche

Unsicherheit für den geschweißten Stahlbrückenbau lösten überraschend aufgetretene Schadensfälle an Brücken aus, für die ein neuer, höherfester Stahl verwendet wurde. Es waren in Deutschland 1936 die Risse an der Eisenbahnbrücke über die Hardenbergstraße am Bahnhof Zoologischer Garten in Berlin (Fall 4.39) aus 50 m weit gespannten Zweigelenkrahmen und 1938 an der Autobahntalbrücke Rüdersdorf bei Berlin (Fall 4.41) mit vollwandigen Durchlaufträgern sowie in Belgien 1938 der Einsturz einer Straßenbrücke über den Albert-Kanal (Fall 4.42) und 1940 Schäden an weiteren Straßenbrücken, davon eine ebenfalls über den Albert-Kanal.

Schon früher waren einzelne werkstoffbedingte Schäden zu beklagen: Im Fall 4.26 könnte 1886 der Untergurtstab der Fachwerkbrücke infolge Versprödung versagt haben, und am Einsturz im Fall 4.30 war 1896 Versprödung durch zu hohen Phosphorgehalt beteiligt. Etwa ab Anfang der 60iger Jahre wird erneut über Sprödbrüche berichtet (Fall 4.52), erfreulicherweise ohne Einstürze, wie auch bei der Lafayettebrücke über den Mississippi (Fall 4.65) und bei Stabbogenbrücken in den USA-Staaten Wisconsin (Fall 4.77) und Iowa (Fall 4.79).

Die beiden Schäden in den 30er Jahren in Deutschland betrafen geschweißte Brücken, für deren Hauptträger dicke Gurtlammellen aus dem damals neuen Stahl St 52

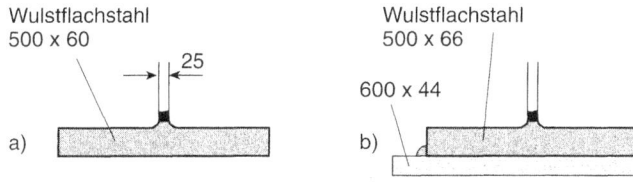

Bild 4.8
Gurtquerschnitte der in Deutschland von Sprödbrüchen betroffenen Brücken
a) Eisenbahnbrücke über die Hardenbergstraße in Berlin. 1936, Fall 4.39
b) Straßenbrücke Rüdersdorf bei Berlin. 1938, Fall 4.41

verwendet wurden. Die Querschnitte zeigt Bild 4.8. Ursache für die Schäden war der gegenüber normalfesten Stählen größere Gehalt an Kohlenstoff und an Legierungselementen, der bei schneller Abkühlung nach dem Schweißen und bei niedrigen Temperaturen zur Aufhärtung und damit bei mehrachsigen Zugspannungszuständen auch ohne nennenswerte Lastspannungen zu spröden Brüchen führte. Die Abkühlung der schweißnahnahen Bereiche, der Wärmeeinflußzonen, wurde, falls nicht vorgewärmt, durch das Abfließen der Schweißwärme in die dicken Lamellen beschleunigt. Die mehrachsigen Spannungszustände entstanden ebenfalls durch die dicken Lamellen und oft durch ungünstige Konstruktionen, wie z. B. durch Behinderung von Schweißschrumpfungen von Gurthalsnähten durch eingepaßte Quersteifen (Bild 4.10 a). Man erkannte, daß die mechanischen Werkstoffkennwerte Zugfestigkeit, Streckgrenze und Bruchdehnung nicht ausreichten, die Schwächen des Werkstoffs in Schweißkonstruktionen zu beurteilen, sondern daß andere Kriterien, wie z. B. die Kerbschlagzähigkeit, herangezogen werden mußten.

In Belgien betrafen den Einsturz und die Schäden bogenartig ausgebildete Vierendeelträger (Bild 4.9). Ihre kastenförmigen Untergurte enthielten Lamellen bis 55 m Dicke aus einem Thomasstahl mit einer Zugfestigkeit zwischen 420 und 500 N/mm^2.

In allen Fällen belegte das Aussehen der Bruchflächen eindeutig sprödes Versagen, in den meisten trat der Schaden bei niedrigen Temperaturen ein: Rüdersdorf bei $-12\,°C$, Hasselt bei $-20\,°C$.

Über die Schäden und die Folgen berichten zusammenfassend C. Stamm in [17] und J. Augustyn und E. Sleddziewski in [31]. Letztere weisen auch auf die aus Stahl mit schlechten Sprödbrucheigenschaften vollgeschweißten Liberty- und Victory-Schiffe hin, von denen im 2. Weltkrieg mehrere spröde durchbrachen und versanken. K. Klöppel zieht 1957 in [64] die Lehren aus den Vorfällen und begründet seine Vorschläge für die Empfehlungen zur Wahl der Stahlgütegruppen für geschweißte Konstruktionen [65]. Mit Mitarbeitern zeigt er 1970 in [66], welche Untersuchungen helfen, sich bei der Einführung neuer Stähle vor Rückschlägen zu schützen. Auf die Arbeiten von G. Schaper [4] und O. Kommerell [67] sei in diesem Zusammenhang verwiesen.

Neuere Sprödbruchschäden betreffen zunächst im Januar 1951 die Duplessisbrücke im Zuge der Straße Montreal–Quebec. 4 der 8 Felder der geschweißten Vollwandver-

Bild 4.9
Brücke über den Albert-Kanal bei Hasselt. 1938, Fall 4.42

bundträgerbrücke über den Maurice River stürzte in einer Nacht bei –34 °C ein (Bild 4.11). Der Stahl hatte 0,4 % Kohlenstoff und 0,12 % Schwefel. Trotz einer zwei Jahre zurückliegenden Sanierung von zwei Rissen und Sichern der auf Zug beanspruchten Schweißstöße in den Gurten durch aufgenietete Lamellen sowie einer 2 Wochen zuvor erfolgten gründlichen Inspektion war der Zusammenbruch nicht vorauszusehen und trat schlagartig ein.

1962 traten Sprödbrüche in einer Straßenbrücke in Melbourne (Fall 4.52) im Zuge einer Querung des Yarraflusses auf. Die geschweißten, nach einem Gerbersystem durchlaufenden, 1,5 m hohen Hauptträger bestanden aus einem Stahl, der dem St 52

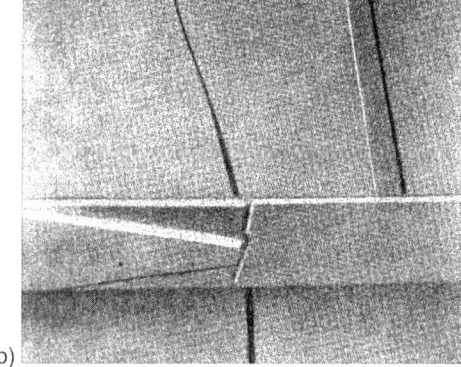

a)   b)

Bild 4.10
Sprödbrüche in Hauptträgern von Stahlbrücken
a) Autobahnbrücke Rüdersdorf. 1938, Fall 4.41
b) Straßenbrücke in Melbourne. 1962, Fall 4.52

Bild 4.11
Duplessisbrücke bei Quebec, sprödbruchbedingter Einsturz. 1951, Fall 4.49

ähnlich ist, aber 0,23 bis 028% Kohlenstoff, bis 1,8% Mangan und bis zu 0,29% Chrom enthielt. Die langen Nähte zur Verbindung der bis 25 mm dicken Platten wurden mit Vorwärmung nach dem Ellira-Verfahren automatisch geschweißt. Dagegen unterblieb die Vorwärmung bei den handgeschweißten Stirnkehlnähten von Zusatzlamellen. Von hier gingen die Sprödbrüche aus und schlugen über große Bereiche durch. Bild 4.10 ist typisch für derartige Sprödbrüche und könnte auch von der Brücke stammen, über die nachfolgend berichtet wird.

Es handelt sich um die dreifeldrige Straßenbrücke über die Lafayettestraße in St. Paul (Fall 4.65). 6 Jahre nach Inbetriebnahme war der Untergurt eines der beiden 3,5 m hohen Hauptträger etwa im Drittelpunkt des 110 m weit gespannten Mittelfeldes total und zusätzlich das Stegblech bis fast zum Obergurt gerissen. Die Durchlaufträgerbrücke stürzte nicht ein, da sie auch mit einem Gelenk im Hauptträger tragfähig blieb. In der in Tabelle 4 genannten Quelle wird beschrieben, wie zunächst infolge Kerbwirkung aufgrund mangelhafter Schweißung (großer Bindefehler) ein Ermüdungsriß entstand. Der Spannungsintensitätsfaktor an dessen Spitze war groß genug, um bei den tiefen Temperaturen im Winter 1975 den Sprödbruch auszulösen, der aber erst im Frühjahr entdeckt wurde.

Der 1979 festgestellte Schaden an einer Stabbogenbrücke für Straßenverkehr über einen Mississippi-Kanal in Wisconsin (Fall 4.77) geht dagegen allein auf Sprödbruchneigung des Stahls infolge des gegenüber den Spezifikationen für den Stahl A 441 zu hohen Gehaltes an Kohlenstoff, Mangan und Schwefel zurück. Der fünf

Jahre nach Inbetriebnahme entdeckte Riß betraf einen nur 25 mm dicken Gurt von einem der beiden kastenförmigen Versteifungsträger. – Die Brücke wurde auf 4 Hilfsgerüste abgesetzt und unter laufendem Verkehr saniert.

Der 1982 15 Monate nach Inbetriebnahme festgestellte Sprödbruch bei der Stabbogenbrücke über den Missouri in Iowa (Fall 4.79) trennte die 70 mm dicke Obergurtlamelle eines Versteifungsträgers. Auch hier hatte der Stahl nicht die in den Normen festgelegte Zähigkeit.

Schließlich ist auch der 1985 erfolgte Zusammenbruch der 4 feldrigen Hängebrücke Sully-sur-Loire (Fall 4.83) auf sprödanfälligen Stahl der Kabeldrähte mit zu hohem Gehalt an Kohlenstoff, Phosphor und Schwefel zurückzuführen. Auch hier geschah der Einsturz bei niedriger Temperatur (–20 °C).

4.8   Schäden infolge Ermüdung oder mangelhafter Wartung

Der 1967 erfolgte Einsturz der 40 Jahre alten Silver Bridge zwischen Point Pleasant, West Virginia, und Gallipolis, Ohio, (Fall 4.56), einer Kettenhängebrücke, geht mit großer Wahrscheinlichkeit auf den Ermüdungsbruch eines Augenstabes zurück, der wegen schlechter Wartung nicht rechtzeitig entdeckt wurde.

Die Brücke hing an Ketten, die im Mittelbereich des Mittelfeldes und in den Außenbereichen der Endfelder die Obergurte des Versteifungsträgers bildeten (Bild 4.12). Der Stahl im Bereich der Augen hatte eine Zugfestigkeit von rd. 720 N/mm^2 und eine Bruchdehnung von nur 5%. Die Ursache wurde von den Sachverständigen in Ermüdung im Augenbereich infolge Wechselspannungen aus Umfangsreibung zwischen Bolzen und Auge gesehen, die zusätzlich zu den hohen Kerbzugspannungen am Augenrand herrschten.

Der unerwartet starke und schwere Lkw-Verkehr hat bei der 1966 fertiggestellten Severnbrücke bei Bristol (Fall 4.72) zunächst zu Drahtbrüchen in Hängern geführt, die durch neue mit doppeltem Querschnitt ersetzt wurden [68]. Außer der großen Verkehrsbelastung wurden die damals neuartigen zickzackförmigen Anordnungen der Hänger sowie die nicht einspannungsfreien Anschlüsse der Hänger an den Versteifungsträger für die Schäden verantwortlich gemacht. Wenig später wurden Risse im Versteifungsträger registriert, die auf Zwängungen zurückgeführt werden. Diese be-

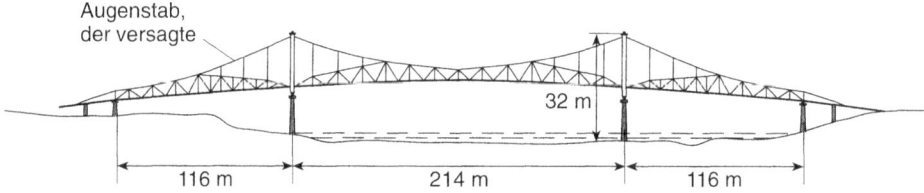

Bild 4.12
Silver Bridge über den Ohio, System. 1967, Fall 4.56

ruhen auf dem unplanmäßigen, aber aus Kosten- und Zeitgründen erfolgten Verbleiben von Querschotten im Versteifungsträger. Sie waren nur erforderlich, um die 18 m langen Brückenabschnitte für den Tranport zu schließen und damit schwimmfähig zu machen. Die Schotte wurden herausgetrennt und die örtlichen Schäden in den Versteifungsträgern ausgebessert. Auf die Grundertüchtigung der Brücke in der Mitte der 80er Jahre wird in [69] berichtet.

Zu den ermüdungsbedingten Brückeneinstürzen gehört auch die der Sungsu-Straßenbrücke in Seoul (Fall 4.84). Über sie wird im Abschnitt 4.10 berichtet.

In [70] bis [72] wird auf der Grundlage von Originalveröffentlichungen allgemein über Ermüdungsrisse berichtet, die in Brücken in den USA und Japan aufgetreten sind. Die Ursachen sind durchweg entweder Zwänge aus nicht beachteten räumlichen Wirkungen oder durch schlechte Konstruktionen erzeugte Kerben.

Mangelnde Wartung und Instandhaltung wird für das Versagen der Wiener Reichsbrücke über die Donau (Fall 4.68) im Jahr 1976 verantwortlich gemacht [73]. Die fast 40 Jahre alte, insgesamt 373 m lange Kettenhängebrücke mit einem 241 m weit gespannten Mittelfeld stürzte nachts ein, 1 Person kam dabei zu Tode. Ursache für den Totaleinsturz ist die sukzessive Zerstörung des unbewehrten Betons in einem Pfeilersockel unter einem Lager von einem der beiden Rahmenpylone durch Eindringen von Wasser und Frostwirkung. Diese nicht erkannte Zerstörung führte schließlich – ausgelöst durch Spannungen aus Temperaturänderung – zu einem Schubbruch und damit zum Absturz des Pylons. Bild 4.13 zeigt den betreffenden Pfeilerkopf im Schnitt und nach dem Einsturz. In [74] wird ausführlich über die Geschichte der Wiener Reichsbrücke berichtet.

Große Folgen hatte 1974 der auf Inspektionsmängel zurückgehende Einsturz eines Holzsteges bei Zell am See (Fall 4.64): 8 Kinder kamen ums Leben, 16 wurden verletzt, da der Fuß einer Abstützstrebe morsch war. – Ähnlich lagen die Verhältnisse 2 Jahre später: beim Einsturz ebenfalls eines Holzsteges in Vorarlberg (Fall 4.66) wurden 8 Kinder beim Einsturz verletzt.

Nicht ausreichende Inspektionen oder Bauwerksunterhaltung sind Ursachen für drei weitere Schäden:

– Bei einer Brücke in Pennsylvania (Fall 4.37) wurde 1933 eine Unterkolkung eines Pfeilers nicht festgestellt. Die daraus folgende Schiefstellung führte zur Entgleisung eines Zuges.
– Einsturz einer Brücke in Puschkin nahe Moskau (Fall 4.69) mit 20 Toten und 100 Verletzten.
– Das Reißen eines Schrägkabels der Maracaibobrücke in Venezuela (Fall 4.78).

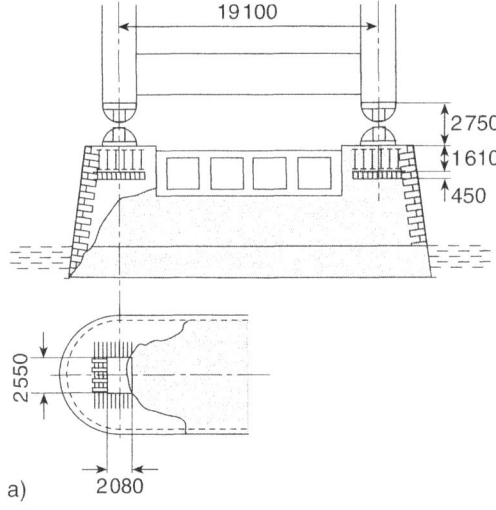

Bild 4.13
Reichsbrücke über die Donau in Wien,
Pylonpfeiler mit Bruchfläche im
unbewehrten Beton. 1976, Fall 4.68
a) Schnitt
b) Nach dem Einsturz

4.9   Einsturz der Elbow Grad Bridge, Fall 4.48

Die rd. 37 m weit gespannte Holzbrücke brach 1950 unter planmäßiger Last 15 Tage
nach Inbetriebnahme zusammen. In [8] wird ausführlich über das Bauwerk, den Einsturz, ihre Ursache und die Konstruktion des Ersatzbauwerkes berichtet.

Es handelte sich um einen zweiwandigen Fachwerkträger mit bogenförmigem Obergurt (Kreisform, Radius rd. 36 m), Systemhöhe in Feldmitte 5,11 m, Pfostenabstand
3,05 m, mit den im Bild 4.14 eingetragenen Füllstäben. Der Hauptträgerabstand betrug rd. 5,0 m. Der Obergurt wurde in den Schnitten 2, 4, 6, 4′ und 2′, also in jedem

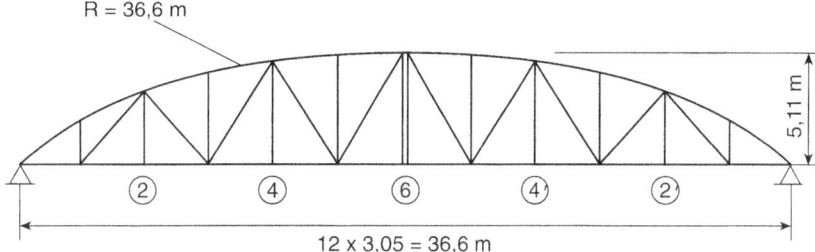

Bild 4.14
Elbow Grade Bridge, Hauptträgersystem. 1950, Fall 4.48

zweiten Knoten, seitlich durch Schrägpfosten gestützt, die an den Enden der auskragenden, kräftigen Fahrbahnquerträger angeschlossen waren.

Entscheidend für die Schwäche des Tragwerkes war die Zweiteiligkeit aller Hauptfachwerksstäbe und der Stoß der Obergurtstäbe in den Knotenpunkten. Für die Anschlüsse der Stäbe in den Knoten waren zwischen den beiden Teilen der Stäbe fingerartig zusammengeschweißte, 16 mm dicke Bleche angeordnet, mit denen die Stäbe mit Bolzen verbunden wurden. Zwischen die Stirnflächen der Gurtstäbe waren 3 mm dicke Bleche eingelegt.

Nach dem Einsturz wurde das Bauwerk mit verstärkten Stäben neu errichtet, da man als Ursache deren Unterbemessung annahm. Das neue Bauwerk bewegte sich unter der Verkehrslast aber so stark, daß es gesperrt werden mußte. Erst jetzt begann eine genauere Untersuchung, mit der die zuvor genannten Schwächen aufgedeckt wurden. Sie ergab, daß an den Knoten außermittige Kräfte in die beiden Teile eines Stabes eingetragen wurden, sich diese Teile daher aus der Fachwerkebene heraus verbogen und sich außerdem bei kleinen Imperfektionen gegeneinander verschoben.

Die endgültige Sanierung bestand in der Wahl einteiliger Stäbe und zweiwandiger, großflächiger, also nicht mehr fingerartiger (= zwickelförmiger) Knotenbleche. Durch die damit erreichte zweischnittige Kraftübertragung konnte die Anzahl der Bolzen gegenüber der Erstausführung verkleinert werden.

4.10 Einsturz der Connecticut Turnpike Bridge über den Mianus River und der Sungsu-Fachwerkbrücke über den Han-Fluß in Seoul

Die Abstürze der Einhängeträger der Connecticut Turnpike Bridge über den Mianus River (Fall 4.81) 1983 in den USA und der Sungsu-Fachwerkbrücke (Fall 4.84) 1994 in Korea ähneln nach Bild 4.15 einander sehr, daher werden sie hier zusammen erläutert. Es soll dabei allgemein auf gewisse Schwächen statisch bestimmter oder teilbestimmter Gerberträger aufmerksam gemacht werden: lokales Versagen führt bei ihnen oft zu totalem Kollaps, denn sie können im allgemeinen keine Tragzustände ausbilden, die einen Einsturz abwenden, wie es z. B. bei der 4. Wiener Donaubrücke (Fall 3.68) oder bei der Straßenbrücke über die Lafayettestraße in St. Paul (Fall 4.65) der Fall war. Es kann auch

a)

b)

Bild 4.15
Absturz von Einhängeträgern
a) Connecticut Turnpike Bridge, USA. 1983, Fall 4.81
b) Sungsu-Fachwerkbrücke, Korea. 1994, Fall 4.84

bezweifelt werden, ob ein Teil der Autobahnbrücke über das Lauterbachtal bei Kaisers-lautern (Fall 3.36, Abschnitt 3.3) abgestürzt wäre, wenn sie ohne Gelenke als 5 feldriger Durchlaufträger entworfen worden wäre. – Gelenkträger können wenig robust sein!

Unabhängig davon erfordern gelegentlich die Bedingungen für Bauwerke, z. B. Unsi-cherheit bei der Voraussage von Bodensetzungen, zur Vermeidung von Zwängungen statisch bestimmt, also z. B. Gerberträger, zu bauen.

Beim Teileinsturz der 25 Jahre alten Connecticut Turnpike Brücke über den Mianus River (Bild 4.15 a) starben 3 Menschen, drei wurden verletzt. Zwei rd. 30 m lange,

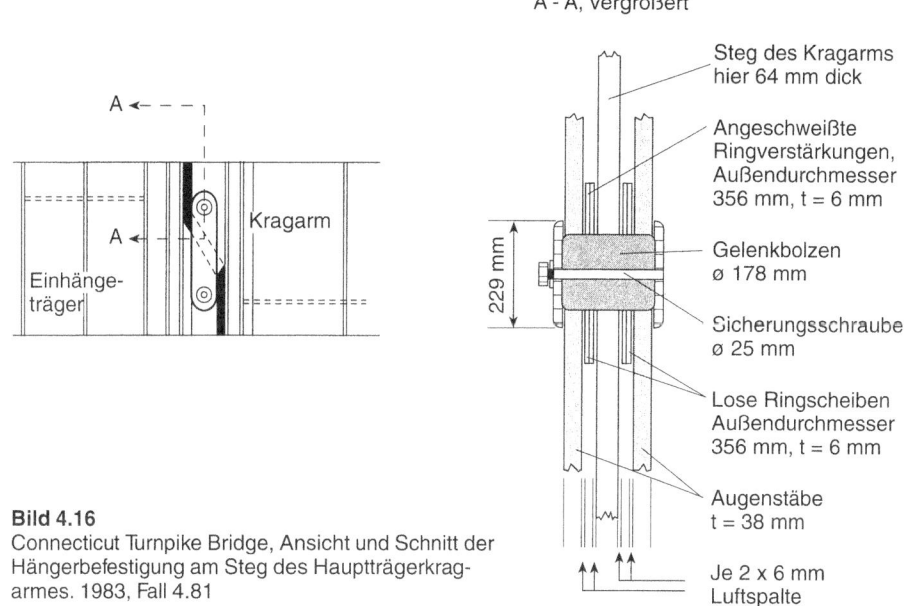

A - A, vergrößert

Steg des Kragarms
hier 64 mm dick

Angeschweißte
Ringverstärkungen,
Außendurchmesser
356 mm, t = 6 mm

Gelenkbolzen
ø 178 mm

Sicherungsschraube
ø 25 mm

Lose Ringscheiben
Außendurchmesser
356 mm, t = 6 mm

Augenstäbe
t = 38 mm

Je 2 x 6 mm
Luftspalte

Bild 4.16
Connecticut Turnpike Bridge, Ansicht und Schnitt der
Hängerbefestigung am Steg des Hauptträgerkrag-
armes. 1983, Fall 4.81

im Grundriß schiefe Einhängeträger in der insgesamt rd. 809 m langen Brücke waren
an einem Ende fest auf Konsolen und am anderen Ende an beiden Ecken mit Augen-
stab-Paaren aufgehängt (Bild 4.16). Einer von ihnen stürzte ab, weil eine der beiden
Aufhängungen versagte. Über den Unfall ist wiederholt berichtet worden, in der
deutschsprachigen Literatur anhand angegebener Quellen in [75]. Nach dem offiziellen Gutachten war bei der 9 Monate vor dem Unglück durchgeführten Inspektion der
durch Tauwasser verursachten starken Korrosion der Hängerkonstruktion nicht die
notwendige Beachtung geschenkt worden. Entscheidend war aber, daß wegen der
großen Schiefe der Brückenfuge von 54° Bewegungen in der Aufhängung quer zur
Brückenlängsrichtung und daraus wegen Behinderung Zwängungen auftraten, die
zum Bruch eines der nur 25 mm dicken, durch Korrosion geschwächten Sicherungs-
bolzen und darauf zum Abschieben eines Hängers von seinem Bolzen führten. Die
Bewegungen sind z. B. offensichtlich, wenn man sich die Durchbiegung eines Haupt-
trägers im Feld gegenüber einer stumpfen Ecke des Einhängefeldes vorstellt. – Im
Widerspruch zu dieser Beurteilung steht die Behauptung, daß ein Bolzen durch Ermüdung gebrochen sei. Dazu habe ein zu großer Spalt zwischen den am Steg des
Einhängeträgers angeschweißten Ringverstärkungen und den Hängern und die damit
mögliche Seitenverschiebung beigetragen. – Bei den nachfolgenden Inspektionen
von Brücken ähnlicher Bauweise wurden Schäden an gleichartigen Detailpunkten
gefunden, zusätzlich sogar 2 gebrochene Hänger.

Andere Ursachen hat 1994 der Teileinsturz der Sungsu-Straßenbrücke in Seoul (Fall
4.84). Der 48 m lange, vorgefertigte Einhängeträger im 120 m weit gespannten Mittelfeld stürzte ab (Bild 4.15 b), 32 Menschen starben und 17 wurden verletzt. Haupt-

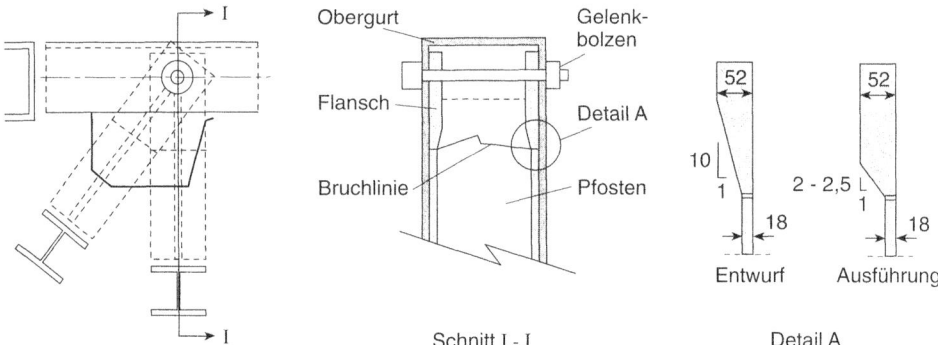

Bild 4.17
Sungsubrücke in Seoul, Gelenkausbildung. 1994, Fall 4.84

ursache war der planwidrig ausgeführte Stumpfstoß (Bild 4.17) zwischen den 18 mm dicken Flanschen der I-förmigen Pfosten und den 52 mm dicken Blechen um die Gelenkpunkte für die 190-mm-Bolzen: anstelle einer X-Naht mit Anschäftung im Verhältnis 1 : 10 wurde eine I-Naht ohne Nahtvorbereitung geschweißt und die Schäftung mit einer Neigung von 1 : 2,5 ausgeführt. Diese Schwachstelle versagte infolge der großen schwingenden Beanspruchungen u. a. aus einer Verdreifachung der Anzahl der Lastwagen gegenüber der Planung – es werden insgesamt 105 000 Fahrzeuge/Tag angegeben – durch Dauerbruch 15 Jahre nach Inbetriebnahme.

5 Versagen infolge Schiffsanpralls

5.1 Tabelle 5, allgemeine Betrachtungen

In Tabelle 5 sind 48 Fälle erfaßt und außerdem 4 ohne Einzelangaben genannt.

In Bild 5.1 (s. Seite 136) erkennt man sechs dieser Katastrophen, darunter in einem Kupferstich den ersten der in dieser Tabelle erfaßten Einstürze, den der Donaubrücke Donaustauf. Bild 5.2 (s. Seite 137) gibt einen Eindruck von dem folgenreichen Einsturz der Sunshine Skyway Bridge in der Tampabay in Florida.

Tabelle 5
Versagen von Brücken durch Anprall von Schiffen, auch im Bauzustand incl. Gerüste. Abkürzungen siehe Abschnitt 1.3

Lfd. Nr.	Jahr	Brücke				Stichwörter zum Versagen	Pers.-sch.	Ein-sturz	Lg./Spw. (m)	Quellen
		Ort; Art	Land	über	für					
5.1	1837	Brücke Donaustauf bei Regensburg	Deutschland	Donau	Str	„Anfahren durch das Wiener Ordinane Schiff"	20–30 T	Teil		Zentr. Arch. Thurn und Taxis. Bild 5.1a
5.2	1869	Hammer Eisenbahnbrücke. 4 gleiche Halbparabel-Fachwerkträger	Deutschland	Rhein	B	Zu Tal treibender Kahn mit 90 t Erz verfehlt die Durchfahrt und rammt Holzgerüst des 2. westlichen Joches. Ursache: Schiffsführer wartet Hilfe durch vorhandenes Dampfboot, das gerade einem anderen Schiff hilft, nicht ab	12 T	Teil	424/106/106	Neusser Jahrbuch 1977 [78] 189 Bild 5.1b
5.3	1892	Brücke in Chicago	USA	Schifffahrts-Kanal	B	Dampfschiff rammt Brücke, Fehler des Kapitäns		Total	30/30/30	E 7
5.4	1908	Straßen-Drehbrücke in Lübeck, genannt Herrenbrücke	Deutschland	Trave	Str	Dampfer mit 626 BRT rammt Untergurt eines der beiden geöffneten Drehflügel. Dieser bricht ab, nachdem Schiff nach Verringern des Wasserstandes und Ballastieren herausgezogen werden kann. Ursache: Fehler der Schiffsführung		Teil	?/54/54	B+E 1909, 195
5.5	1922	11feldrige Brücke zur Insel Sheppey nahe der Themsemündung, 1 Feld = Hubbrücke	England	Swale	Str + B	Schiff rammt Mittelteil und stößt anschließend Pfeiler um, so daß auch ein Nebenfeld einstürzt		Teil		BT 1924, 40
5.6	1924	Brücke in Oregon	USA	Coos-Bay	B	Dampfer rammt Untergurt und zerstört auch Querträger, Brückenfeld stürzt ab		Teil	?/?/55	St 52

Lg. = Länge; Spw. = größte Spannweite/Spannweite des Einsturzfeldes

Tabelle 5 (Fortsetzung)

Lfd. Nr.	Jahr	Brücke				Stichwörter zum Versagen	Pers.-sch.	Ein-sturz	Lg./Spw. (m)	Quellen
		Ort; Art	Land	über	für					
5.7	1926	Webster St. Bridge, Drehbrücke in Oakland, Kalifornien	USA	Mündungsarm	Str	Frachtschiff rammt geöffnete Brücke an der Stirnseite und wirft sie vom Drehlager. Brücke fällt in Stromrichtung, läßt Schiff-fahrtsweg frei	0	Total	107/107/107	ENR 1926, 14.01., 97 21.02., 134 29.07., 184
5.8	1927	Second Narrows Bridge in Vancouver	Kanada	Hafen	Str	Seit ihrer Errichtung wurde Brücke 20mal durch Schiffe gerammt. Jetzt Hauptfeld vom Schiff ausgehoben und fast unbeschädigt mitgenommen. Träger wurde wieder eingesetzt	0	Teil	?/?/91	ENR 1931, 12.02., 295
5.9	1935	Stahlfachwerkbrücke bei Kopenhagen. 2feldrig. Außen feste, 66 m lange Felder, in der Mitte Drehbrücke mit zwei 23-m-Armen	Dänemark	Massnedsund	Str + B	Dampfer trifft festen Teil des Brückenüberbaus 7 m neben dem Auflager, da er geöffnete Durchfahrt verpaßt. 66 m langer, 170 t schwerer Brückenträger stark beschädigt und abgestürzt	0	Teil	?/?/66	SB 1936, 136
5.10	1945	Drehbrücke in Boston-Charlestown, Massachusetts	USA	Charles River	Str + B	10000-t-Dampfer bohrt sich 7,6 m in Stahlkonstruktion der teilgeöffneten Drehbrücke	0	Teil	?/?/26	ENR 1945, 855
5.11	1946	John Grace-Memorial Bridge zw. Charleston und Mt. Pleasant, South Carolina	USA	Cooper River	Str	Victory-Schiff wird durch Wind gegen die Brücke gedrückt und zerstört 67-m-Feld. Ursache: Anker hat nicht gefaßt	0	Teil	rd.3200/ ?/67	ENR 1946, 327, 517

Tabelle 5 (Fortsetzung)

Lfd. Nr.	Jahr	B-ücke				Stichwörter zum Versagen	Pers.-sch.	Ein-sturz	Lg./Spw. (m)	Quellen
		Ort: Art	Land	über	für					
5.12	1947	Ponton der Freemann-Brücke in Düsseldorf	Deutschland	Rhein	Str	Motor-Güterschiff rammt Ponton im Seitenbereich der Brücke und bringt Bailey-Behelfsbrücke in der Schiffahrtsöffnung zum Einsturz		Total		St 53
5.13	1954	Ferdanbrücke. Doppeldrehbrücke, Fachwerke mit Auskragungen von 40 und 35 m	Ägypten	Suezkanal	Str	24 000-t-Tanker trifft auf die Stirnseite einer korrekt geöffneten Brückenhälfte, dreht sie dabei in Schließrichtung. Darauf kollidieren die Achteraufbauten mit dem Überbau, heben ihn aus dem Drehlager, verschieben ihn mehrere Meter, bis er als Einfeldträger, auf dem Ufer und auf dem Schiffsdeck liegend, zur Ruhe kommt. Starke Beschädigungen des Fachwerks und eine schwierige Bergung des Schiffes sind die Folge	0	Teil	151/79/79	Acier/Stahl/Steel 1955, 205
5.14	1960	Severn Railway Bridge. Eingleisige, mehrfeldrige Fachwerkbrücke, 20 km oberhalb der Hängebrücke bei Bristol	England	Severn	B	Zwei Kähne verkeilen sich im Nebel und prallen auf Pfeiler, zerstören ihn, so daß zwei Brückenfelder in den Fluß stürzen. Ursache: Fahrlässigkeit der Schiffsführungen	5 T	Teil	rd. 1 km/100/100	[81] 17
5.15	1963	Brücke bei Kristiansund. 3feldriger Spannbetonträger, beiderseits anschließend mehrere kürzere Felder	Norwegen	Sørsundet	Str	5000-t-Dampfer trifft frontal auf 38 m hohen Pfeiler. Pfeiler wird am Anstoßpunkt 65 cm herausgedrückt, bekommt zwei Brüche, bleibt aber mit ebenfalls verformtem Überbau stehen. Folgen begrenzt, da Schiff zuvor durch Bodenberührung gebremst. – Ursache: Falsches Schiffsmanöver	0	Teil	200/100/100	[82] 244

Tabelle 5 (Fortsetzung)

Lfd. Nr.	Jahr	Brücke				Stichwörter zum Versagen	Pers.-sch.	Einsturz	Lg./Spw. (m)	Quellen
		Ort; Art	Land	über	für					
5.16	1963	Outerbridge Crossing, New York, zwischen New Jersey und Staten Island. 5feldrige Fachwerkbrücke	USA	Arthur	Str	Schiff rammt 42 m hohen Pfeiler neben der 185 m breiten Schiffahrtsrinne im 230-m-Feld. Wegen der großen Massen von Pfeiler-schaft und -fundament (rd. 35 000 t) nur ge-ringfügiger Schaden. – Ursache unbekannt			640/230/ 230	[82] 249
5.17	1964	Maracaibo Bridge. Im Zentralteil fünf 235 m weit ge-spannte Spann-betonschrägseil-brücken	Venezuela	See von Mara-caibo	Str	Schiff rammt 2 km entfernt vom Schiff-fahrtsweg 2 Pfeiler und zerstört sie zusam-men mit 3 Nebenfeldern, Schiff durch her-abfallende Bauteile beschädigt. Ursache: Fehler in elektronischer Steuerung, Anke-rungsversuch mißlingt	6 T	Teil	8678/ 235/85	[35] 284 [81] 17 [82] 246 Bild 5.1 c
5.18	1964	Lake Pontchartrain Bridge bei New Orleans. Brücke liegt flach über dem Wasser	USA	Lake Pont	Str	Letzte von 5 Schiffskollisionen seit 1956. Außer Kontrolle geratener Lastkahn trifft Brücke, zerstört 3 Lagerböcke und bringt 4 Brückenfelder zum Einsturz. Ursache: unfähiger Steuermann (vgl. Abschn. 5.22)	6 T	Teil	38 km/ 17/17	[81] 18 [82] 254
5.19	1967	Chesapeake Bay Bridge, Virginia. Schiffahrtsöffnung im Tunnelbereich. Brücke besteht aus Spannbeton-Fertig-teilträgern, lichte Höhe über Wasser rd. 7 m	USA	Bucht	Str	Erste von drei Schiffskollisionen innerhalb von 5 Jahren: Besatzungsloser Kohlekahn treibt bei Sturm gegen die Brücke, versetzt ein Brückenfeld um 1,2 m seitlich und beschädigt 5 weitere stark	0	Teil	rd. 4800/ 23/23	[81] 19

Tabelle 5 (Fortsetzung)

Lfd. Nr.	Jahr	Brücke				Stichwörter zum Versagen	Pers.-sch.	Ein-sturz	Lg./Spw. (m)	Quellen
		Ort; Art	Land	über	für					
5.20	1968	Holtenauer Hochbrücke, Kiel	Deutsch-land	Nord-Ostsee-Kanal	Str	Schwimmkran beschädigt Fachwerkkonstruktion in 40 m Höhe, dadurch Brückensperrung	0	Kein		Tagespresse
5.21	1970	Chesapeake Bay Bridge, wie 5.19				Zweite Kollision: 10000-t-Frachter reißt sich bei Sturm von Ankern los, kollidiert mehrfach mit den Brückenstegen: 5 Felder eingestürzt, 11 stark beschädigt	0	Teil	rd. 4800/ 23/23	BI 1971, 151 [81] 19
5.22	1972	Chesapeake Bay Bridge, wie 5.19				Dritte Kollision: Schlepper verliert bei Sturm Lastkahn wegen Seilbruch, Kahn bringt 2 Brückenfelder zum Teilabsturz und beschädigt 5 weitere	0	Teil	rd. 4800/ 23/23	[81] 19
5.23	1972	Sidney-Lanier-Brücke Brunswick, Georgia	USA	Bruns-wick River	Str	13 000-t-Frachter rammt Brücke neben hochgezogenem 76-m-Hubfeld und bringt 130 m langen Abschnitt mit 2 Pfeilern und 3 Brückenfeldern zum Einsturz. Ursache: Mißverständnis zwischen Lotsen und Steuermann	10 T	Teil	1600/76/ 76	[81] 19 Tagespresse
5.24	1974	Lake Pontchartrain Bridge, wie 5.18	USA			Erneuter, inzwischen 9. Schiffsanprall: Schlepper mit 4 leeren Kähnen zerstört 4feldrigen, 73 m langen Brückenabschnitt. Ursache: Steuermann eingeschlafen	3 T	Teil		[81] 18
5.25	1974	Hubbrücke bei Port Robinson zwischen Erie- und Ontariosee, Provinz Ontario	Kanada	Welland Kanal	Str	Erzfrachter, rd. 200 m lang, rammt Brücke und bringt sie zum Einsturz. Ursache unbekannt	2 V	Total	?/65/65	[81] 20 Tagespresse

Tabelle 5 (Fortsetzung)

Lfd. Nr.	Jahr	Brücke				Stichwörter zum Versagen	Pers.-sch.	Ein-sturz	Lg./Spw. (m)	Quellen
		Ort; Art	Land	über	für					
5.26	1975	Tasman-Bridge in Hobart, Tasmanien	Australien	Derwent River	Str	7200-t-Frachter zerstört mit Frontalanprall zwei Pfeiler in rd. 200 m Entfernung von der Schiffahrtsöffnung und bringt 3 Felder zum Absturz. Schiff in Brand geraten und gesunken. Ursache: zu geringe Erfahrung des Steuermannes	15 T	Teil	1025/94/42	[81] 20 Tagespresse
5.27	1975	Fraser Bridge, New Westminster. Brückenzug mit Drehbrücke	Kanada	Fraser River	B	Unbemannter, bei Sturm von Vertäuung losgerissener Lastkahn treibt gegen Pfeiler und bringt 119-m-Feld zum Absturz. – Bereits 1952, 1957 und 1968 Beschädigungen durch Schiffsanprall	0	Teil	697/119/119	[81] 21
5.28	1976	Pass Manchac Bridge, Louisiana. 51 Felder	USA		Str	Schlepper mit Lastkahn rammt Brückenpfeiler und verursacht Absturz von drei Feldern, 33 m, 26 m und 21 m weit gespannt. Steuermann wird für verantwortlich gehalten	2 T 2 V	Teil	917/?/33	[81] 21 Tagespresse
5.29	1977	Benjamin Harrison Memorial Bridge bei Hopewell, Virginia. Brückenzug mit 111-m-Hubfeld	USA	James River	Str	Tanker verfehlt nachts geöffnetes Hubfeld und bringt Nachbarfeld zum Absturz, fällt auf das Schiff. Ursache: Fehler in Elektrik der Steuerung	0	Teil	1359/ 111/73	[81] 23 Tagespresse
5.30	1977	Union Avenue Brücke, New Jersey	USA	Passaic River	Str	Leerer Ölkahn trifft Pfeiler am Hubfeld, beschädigt Pfeiler und bringt „ein Ende des 16-m-Seitenfeldes" zum Absturz. Ursache: Bruch des Seiles zum Schlepper	0	Teil		[81] 22

Tabelle 5 (Fortsetzung)

Lfd. Nr.	Jahr	Brücke				Stichwörter zum Versagen	Pers.-sch.	Ein-sturz	Lg./Spw. (m)	Quellen
		Ort; Art	Land	über	für					
5.31	1977	Tingstad Brücke, Göteborg. Drehbrücke	Schweden	Kanal	B	Beladener Gastanker, 1600 dtw, trifft Seitenöffnung und zerstört zwei 31-m-Felder. Ursache: Fehler in Elektrik der Steuerung	0	Teil	?/28/28	[81] 22
5.32	1978	Southern Pacific Railroad Bridge nahe Berwick, Louisiana. Hubfeld 97 m weit	USA	Atchafalaya River	B	Erster Lastkahn eines Schleppzuges mit 4 Lastkähnen prallt an Seitenfeldüberbau, nachdem er zuvor den Pfeiler einer in der Nähe liegenden Straßenbrücke getroffen hatte. 71-m-Feld stürzt in den Strom. Ursache: leichtsinnige Navigation durch den Schlepper-Steuermann. – Brücke soll 1946 und 1978 534mal von Schiffen angestoßen worden sein	0	Teil		[81] 23
5.33	1979	„Steg der Künste" in Paris von 1803 nahe dem Louvre. Eisenfachwerk	Frankreich	Seine	F	Schiff rammt Brücke und zerstört 2 Felder. – 9 Jahre zuvor ebenfalls Schiffsanprall und seitdem gesperrt	0	Teil		Tagespresse
5.34	1979	Sec. Narrows Railway Bridge, Vancouver Harbor. 152-m-Hubfeld	Kanada	Hafen	B	22 000-t-Schiff trifft Brücke neben dem Hubfeld, das voll geöffnet war, bringt 77-m-Nebenfeld zum Absturz, stellt Hubturm schief (8 m Kopfverschiebung). Ursache: Mißdeutung von Orientierungszeichen im Nebel, weniger als 100 m Sicht	0	Teil	306/152/77	[81] 23
5.35	1980	Tjörn- oder Almöbrücke, Göteborg	Schweden	Askerö-fjord	Str	Frachtschiff steuert aus dem 50 m breiten Navigationsbereich, rammt 278 m weit gespannten Bogen im Kämpferbereich und bringt ihn zum Absturz. Ursache: Steuerschwierigkeiten wegen Packeis und Nebel. Bedeutung für den Totalschaden hat auch der imperfektionsempfindliche rohrförmige Querschnitt der Bogenträger	8 T	Total	278/278/278	[81] 24 Tagespresse Bilder 5.1 d und 5.5

Tabelle 5 (Fortsetzung)

Lfd. Nr.	Jahr	Brücke Ort; Art	Land	über	für	Stichwörter zum Versagen	Pers.-sch.	Ein-sturz	Lg./Spw. (m)	Quellen
5.36	1980	Sunshine Sykway Bridge bei St. Peterburg, Florida	USA	Tampa Bay	Str	35 000-t-Frachter wird durch Sturmböe bei heftigem Gewitter und schlechter Sicht rd. 250 m außerhalb der Schiffahrtsrinne gegen Brückenpfeiler gedrückt und bringt 3 Brückenfelder mit insgesamt rd. 400 m Länge zum Einsturz. Ursache: der Wettersituation nicht entsprechende Sorgfalt der Schiffsführung	35 T	Teil	6828/160/160	ENR 1980, 18.05., 41 [81] 24 Bild 5.2
5.37	1981	Newport Bridge, Newport, Rhode Island. Brückenzug mit Hängebrücke	USA	Narangansett Bay	Str	45 000-t-Tanker rammt Pylonpfeiler frontal, richtet nur Oberflächenschäden an. Schiffsbug um 3,5 m verkürzt. – Ursache: Sichtbehinderung durch Nebel, Warnung kommt für Kurskorrektur zu spät			rd. 3 km/488/488	[84]
5.38	1982	Brücke bei Hannibal, Montana	USA	Mississippi	B	Schlepper mit 15 Kähnen verliert plötzlich Kraft, verfehlt Drehbrückenöffnung und hebt ein Nebenfeld aus den Lagern	0	Teil	481/76/76	[81] 25
5.39	1982	Huey P. Long Bridge bei New Orleans. Fachwerkbrücke	USA	Mississippi	Str	2mal innerhalb einer Woche: Zuerst trifft Kran auf Ponton, dann ein Schiff den Überbau. Ursache: zu hohe Ladungen			240	ENR 1982, 17.06., 58 Sc. Amer. 1993, March, 20
5.40	1982	Richmont Rohrbrücke, Lorraine	Frankreich	Mosel	Gas-ltg.	Schubschiff rammt im Nebel Pfeiler einer Gasleitungsbrücke und bringt sie zum Einsturz	7 T	Total		[81] 25 Tagespresse
5.41	1983	Brücke bei Uljanowsk	Rußland	Wolga	B	Oberdeck des Schiffes wird weggerissen	176 T	Kein		Tagespresse

Tabelle 5 (Fortsetzung)

Lfd. Nr.	Jahr	Brücke				Stichwörter zum Versagen	Pers.-sch.	Ein-sturz	Lg./Spw. (m)	Quellen
		Ort: Art	Land	über	für					
5.42	1987	Fachwerkbrücke Karlsruhe-Maxau	Deutschland	Rhein	B	Schubschiffverband rammt Brückenpfeiler	0	Kein		Tagespresse
5.43	1990	Dreabrücke bei Strängnäs	Schweden	Schären		Schiff rammt wegen Trunkenheit des Steuermanns Brückenpfeiler und bringt Teil der Brücke zum Einsturz	0	Teil	250/?/?	Tagespresse
5.44	1991	Kattwyk-Hubbrücke in Hamburg-Wilhelmsburg. Fachwerkbrücke	Deutschland	Süderelbe	Str + B	Massengutfrachter verfehlt im Nebel geöffnete 100-m-Hauptdurchfahrt, wirft östliche Vorlandbrücke ins Wasser, beschädigt 70-m-Hubturm	2 V	Teil	268/100/84	Unterlagen von Strom- und Hafenbau Hamburg Bild 5.1 e
5.45	1993	Fachwerkbrücke bei Mobile, Alabama	USA	Alt-wasser-arm d. Alabama	B	Schleppkahn rammt einen Pfeiler, verschiebt damit Gleis um mehr als 1 m, worauf Zug entgleist, 60 m der Brücke zerstört, so daß Lokomotive und mehrere Wagen des Personenzuges ins Wasser stürzen	47 T	Teil	152/59/42	SB 1993, 122 ENR 1994, 04.10., 9 Tagespresse Bild 5.1 f
5.46	1996	Hubbrücke in Portland, Maine	USA	Hafen	B	Kleiner Tanker rammt und beschädigt Brücke im geöffneten Zustand	0	Teil		ENR 1996, 07.10., 15 BI 1997, 40
5.47	1996	Klappbrücke in Tacoma, Washington	USA	Blair Wasserweg	Str	Wegen Ausfall der Steuerung stoppte das Öffnen der Brücke nach 3/4 des Vorganges, 200 m langer Frachter beschädigt eine Klappe. – Brücke bereits 29mal gerammt, von einem Schiff sogar zweimal	0	Teil	46/46/46	Tagespresse

Tabelle 5 (Fortsetzung)

Lfd. Nr.	Jahr	Brücke Ort; Art	Land	über	für	Stichwörter zum Versagen	Pers.-sch.	Ein-sturz	Lg./Spw. (m)	Quellen
5.48	1998	Hochbrücke im Hamburger Hafen. Schrägseilbrücke	Deutschland	Köhlbrand	Str	Kollision eines Schwimmkranauslegers mit dem Versteifungsträger in rd. 55 m Höhe über dem Wasser; Folge: 2 rd. 1 m² große Löcher im Steg des Brückenträgers. – Sanierung in nur rd. 2 Wochen	0	Teil	3465/ 325/325	Unterlagen von Strom- und Hafenbau Hamburg

Nicht in Tabelle aufgenommen, da zu wenig Informationen

Jahr	Brücke Ort; Art	Land	über	für	Stichwörter zum Versagen	Pers.-sch.	Ein-sturz	Lg./Spw. (m)	Quellen
1983	Sentosa Aerial Tramway	China				7 T			[81]
1984	Lake Pontchartrain	USA				0			wie vor
1985	St. Louis Bridge	Kanada				0			wie vor
1993	Claiborn Avenue (Judge Seeber) Bridge	USA				0			wie vor

Bild 5.1
Einsturzkatastrophen, verursacht durch Schiffs-Kollisionen
a) Donaubrücke Donaustauf. 1837, Fall 5.1
b) Rheinbrücke Düsseldorf-Neuss, Einsturz des Gerüstes. 1869, Fall 5.2
c) Maracaibobrücke. 1963, Fall 5.17
d) Tjörnbrücke in Schweden. 1980, Fall 5.35
e) Kattwykbrücke Hamburg. 1991, Fall 5.44
f) Fachwerkbrücke über Alabama-Altwasserarm. 1993, Fall 5.45

a)   b)

Bild 5.2
Sunshine Sykway Bridge über die Tampa Bay. 1980, Fall 5.36
a) Übersicht
b) Blick auf stehengebliebenen Kragarm

In der Einführung habe ich mit Hinweis auf [1] die Bremer Brückenkatastrophe von 1947 erwähnt. Da sie durch Hochwasser mit Treibeis verursacht war, habe ich sie trotz der daran beteiligen Schiffe nicht in die Tabelle 5 aufgenommen. Herrenlos treibende Schiffe haben aber letztlich die Zerstörung der Brücken bewirkt, daher soll sie hier erwähnt werden. Bild 5.3 zeigt die Kaiserbrücke nach der Katastrophe, eine der Schuten ist an der Einsturzstelle verblieben, der Schiffskörper ist auf dem Bild zu erkennen.

Wenn auch die Zusammenstellung keinen Anspruch auf Vollständigkeit erheben kann, so spiegelt die aus ihr hervorgehende starke Zunahme der Kollisionen mit der Zeit dennoch die Wirklichkeit wider: Aus Bild 5.4 geht hervor, daß 35 der 48 Kollisionen, also fast drei Viertel, seit 1960 passiert sind und 24, also die Hälfte, seit 1974. Diese Tatsache hat die Internationale Vereinigung für Brückenbau und Hochbau (IABSE · AIPC · IVBH) veranlaßt, 1983 ihr Kolloquium „Kollision von Schiffen mit Brücken und „Offshore"-Bauten" in Kopenhagen durchzuführen. In [80] findet man zahlreiche Beiträge, darin enthält [81] eine ähnliche Darstellung wie Bild 5.4, und die dort gegebenen Informationen über 20 Kollisionen trugen zur Präzisierung der Angaben in Tabelle 5 bei.

Bereits längere Zeit davor hatte sich Chr. Ostenfeld 1965 in [82] ausführlich mit dem Problem der Kollision von Schiffen mit Brückenpfeilern befaßt. Der Beitrag entstand

Bild 5.3
Bremer Brückenkatastrophe 1947: Kaiserbrücke mit untergegangener Schute
nach dem Rückgang des Hochwassers

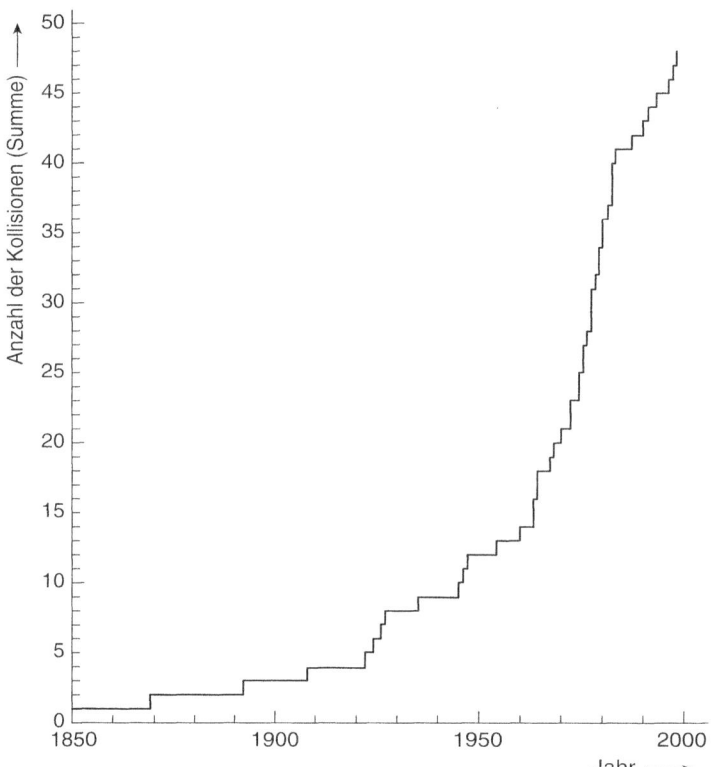

Bild 5.4
Zeitliche Verteilung der erfaßten Fälle von Brückenversagen durch Schiffskollisionen

u. a. aus der damals erkennbaren Entwicklung zu immer größeren Schiffen und der damit verbundenen Gefahrenzunahme im Falle von Kollisionen. 5 seiner Berichte über Vorfälle, die Brücken betreffen, sind von mir bei der Zusammenstellung der Tabelle 5 verwertet worden. Die Veröffentlichung enthält viele, hier nicht übernommene Detailangaben und Zeichnungen, z. B. zur Pfeilerkonstruktion, und Beschreibungen von Maßnahmen bei neuen Brückenpfeilerkonstruktionen zur Verhinderung von Kollisionsschäden.

1997 sind in [127] 29 Kollisionen aus den Jahren 1960 bis 1993 zusammengestellt, alle sind auch in Tabelle 5 erfaßt, davon 4 allerdings ohne Einzelangaben.

Nachstehend werden die Versagensfälle den Ursachen der Kollisionen zugeordnet:

Ursachen von Kollisionen

Ursache	Fälle in Tabelle 5	Summe
Technisches Versagen, wie z. B. Ausfall der Ruderanlage, Seilbruch	17, 22, 29, 30, 31, 38, 47	7
Wetterbedingungen	11, 21, 27, 34, 35, 40, 44	7
Menschliches Versagen, wie z. B. Mißverständnis zwischen Lotsen und Steuermann, Leichtsinn, Unfähigkeit, Alkohol	2 3, 4, 10, 14, 15, 18, 20, 23, 24, 26, 28, 32, 36, 37, 39, 43, 48	18
Unbekannt	1, 5, 6, 7, 8, 9, 12, 13, 16, 19, 25, 33, 41, 42, 45, 46	16
Gesamt		48

Einige der den Wetterbedingungen zugeordneten Kollisionen könnte man auch menschlichem Versagen zuordnen, denn es gehört ja im allgemeinen zur Aufgabe der Schiffsführung, den Wetterbedingungen gerecht zu werden, also z. B. bei Unsicherheit im Nebel die Fahrt abzubrechen und zu ankern. Dies gilt sicher auch für einen Teil der auf technisches Versagen zurückgeführten Unfälle: ein Seilbruch z. B. geht mit großer Wahrscheinlichkeit auf dessen unzureichende Bemessung oder auf Mängel bei der Wartung zurück.

Die Zusammenstellung zeigt, daß 38 % der Kollisionen auf menschliches Versagen zurückgehen. Vermutlich sind es aber deutlich mehr, einmal wegen der zuvor angedeuteten Fragwürdigkeit bei der Angabe „technisches Versagen", zum anderen wegen ihres sicher hohen Anteils bei den nicht geklärten Ursachen.

In der nächsten Zusammenstellung wird nach Kollisionen mit Überbauten, diese in und neben dem Schiffahrtsweg, und nach solchen mit Pfeilern unterschieden.

Einteilung der Kollisionen nach getroffenen Brückenteilen

Getroffen	Fälle in Tabelle 5	
Pfeiler	14, 15, 16, 17, 18, 19, 2 27, 28, 30, 36, 37, 40, 42 43, 45	16
Überbau im Schiffahrtsweg	4, 5, 7, 8, 10, 33, 46, 46, 48	9
Überbau neben Schiffahrtsweg	2, 9, 11, 12, 13, 20, 21 22, 23, 24, 29, 31, 32, 34, 35, 38, 39, 41, 44	19
Unbekannt, nicht zu unterscheiden oder einzuordnen	1, 3, 6, 25	4
Gesamt		48

19 und der größere Teil der 16 Kollisionen mit Pfeilern gehen darauf zurück, daß Schiffe vom Kurs abgekommen sind und Schiffahrtsöffnungen verfehlt haben.

5.2   Einige Folgerungen aus Tabelle 5

Wichtig bei der Planung ist die sorgfältige Untersuchung der Probleme, die mit dem Brückenbau für die Navigation der Schiffe entstehen. Wenn berichtet wird, daß Brücken wiederholt von Schiffen angefahren wurden, spricht das gegen eine schiffahrtsgerechte Positionierung der Brücke und ihrer Pfeiler. So können schlechte Sichtverhältnisse Anlaß zu Navigationsfehlern sein, ebenso kann das für die Strömungen oder Verkehrsverhältnisse – Gegenverkehr – am Ort der Brücke zutreffen. Reduzierung der aus diesen Ursachen bestehenden Gefährdungen können oft durch einen anderen Ort für die Querung, durch größere Abstände der Brückenpfeilern untereinander und damit größere Spannweiten oder durch Bauwerke, die bei Verletzung des Durchfahrtsprofils nicht gefährdet sind, „erkauft" werden. Ein Beispiel für die letztgenannte Maßnahme (Bild 5.5) ist die Tjörnbrücke (Fall 4.35): nach dem Einsturz des bogenförmigen Tragwerkes wurde die Brücke durch eine Schrägseilbrücke ersetzt.

Interessant ist in diesem Zusammenhang der Beitrag von P. S. A. Berridge in [21]. Er nennt den Einsturz der Severn-Eisenbahnbrücke (Fall 5.14) zwischen Lydney und Sharpness im Jahr 1960 ein gutes Beispiel für eine nicht angenommene Lehre. Bevor diese Brücke 1879 für die Midland Railway Company fertig war, hat Sir Benjamin Baker, der von der gefährlichen Torheit der Anordnung der Brückenpfeiler in der Nähe eines Fahrwassers überzeugt war, rundweg abgelehnt, irgendwelche Empfehlungen für die Brücke abzugeben, mit der die Bahn über das Tidewasser der Severn-Flußmündung geführt werden sollte es sei denn, daß die minimale Spannweite über dem schiffbaren Kanal mindestens rd. 240 m betragen und die Pfeiler wirklich sicher vor Schäden im Fall eines Anstoßes durch ein außer Kontrolle geratenes Schiff sein

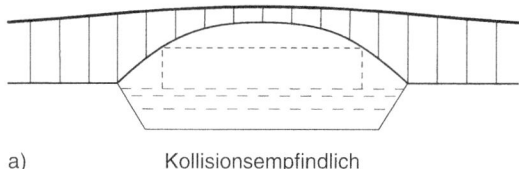

a)   Kollisionsempfindlich

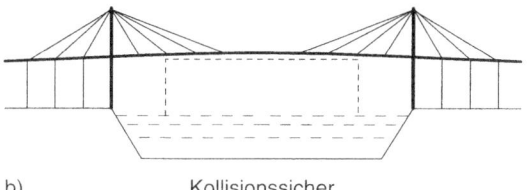

Bild 5.5
Tjörnbrücke – Vergleich des Haupt-
tragwerkes vor und nach dem Einsturz.
1980, Fall 5.35

b)   Kollisionssicher

würden. Wie man aus den nachfolgenden Brückenkatastrophen in Brunswick, Geor-
gia, im Jahr 1972 (Fall 5.23) und Hobat in Tasmania im Jahr 1975 (Fall 5.26) erkennt,
ist die Erfahrung aus dem Zusammenbruch der Severn-Eisenbahnbrücke im Jahr
1960 nicht Allgemeingut geworden und in die Planungen eingegangen.

Die Beschränkung der beim Anprall aufzunehmenden Energie durch Reduktion der
erlaubten Schiffsgeschwindigkeit in Abhängigkeit von den Schiffsmassen ist ebenfalls ein Weg, die Gefährdung zu reduzieren. Sicherheit, hiermit Kollisionen völlig
auszuschließen, entsteht dadurch aber nicht, wie z.B. der Anstoß von Schwimmkra-
nen an Überbauten in großer Höhe (Fälle 5.20 und 5.48) zeigt. Die Wirkung aller
derartiger Vorkehrungen wird immer wieder durch Leichtfertigkeit und Unfähigkeit
der Schiffsführungen aufgehoben.

Die andere Möglichkeit ist die Ausrüstung der Pfeiler mit Konstruktionen, die die
Energie aus dem Schiffsanprall aufnehmen, ohne den Pfeiler nennenswert zu schädi-
gen. Schwimmende Systeme, Systeme auf Pfählen, feste und bewegliche Kreiszellen
mit oder ohne Fender und Aufschüttungen findet man als Beispiele z.B. in [83]. Bei
vielen Brücken erweist sich aber diejenige Lösung, die absolute Sicherheit zu geben
verspricht, als unerschwinglich.

Das damit gegebene Dilemma veranlaßt mehrere Autoren in [80], sich in Hinblick
auf Schiffskollisionen mit deren Wahrscheinlichkeit, mit der Abschätzung des Risikos und dem annehmbaren Risiko sowie grundsätzlich mit dem Begriff Risiko aus-
einanderzusetzen.

6 Versagen infolge Anpralls des unterführten Verkehrs

6.1 Tabelle 6, allgemeine Betrachtungen

In Tabelle 6 sind 16 Fälle erfaßt. Sie können in 2 Gruppen eingeteilt werden:

- Anprall wegen Nichteinhaltung der Ladungshöhe
  Hierzu gehören die 9 Fälle 6.2, 6.3, 6.6, 6.9, 6.10, 6.12, 6.13, 6.15, 6.16

- Anprall gegen Brückenpfeiler wegen Verlassen der Fahrspur
  Hierzu gehören die 7 Fälle 6.1, 6.4, 6.5, 6.7, 6.8, 6.11, 6.14

Tabelle 6
Versagen von Brücken durch Anprall des unterführten Verkehrs. Abkürzungen siehe Abschnitt 1.3

Lfd. Nr.	Jahr	Brücke				Stichwörter zum Versagen	Pers.-sch.	Ein-sturz	Lg./Spw. (m)	Quellen
		Ort: Art	Land	über	für					
6.1	1973	Brücke bei Münster	Deutschland	B51	Str	Lastwagen rammt Pfeiler der Brücke, Einsturzgefahr	2 V	Kein		Tagespresse
6.2	1975	Stockton, Teesside	England		F	Baggerarm wirft Brücke vom Lager				Sm Tab. 3
6.3	1975	Brücke	England	M62	F	Brücke wird durch Kran, der auf der Straße unter der Brücke fährt, von beiden Lagern gehoben	2 T	Total		Sm Tab. 3
6.4	1977	Brücke nahe dem Bahnhof Granville bei Sydney	Australien	Bahn	Str	Kurz vor der Brücke entgleiste Lokomotive bringt Überbau zum Einsturz. Ein Teil des Zuges wird dabei verschüttet	89 T	Total		Tagespresse Bild 6.6
6.5	1979	Highwaybrücke bei Cheyenne, Wyowa. Zwei nebeneinander liegende Stahlbrücken, 3feldrig	USA	Str	B	Güterzug entgleist mit seinen beiden Lokomotiven und 80 Waggons wegen zu hoher Geschwindigkeit in Kurve vor der Brücke – angegeben werden 70 mph anstelle erlaubter 45 mph. Pfeiler der überführten Brücke um mehr als 30 cm verschoben	0	Teil	72/27/27	ENR 09.08.1979, 12
6.6	1979	2feldrige Stahlbrücke mit Betonplatte ohne Verbund bei Duisburg	Deutschland	Autobahn A3	Str	Losgelöster Baggerarm auf Tieflader trennt einen Stahlträger durch, wirft Brücke aus den Lagern	8 T	Total	36/18/18	BMV 82, 427 Tagespresse Bild 6.3 a
6.7	1979	2feldrige Brücke bei Dortmund. 2 einfeldrige Stahlüberbauten	Deutschland	Autobahn A2	Str	39-t-Silofahrzeug gerät bei Überholmanöver und großer Geschwindigkeit auf Mittelstreifen und reißt Stahlstützen aus unterer Verankerung	1 T 6 V	Total	35/17/17	BMV 82, 432 Tagespresse Bild 6.5 a

Lg. = Länge; Spw. = größte Spannweite/Spannweite des Einsturzfeldes

Tabelle 6 (Fortsetzung)

Lfd. Nr.	Jahr	Brücke				Stichwörter zum Versagen	Pers.-sch.	Ein-sturz	Lg./Spw. (m)	Quellen
		Ort; Art	Land	über	für					
6.8	1979	Brücke bei Sittensen zwischen Hamburg und Bremen. 2feldriger Durchlaufträger, Betonplatte ohne Verbund	Deutschland	Autobahn A1	Str	Silo-Sattelfahrzeug gerät bei hoher Geschwindigkeit außer Kontrolle und reißt eine Stütze der Brücke weg	1 V	Kein	37/18/18	BMV 83, 436 Eigenes Gutachten Bild 6.4
6.9	1981	Brücke in München	Deutschland	Mittl. Ring	F	Hochgefahrene Mulde auf Kipper reißt 20 m langen, 40 t schweren Einhängeträger herunter	4 V	Total	20	Tagespresse Bild 6.5b
6.10	1984	Brücke bei Gladbeck. Einfeldrige Fachwerkbrücke	Deutschland	B224	F	Hochgestellter Kran reißt Überbau herunter	0	Total		Tagespresse
6.11	1989	Geh- und Radwegbrücke (Ort nicht bekannt). 2feldrige Spannbetonbrücke im Bereich eines Einschnittes	Deutschland	Autobahn	F	Schwer beladener Lastwagen kommt von Fahrbahn ab, trifft 5 m daneben Pfeiler, bringt ihn und 2 Felder des Überbaus zum Einsturz	1 V	Total	65/19/19	BMV 94, 388 Bild 6.8
6.12	1991	Fachwerkbrücke in Shepherdsville nahe Louisville, Kentucky	USA	Salt River	B	3,65 m hoher Müllwagen verkeilt sich unter einer Brücke mit 3,35 m lichter Höhe, verschiebt Schienen 10 cm seitwärts. 10 min später entgleisen deswegen 27 der 89 Waggons eines Güterzuges und zerstören zwei Brückenfelder der dahinter liegenden Brücke über den Salt River, 13 Waggons stürzen in den Fluß		Teil	140/46/46	ENR 91, 02. 12., 9 Bild 6.3b

Tabelle 6 (Fortsetzung)

Lfd. Nr.	Jahr	Brücke				Stichwörter zum Versagen	Pers.-sch.	Ein-sturz	Lg./Spw. (m)	Quellen
		Ort; Art	Land	über	für					
6.13	1993	Stahlbetondurchlaufträger, 4feldriger Plattenbalken (Ort unbekannt)	Deutschland	Autobahn	Str	Bagger auf Tieflader schlägt gegen die beiden Hauptträger, reißt Teil der unteren Bewehrung heraus, an einem Hauptträger alle vorhandenen 10 $\varnothing$ 34 durchtrennt. – Bagger fällt 15 m weiter vom Tieflader	0	Teil	46/15/15	BMV 94, 397 Bild 6.2 a
6.14	1998	2feldrige Bahnüberführung bei Eschede, Niedersachsen	Deutschland	Bahn	Str	Direkt vor der Brücke entgleister ICE-Zug zerstört Mittelpfeiler und bringt dadurch Überbau zum Absturz auf nachfolgende Wagen	100 T	Total		Tagespresse
6.15	1999	Brücke in Hannover	Deutschland	Messe-schnellweg	Str	Fahrer vergißt vor Abfahrt, Kipper herunter zu lassen und beschädigt Brücke	0	Teil		Tagespresse Bild 6.1
6.16	Nicht angegeben	Spannbetonbrücke	Niederlande	Straße	Str	Zerstörung der unteren Spannbewehrung eines Hauptträgers in Feldmitte durch Kollision eines Fahrzeuges, das lichte Höhe der Durchfahrt nicht einhält		Teil		HERION 18 (1972) Nr. 2, 65 Bild 6.2b

6.2   Anprall wegen Nichteinhaltung der Ladungshöhe

Schäden durch Anprall von Ladungs- oder Fahrzeugteilen an den Unterseiten der Überbauten über Straßen entstehen sehr häufig, man findet viele Bauwerke über Straßen mit Spuren derartiger Kollisionen. Auf Angaben von 1978 fußend werden für derartige Ereignisse in [98] folgende Zahlen je Jahr angegeben: UK 500 (1987: 300), Irland 84, Belgien 50, Finnland 2, diese werden als „sehr schwer" charakterisiert, Frankreich 240, Deutschland 230, Japan 30.

Im allgemeinen sind die Schäden gering, da die anschlagenden Teile weich und schwach sind und daher selbst zerstört werden. Bild 6.1 zeigt einen solchen „harmlosen" Fall (Fall 6.15). Die beiden in Bild 6.2 gezeigten Schäden reduzieren dagegen die Tragfähigkeit der Brücken so stark, daß sie ersetzt oder aufwendig saniert werden müssen.

Eine Überschreitung der einzuhaltenden Ladungshöhe kann aber auch zum Einsturz und damit zum Totalverlust der getroffenen Brücke führen. Zwei Beispiele dafür zeigt Bild 6.3: Im Bild 6.3a erkennt man, wie die Stahlträger unter der nicht mit ihnen im Verbund stehenden Beton-Fahrbahnplatte herausgeschoben wurden. Im Bild 6.3b werden die schlimmen Folgen deutlich, die der Anprall eines Müllwagens mit der Seitenverschiebung der Gleise auf einer Vorbrücke angerichtet hat.

Bild 6.1
„Harmloser" Anprall eines Kippers an eine Brücke. 1999, Fall 6.15

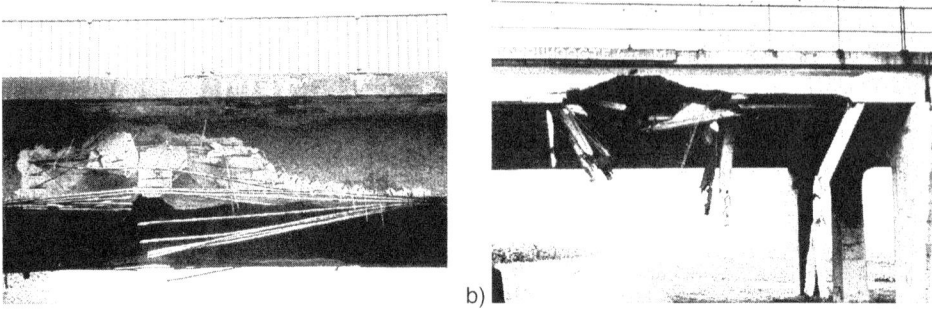

a)   b)

Bild 6.2
Schäden infolge Anprall an Unterseiten von Straßenüberführungen
a) Durchtrennte schlaffe Bewehrung in Deutschland. 1993, Fall 6.13
b) Herausgerissene Spannbewehrung in den Niederlanden. Fall 6.16

a)

b)

Bild 6.3
Einsturz infolge Anprall an Überbauten von Straßenüberführungen
a) Einsturz einer Straßenbrücke bei Duisburg. 1979, Fall 6.6
b) Einsturz einer Brücke in Kentucky. 1991, Fall 6.12

Das Problem spielte auch in der Diskussion [21] eine Rolle. Hier sollen die Bemerkungen von C. D. Brown (Ziffer 75 im Dokument) sinngemäß wiedergegeben werden: „Die Öffentlichkeit erwartet zu recht, daß Ingenieure Brücken herstellen, die billigerweise in allen vorhersehbaren Umständen sicher sind. Dieser ethische Aspekt hat allgemeine Bedeutung und entsteht auch im Zusammenhang mit dem Anprall zu hoher Fahrzeuge an kleine Brücken. Es stört, daß es bisher keine ausreichenden Sicherungen gegen Anpralllasten gibt. Solch eine Last kann eine Bahnbrücke zerschlagen oder, wenn auch nur leicht, aber mit großen Folgen, versetzen; und ich denke, es ist unvorsichtig, leichte Brücken mit knappem Lichtraumprofil über Fernverkehrsstraßen zu bauen."

Im schon erwähnten 8. United Kingdom Report on Structural Safety [98] wird auf die Gefährdung von Brücken durch den unterführten Verkehr eingegangen. Es wird u. a. angegeben, daß es im UK rd. 6000 Bahn- und Straßenbrücken über Straßen und davon viele aus dem letzten Jahrhundert mit kleinen lichten Höhen, diese bis nur 4,0 m, gibt. Es werden Angaben zu den von Staat zu Staat verschiedenen Forderungen für die Bauhöhe von Fahrzeugen gemacht. Über die gegebenen Empfehlungen wird hier im Abschnitt 11.2 berichtet.

6.3 Anprall gegen Brückenpfeiler durch Zugentgleisungen oder Verlassen der Fahrspur

Groß sind im allgemeinen die Folgen einer Zugentgleisung vor einer Brücke und deren Einsturz. Die beiden Fälle 6.4 in Australien im Jahr 1977 (Bild 6.6). und 6.14 in Deutschland im Jahr 1998 hatten verheerende Folgen. Das Leben vieler Menschen war zu beklagen.

Bild 6.4
Anprall an Pfeiler von Straßenüberführungen. Entgleistes Schwerlastfahrzeug schlägt Stütze heraus, kein Einsturz. 1979, Fall 6.8

Bild 6.5
Anprall an Pfeiler von Straßenüberführungen.
a) Brücke über die Autobahn A2 bei Dortmund. 1979, Fall 6.7
b) Brücke über mittleren Ring in München. 1981, Fall 6.9

Zwei der sieben Kollisionen mit Brückenpfeilern durch Entgleisen von Fahrzeugen geschahen 1979 innerhalb weniger Monate: Fälle 6.7 und 6.8 (Bilder 6.4 und 6.5 a). Sie waren Anlaß für die Straßenbaubehörden in Deutschland, alle ähnlich gefährdeten Brücken mit anprallschwachen Stützen zu sichern. Bild 6.7 a zeigt eine derartige Nachrüstung mit Scheibeneinbauten. Außerdem wurden für Brückenneubauten nur noch äußerst massive, möglichst scheibenartige Brückenpfeiler zwischen und neben den Richtungsfahrbahnen der Autobahn genehmigt. Ein Beispiel für Brücken über Autobahnen in Niedersachsen ist im Bild 6.7 b wiedergegeben.

Bild 6.6
Einsturz einer Straßenbrücke über Bahngleise nach Entgleisung eines Zuges nahe
dem Bahnhof Granville bei Sydney. 1977, Fall 6.4

a)

b)

Bild 6.7
Sichere Pfeiler für Brücken über Schnellstraßen
a) Nachträgliche Scheibeneinbauten, Brücke im Autobahndreieck Walsrode
b) Anprallstarke Pfeiler, Brücke über Autobahn in Niedersachsen

Bild 6.8
Durch Anprall an Mittelpfeiler eingestürzte Geh- und Radwegbrücke. 1989, Fall 6.11

Daß bei einigen Brücken weiter Gefahr bestand oder besteht, zeigt der im Bild 6.8 gezeigte Einsturz einer vierfeldrigen Geh- und Radwegbrücke im Jahr 1989 infolge Fahrzeuganprall gegen den Pfeiler im Grünstreifen einer Autobahn (Fall 6.11).

7 Versagen infolge Anpralls des überführten Verkehrs

7.1 Tabelle 7, allgemeine Betrachtungen

Die in Tabelle 7 erfaßten 17 Fälle (zusätzlich 5 ohne genauere Angaben) zeigen, was alles passieren kann:

- Für 6 Fälle (zusätzlich 5 ohne ausreichende Information) ist die Ursache für Entgleisungen vor oder auf einer Brücke (Fälle 7.1, 7.2, 7.3, 7.4, 7.6 und 7.12) nicht bekannt. Im Fall 7.11 lag vermutlich eine Schienenverwerfung vor.

- Für das in 7 Fällen angegebene Abkommen von Lkws von der Fahrbahn, dies vor oder auf einer Brücke, in den Fällen 7.8, 7.10, 7.13, 7.14. 7.16, 7.17 und 7.18 ist die Ursache nur in 2 Fallen dokumentiert: Glatteis (Fall 7.14) und überhöhte Geschwindigkeit (Fall 7.16).

- Die Vielfältigkeit der Ursachen wird deutlich, wenn man die Fälle 7.5 (Resonanz), 7.7 und 7.15 (Verletzung des Lichtraums) und 7.9 (Überfahren eines Haltesignals) betrachtet.

Tabelle 7
Versagen von Brücken infolge Ertgleisungen oder ähnlichem auf der Brücke. Abkürzungen siehe Abschnitt 1.3

Lfd. Nr.	Jahr	Brücke: Ort; Art	Land	über	für	Stichwörter zum Versagen	Pers.-sch.	Ein-sturz	Lg./Spw. (m)	Quellen
7.1	1879	Brücke bei St. Charles. U. a. 3 parallelgurtige Fachwerkträger	USA	Missouri	B	Vermutlich führt Entgleisung eines der 19 Viehtransportwagen zum Einsturz eines Feldes	2 T	Teil	288/96/96	St 49 und 62
7.2	1886	Bei Fish's Eddy, New York. Zweifeldriger Fachwerkträger	USA		B	Zusammenbruch unter entgleistem Zug. 1897 erneut gleicher Vorfall		Total	88/44/44	St 50
7.3	1897	Brücke bei Spartanburg, Süd Carolina	USA	Tiger-River	B	Entgleisung bringt 186 m lange Brücke zum Einsturz		Total	186/?/?	St 50
7.4	1907	7feldrige Netzwerkträgerbrücke bei Ponts de Cé, Linie Angers-Poitiers	Frankreich	Loire	B	Zug entgleist kurz vor der Brücke und fällt wegen Zerstörung der Endquerträger im Endbereich in den Fluß. Hauptträger weitgehend erhalten, Brücke stürzt nicht ein. Entgleisungssicherung nicht vorhanden	28 T	Teil	323/49/40	W 27/28
7.5	1923	Brücke der Kiaochow-Tsinan-Linie	China	Yun-Fluß	B	Resonanz zwischen Umdrehung der Triebräder zweier Lokomotiven und der freien Schwingung der Brücke			248/31/31	St 51, BT 1924, 574 ZAMM 1924, 435
7.6	1937	Fachwerkbrücke bei Bridgeville, Linie Pittsburg—Virginia. 2gleisig, 1feldrig	USA		B	Ein Wagen eines entgleisten Güterzuges durchschlägt einen Fachwerkhauptträger und stürzt ab. Brücke nicht eingestürzt. 10 Wagen verkeilen sich auf der Brücke ineinander		Teil	46/46/46	BI 1938, 121 ENR 1937, 600 Bild 7.1a

Lg. = Länge; Spw. = größte Spannweite/Spannweite des Einsturzfeldes

Tabelle 7 (Fortsetzung)

Lfd. Nr.	Jahr	Brücke Ort; Art	Land	über	für	Stichwörter zum Versagen	Pers.-sch.	Ein-sturz	Lg./Spw. (m)	Quellen
7.7	1937	Whiteson-Bridge bei Minnville, Oregon	USA	Nördl. Yamhill River	Str	20 cm zu hoher Lastwagen zerstört Portal der Brücke und bringt sie damit zum Einsturz		Total		St 54 ENR 1980, 04. 09., 12
7.8	1937	Brücke bei Manassas, Virginia. Einfeldriges Stahlfachwerk	USA	Straße	Str	Lastwagen prallt etwa 4 m vor Brückenende gegen eine Druckdiagonale und bringt damit Brücke zum Einsturz		Total	33/33/33	ENR 119 (1937) 809 Bild 7.1b
7.9	1945	Hubbrücke bei Newmark, New Jersey	USA	Passaic River	Str	Zugführer übersieht Haltesignal, trifft und zerstört den Endteil des Hubfeldes, als es gerade herabgefahren wurde	1 T 68 V			ENR 1945, 27. 12., 43
7.10	1947	Rockport-Bridge, Maine	USA	Goose River	Str	Lastwagen zerstört Endpfosten der Fachwerkbrücke und bringt sie zum Einsturz		Total		ENR 1947, 09. 01., 54
7.11	1974	Fachwerkbrücke bei Luttre nahe Charleroi	Belgien	Kanal	B	Einer der 8 Wagen des Eilzuges entgleist, wahrscheinlich wegen witterungsbedingter Schienenverwerfungen. Ein Wagen verklemmt sich auf der nicht abgestürzten Brücke, andere fahren hinein und fangen Feuer	17 T 80 V	Teil		Tagespresse
7.12	1977	Brücke in Nordostindien	Indien	Beki Fluß	B	Zug entgleist auf der Brücke über den Hochwasser führenden Fluß, Brücke ein- und mehrere Wagen abgestürzt	50 T	Total		Tagespresse
7.13	1980	Brücke in Trenton, Wiscontin. 1feldriges Halbparabelfachwerk	USA	Milwaukee River	Str	Auf der Brücke aus der Spur geratener Lastwagen zerstört ein Hauptfachwerk, wodurch es von einem Lager abgehoben wird. Kein Einsturz	1 V	Total	43/43/43	ENR 1980, 04. 09., 12 Bild 7.1 c

Tabelle 7 (Fortsetzung)

Lfd. Nr.	Jahr	Brücke Ort; Art	Land	über	für	Stichwörter zum Versagen	Pers.-sch.	Ein-sturz	Lg./Spw. (m)	Quellen
7.14	1980	Hängebrücke bei Münster, Westfalen	Deutschland	Dortm.-Ems-Kanal	Str	Bei Glatteis ins Rutschen geratener Lastwagen zerstört Hänger und bringt damit Brücke zum Einsturz	1 T	Total	25/25/25	Tagespresse
7.15	1982	Nahe Whitehorse, Alaska, Highway-Bridge. 2 einfeldrige Fachwerkträger	Alaska	Yukon River	Str	Baugerät auf Tieflader zerstört Untergurte aller oberen Fachwerkquerträger der Querrahmen mit spröden Brüchen (Temperatur −40 °C). Kein Einsturz, aber Einsturzgefahr	0	Kein	76/76/76	[87]
7.16	1986	Behelfsbrücke, 2wandiger Fachwerkhauptträger, Trogbrücke, im Zuge einer Autobahn (Ort unbekannt)	Deutschland	Ortsstraße	Str	38-t-Sattelfahrzeug prallt – nach Abkommen von der Fahrbahn 150 m vor der Brücke – gegen Enddiagonalen. Ursache: Mit 96 km/h zu hohe Geschwindigkeit, erlaubt 60 km/h	1 V	Kein	24/24/24	BMV 94, 378
7.17	1989	Stabbogen mit stählernem Versteifungsträger (Ort unbekannt)	Deutschland	Kanal	Str	Von der Fahrbahn abgekommener Lastwagen beschädigt trotz Anprallschutz 5 Hänger. Anschließend beschädigt entgegenkommender Lastwagen beim Ausweichmanöver den Bogen	2 V	Kein	94/94/94	BMV 94, 382 Bild 7.2
7.18	1992	Einfeldrige Spannbetonbrücke aus nebeneinanderliegenden Fertigteilträgern, je 0,99 m breit (Ort unbekannt)	Deutschland	Bahn	Str	Lastwagen kommt vor der Brücke von der Fahrbahn ab, wirft den mit Schrammbord ausgerüsteten Randträger auf das darunter liegende Gleis, wobei die 2 Schienen durchschlagen werden. Ursache auch: für Führungskräfte des Schrammbords zu schwache horizontale Verankerung des Randträgers	0	Teil	12/12/12	BMV 94, 392

Tabelle 7 (Fortsetzung)

Nicht in Tabelle aufgenommen, da zu wenig Informationen

Jahr	Brücke				Stichwörter zum Versagen	Pers.-sch.	Ein-sturz	Lg./Spw. (m)	Quellen
	Ort; Art	Land	über	für					
1892	Cayuga-Brücke über den Vermillon River	USA	Fluß	B	Zugentgleisung			54/54/54	E 6
1892	Ayer-Junction-Brücke	USA		B	wie vor				E 6
1896	Brücke bei Rochester	England		B	wie vor				St 49
1896	Brücke bei Mont Clemens, Michigan	England	Bahn	B	wie vor				St 49
1896	Brücke bei Gurwe, Alabama	USA	Cahaba-River	B	wie vor			153/61/61	St 50

a)

b)

c)

Bild 7.1
Schäden durch Entgleisungen auf der Brücke
a) Durch einen Hauptträger gestürzter und auf der Brücke verkeilter Wagen. 1937, Fall 7.6
b) Von der Spur abgekommener Lastwagen zerstört Druckdiagonale. 1937, Fall 7.8
c) Entgleister Lastwagen zerstört einen Hauptträger. 1980, Fall 7.13

Bild 7.2
Schaden durch Entgleisungen auf der Brücke.
Weitgehend zerstörter Hänger einer Bogenbrücke. 1989, Fall 7.17

Mit den vier Beispielen in den Bildern 7.1 und 7.2 sollen die Folgen unplanmäßiger Einwirkungen aus überführtem Verkehr deutlich gemacht werden.

Im Abschnitt 11.2.5 wird auf ein Beispiel eingegangen, bei dem mit geringen Aufwand Robustheit gegen Gefährdung aus unplanmäßigen Einwirkungen des überführten Verkehrs erzielt werden kann. Eine andere, verbreitetere Vorkehrung gegen Einsturz infolge derartiger Einwirkungen ist der Nachweis ausreichender Tragsicherheit bei Ausfall eines gefährdeten Traggliedes, z.B. eines Hängers in einer Bogenbrücke oder eines Tragseiles in einer Schrägseilbrücke. Dies wird z.B. in DIN 18 809 – zwar indirekt – mit Abschnitt 6.1.2 „Ausbau von Seilen und Hängern" erreicht. Zu begrüßen wäre allerdings die direkte Forderung, nach der der mögliche Ausfall von Traggliedern durch unplanmäßige Einwirkungen des Verkehrs immer angemessen zu berücksichtigen ist.

8 Versagen infolge von Hochwasser, Eis, Treibholz

8.1 Tabelle 8, allgemeine Betrachtungen

In Tabelle 8 sind 32 Versagenfälle beschrieben, 8 weitere werden ohne nähere Angaben genannt. Für das Versagen durch Hochwasser usw. gilt besonders, daß zahlreiche Brückeneinstürze nicht erfaßt werden konnten. Das geht z.B. aus Tabelle 4 in der Veröffentlichung von D. W. Smith [7] hervor: von den dort erfaßten 143 Versagensfällen gehen 69 auf Hochwassereinwirkungen zurück. Diese Fälle sind in Tabelle 8 nicht erfaßt, da in [7] nur pauschale Angaben – meistens ohne Nennung der Bauwerke – stehen, wie z.B. über die 62 durch drei große Flutkatastrophen in Kalifornien (1938), Oregon (1964) und Virginia (1968) verursachten Einstürze.

Tabelle 8
Versagen durch Hochwasser (dabei auch Unterkolkung), Eis, Eisgang, Treibholz. Abkürzungen siehe Abschnitt 1.3

Lfd. Nr.	Jahr	Brücke				Stichwörter zum Versagen	Pers.- sch.	Ein- sturz	Lg./Spw. (m)	Quellen
		Ort; Art	Land	über	für					
8.1	1813	München. Steinbogenbrücke	Deutschland	Isar	Str	Hochwasser bringt wegen zu engen Durchflusses nacheinander 3 Brückenjoche zum Einsturz	100 T	Total		Münchener Stadtmuseum Text zur Lithographie Bild 8.1a
8.2	1876	Brücke bei Riesa. 2 weit gespannte Halbparabelträger und sechs 31-m-Fachwerkträger	Deutschland	Elbe	B	Hochwasser bringt einen Pfeiler zum Einsturz, 4 Brückenfelder stürzen ab		Teil	379/98/?	[78] 25
8.3	1882	Osijeg (Esseg), 15 km vor Mündung der Drau in die Donau	Serbien	Drau	B	Doppeleinsturz: Hochwasser zerstört zunächst Gerüst für Ersatzbrücke, dann erzeugen im Wasser treibende Teile Auskolkung unter Pfeiler der alten Holzbrücke, die einstürzt, als ein Zug passiert	26 T	Teil		[78] 84
8.4	1887	Brücke bei Louisville, Nashville	USA	Alabama River	B	Treibholz bringt Brücke zum Einsturz		Total		St 57
8.5	1888	Brücke bei Cincinnati	USA	Ohio	B	Treibholz zerstört Montagegerüst und gleichzeitig einen 168 m langen Träger der fast fertigen Brücke		Total	?/?/168	E 7, 10
8.6	1889	Balvanobrücke bei Salerno. Fachwerkgitterträger	Italien	Platano		Mangelhaft gemauertes Widerlager wird durch Eislinsen im Innern verdreht und bringt Brücke zum Einsturz		Total	?/?/48	E 6, 13 Bild 8.1b
8.7	1896	Brücke Davenport	USA	Mississippi		Eisgang zerstört Montagegerüst beim Umbau der Brücke		Total		St 56

Lg. = Länge; Spw. = größte Spannweite/Spannweite des Einsturzfeldes

Tabelle 8 (Fortsetzung)

Lfd. Nr.	Jahr	Brücke Ort; Art	Land	über	für	Stichwörter zum Versagen	Pers.-sch.	Ein-sturz	Lg./Spw. (m)	Quellen
8.8	1913	Bogenartige Betonbrücke bei Deep. Mit 3 m äußerst schmal	Deutschland	Rega	Str	Außergewöhnliche Springflut zusammen mit Orkan bringt Brücke, die gerade ausgerüstet werden sollte, durch Verlagerung von Boden und Unterkolkung zum Einsturz	0	Total	65	B+E 1913, 275
8.9	1913	Fachwerkbrücke bei Prerow	Deutschland	Bodden	B	Ursache wie vor				wie vor
8.10	1925	Brücke bei Aller, nahe Siegburg. 4feldrige Drei-gelenkbeton-bogenbrücke	Deutschland	Sieg	Str	Einsturz eines 25-m-Feldes und starke Beschädigung anderer Brückenteile durch Unterkolkungen infolge Hochwasser			95/30/25	BI 1927, 605
8.11	1933	Hängebrücke bei Hidalgo	USA	Rio Grande	Str	Hochwasser führt zum Abgleiten eines Pylons von seinem Holzpfahlrost und zu einer Schiefstellung von 22° quer zur Längsachse der Brücke. Ursache: Strömungsver-änderung durch temporäre Sicherung des Kabelwiderlagers mit Steinschüttung		Teil	137	ENR 1934, 14.06., 777
8.12	1938	Brücke bei den Niagarafällen	USA	Niagara		Eisdruck auf Bogenkämpfer bringt Brücke zum Einsturz	0	Total	256/256/ 256	St 56, ENR 1938, 03.02., 161 und 168. Hoch-/Tieb 1938 Nr. 9, 61. Bild 8.2
8.13	1947	Alle Brücken in der Stadt Bremen	Deutschland	Weser		Hochwasser mit Treibeis und mitgeführten Kähnen bringen in wenigen Stunden alle Brücken in der Stadt zum Einsturz		Total		[1] Bild 5.3

Tabelle 8 (Fortsetzung)

Lfd. Nr.	Jahr	Brücke				Stichwörter zum Versagen	Pers.-sch.	Ein-sturz	Lg./Spw. (m)	Quellen
		Ort; Art	Land	über	für					
8.14	1964	Alte Natursteinbrücke in Minneapolis, 23 Bögen	USA	Mississippi	B	Unterspülung von zwei Strompfeilern durch extremes Hochwasser, Pfeilersetzung bis 36 cm, kein Einsturz			640/24/24	BI 1667, 61 ENR 1965, 22.07., 20
8.15	1966	Brücke zwischen Antwerpen und Lüttich	Belgien	Nette-Kanal	Str	Mittelteil einer 8 Jahre alten Brücke stürzt wegen Abrutschen eines Pfeilers ein. Ursache: Strömungen aus Schleusenbetrieb haben Gründung beschädigt	2 T 13 V	Total		Tagespresse
8.16	1968	Brücke zwischen Pisa und Florenz	Italien	Arno	Str	Bei Reparaturarbeiten durch Hochwasser zerstört	0	Total	138/138/138	Tagespresse
8.17	1972	Brücke in der Hilleröd-Autobahn. 10feldrige Brücke, aus vorgefertigten einfeldrigen Bauteilen	Dänemark	Mölletal	Str	Versacken der Pfahlgründung von 2 Pfeilern bringt 3 Felder zum Absturz, andere haben sich unplanmäßig gesetzt. Ursache: „Starke Abweichung der Pfahlachsen von der erstrebten geradlinigen Form"	0	Teil	320/31/31	BRF 74
8.18	1972	Brücke in Nordgriechenland bei Katerini. 2feldriger Balken	Griechenland		B	Ein Brückenfeld stürzt bei Hochwasser wegen Unterspülung des Flußpfeilers unter der Last eines Zuges ab. Ein Personenwagen bleibt wie eine Brücke zwischen Widerlager und Pfeiler stehen	1 T	Teil		Tagespresse Bild 8.5
8.19	1975	Brücke bei Vranje	Jugoslawien	Morava	B	Hochwasser bringt Brücke zum Einsturz, als Schnellzug Belgrad-Skopje passiert	13 T			Tagespresse

Tabelle 8 (Fortsetzung)

Lfd. Nr.	Jahr	Brücke				Stichwörter zum Versagen	Pers.-sch.	Ein-sturz	Lg./Spw. (m)	Quellen
		Ort; Art	Land	über	für					
8.20	1978	Wilsonbrücke in Tours von 1779. 13 Steinbögen	Frankreich	Loire	Str	Zunächst ein Pfeiler bei Hochwasser abgesackt und ein Brückenfeld eingestürzt. Ursache: Holzpfähle unter Pfeiler wegen in den Vorjahren niedrigen Wassers verfault. Am nächsten Tag wegen Rückstau weitere Pfeiler und Brückenbögen zerstört		Teil		Tagespresse Bild 8.3
8.21	1981	Brücke in der Provinz British Columbia	Kanada		Str	Brücke durch Baumstämme führendes Hochwasser auf 30 m Länge zerstört	6 T			Tagespresse
8.22	1982	Brücke zwischen Linz und Selzthal. 2feldriges Fachwerk	Österreich	Traun	B	Unterspülter Pfeiler kippt und führt damit zum Teilabsturz eines Brückenträgers	0	Teil		Stahlb. Rundschau 1983, 34
8.23	1982	Brücke zwischen Mailand und Bologna. Steinerne Bögen	Italien		B	2 Pfeiler unterspült, 3 Bögen mit zusammen rd. 70 m Länge zerstört		Teil	?/rd. 20/ rd. 20	IRB Z 1158
8.24	1984	Brücke zwischen Jabalpur und Gondia im zentral-indischen Staat Madya Pradesh	Indien		B	Brücke bricht bei Hochwasser unter Personenzug zusammen	102 T 100 V			Tagespresse
8.25	1987	Autobahnbrücke im Staat New York. Fünf 1feldrige Überbauten	USA	Schoharie	Str	Hochwasser und Sturm bringen nach Unterspülung eines Pfeilers zwei Felder in der Mitte der Brücke zum Einsturz	0	Teil		Tagespresse, Sc. Amer 1993, March; SB 1989, 171. Bild 8.4

Tabelle 8 (Fortsetzung)

Lfd. Nr.	Jahr	Brücke				Stichwörter zum Versagen	Pers.-sch.	Ein-sturz	Lg./Spw. (m)	Quellen
		Ort; Art	Land	über	für					
8.26	1987	Häderslisbrücke in der Schöllenen-schlucht in der Zufahrt zum Gotthardtunnel	Schweiz	Reuss	Str	Steinbogenbrücke von 1969 wird durch Hochwasser der Reuss weggeschwemmt	0	Total		Schw. Ing. u. Arch., 1993, 142, BAU 1991, H. 11, 45
8.27	1989	Brücke südlich Los Mochis zwischen Mazatlan und Mexicali	Mexiko		B	Brücke bricht bei Hochwasser unter fahren-dem Zum zusammen	103 T 200 V			Tagespresse
8.28	1990	Autobahnbrücke bei Kufstein. Drei 5feldrige Spann-betonhohlkasten-brücken	Öster-reich	Inn	Str	Auskolkung z. T. bis zum Fuß der Fudament-umspundung bringt Flußpfeiler mit Absen-kung von 2,35 m am unterstromigen Ende in starke Schieflage und führt damit zu starken Schäden an den Überbauten	0	Kein	367/102/ 102	BuSt 199?, 297
8.29	1992	Brücke bei Kilosa	Tansania	Udete-fluß	B	Brücke bei Hochwasser eingestürzt, Zug fährt ins Leere	rd. 100 T			Tagespresse
8.30	1993	Steinerne Bogen-brücke zwischen Nairobi und Mom-bassa	Kenia	Ngaili-thiafluß	B	Hochwasser zerstört einen Bogen der 95 Jahre alten Brücke, bevor sie ein Schlaf-wagenzug passiert	144 T			Tagespresse
8.31	1993	Brücke Cicero zwischen Messina und Palermo bei Terme Vigliatore, Sizilien. 19 Felder	Italien	Maz-zarra	Str	3 Pfeiler der über 100 Jahre alten Brücke stürzen bei Hochwasser ein	4 T 1 V	Teil		Tagespresse

Tabelle 8 (Fortsetzung)

Lfd. Nr.	Jahr	Brücke				Stichwörter zum Versagen	Pers.-sch.	Ein-sturz	Lg./Spw. (m)	Quellen
		Ort; Art	Land	über	für					
8.32	1998	Brücke zwischen New York und Long Island Beach	USA	Goose Bucht	Str	Unterspülung eines Pfeilers erzwingt Sperrung der Brücke	0	Kein		Civ. Eng. 1999, Nr. 2, 36

Nicht in Tabelle aufgenommen, da zu wenig Informationen

Jahr	Brücke				Stichwörter zum Versagen	Pers.-sch.	Ein-sturz	Lg./Spw. (m)	Quellen
	Ort; Art	Land	über	für					
1785	Archenbrücke bei Bächingen	Deutschland	Jagst	Str	Eisgang				Bauen mit Holz 1992, 184
1826	Hängebrücke Naciers, Oarsi	Frankreich	Seine	F	Wasserrohrbruch				
1881	Solway-Brücke	Schottland	Solway		Eisgang				St 56
1897	Washingtonbrücke in Pottsville, Pennsylvania	USA		Str	Widerlager ausgewichen				St 59
1910	Prinzregentenbrücke in München	Deutschland	Isar	Str	Hochwasser zerstört Brücke				B+E 1903, 305
1947	Brücke bei Koblenz	Deutschland	Mosel	B	Durch Eisgang zerstört				Notiz
1968	Brücke in der Provinz Udine	Italien	Dogna	B	Hochwasser				Tagespresse

Tabelle 8 (Fortsetzung)

Jahr	Brücke				Stichwörter zum Versagen	Pers.-sch.	Ein-sturz	Lg./Spw. (m)	Quellen
	Ort; Art	Land	über	für					
1977	Autobahnbrücke zwischen Turin und Mailand	Italien		Str	Hochwasser bringt Brücke zum Einsturz				Tagespresse
1977	Brücke nördlich Genua	Italien	Scrivia	Str	Brückeneinsturz durch Hochwasser				Tagespresse
1981	10 Brücken in Zentral-china	China		Str + B	Hochwasser				Tagespresse

In Beiträgen zur Diskussion über die Arbeit [7] wird mehrfach über weitere hochwasserbedingte Einstürze und daraus stammenden Erfahrungen berichtet [21], so von P. S. A. Berridge mit dem Beispiel des Ersatzes einer zerstörten, zweifeldrigen Bahnbrücke – mit einem Pfeiler im Fluß – durch eine einfeldrige – ohne diesen hochwassergefährdeten Unterbau – in Indien.

Daß die Folgen von Hochwasser oft nicht vorhersehbar sind, zeigt der Bericht von R. Gourlay in [21]: „Die Anzahl von Brückenversagen wegen Hochwasser ist in einem Gebiet wie im nördlichem Australien groß, da Regenfälle dort sehr heftig, aber selten und räumlich sehr veränderlich sind. Die Wasserstände in einigen Flüssen können sich innerhalb von ein paar Tagen oder in Extremfällen innerhalb von 24 Stunden von Null auf 15 bis 20 m ändern. Die Strömungsgeschwindigkeiten können dabei auf rd. 25 km/h steigen, ja sogar die Flußrichtung kann sich innerhalb eines Kanals während einer Flut, besonders in der Nähe von Flußknicken, ändern. Gourlay beschreibt 7 Einzelfälle, dabei auch einen, bei dem eine Brücke 2 Jahre, nachdem sie eine durch Hochwasser eingestürzte ersetzt hatte, erneut durch eine Flut zerstört wurde. Im Resümee nennt er als wichtigste Faktoren für das Entstehen derartiger Katastrophen:

– Mangel an hydrologischen Daten als Grundlage des Entwurfs,
– Unkenntnis der Hydraulik des Durchflusses durch veränderte Wasserwege infolge Ablagerungen um Brückenpfeiler,
– Mangel der zuverlässigen Methoden für die Beurteilung des Unterspülens von Brückenpfeilern,
– Unvermögen, die Anhäufung und Wirkung von Schutt und ihre Wirkung auf die Brückenstruktur vorauszusagen.

Er weist schließlich darauf hin, daß umfangreichere Codes nicht helfen werden, hochwassersichere Bauwerke zu entwerfen und zu errichten, da jede Lage verschieden ist. Abhilfe kann nur bessere Schulung der Ingenieure in Fragen der Hydrologie und Hydraulik von Wasserwegen bringen. Dies macht er abschließend mit dem Zitat „Wer das Wasser unter der Brücke übersieht, findet seine Brücke im Wasser." deutlich. C. R. Neill und T. Blench unterstützen diese Forderungen durch Hinweise auf entsprechende Veröffentlichungen und Bücher. Sie kritisieren die gelegentlich angewandte Faustregel, nach der die Gründung bis zu einer Tiefe vom Vierfachen des Unterschiedes zwischen Flut-und Normalwasserhöhe heruntergeführt werden sollte.

In Bild 8.1 werden zwei hochwasserbedingte Einstürze aus dem letzten Jahrhundert gezeigt. In Bild 8.2 erkennt man die durch gewaltige Eismassen zerstörte Fachwerkbrücke über den Niagara, 1939, Fall 8.12. Sie galt nach ihrer Fertigstellung im Jahr 1898 als die weitestgespannte Bogenbrücke der Welt.

Drei Phasen des Einsturzes der Loirebrücke in Tours 1978 werden im Bild 8.3 wiedergegeben, was nach dem Einsturz der Schohariebrücke im Staat New York nach dem Hochwasser im Jahre 1984 übrig geblieben ist, geht aus Bild 8.4 hervor.

Wenn auch mit schlechter Wiedergabequalität soll das „Glück im Unglück" beim Brückeneinsturz in Griechenland 1972, Fall 8.18, durch Bild 8.5 vermittelt werden.

Bild 8.1
Zwei Einstürze durch Hochwasser
a) Isarbrücke in München. 1813, Fall 8.1
b) Balvanobrücke über den Platano bei Salerno. 1889, Fall 8.6

a)

b)

Bild 8.2
Fachwerkbogenbrücke über den Niagara von 1898. 1938, Fall 8.12
a) Vor dem Einsturz
b) Nach dem Einsturz

a)

b)

c)

Bild 8.3
Loirebrücke in Tours.
1978, Fall 8.20
a) Vor dem Einsturz
b) Beim Einsturz
c) Nach dem Einsturz

Bild 8.4
Schoharie-Brücke im Staat New York.
1984, Fall 8.25

Bild 8.5
Eisenbahnbrücke bei Katerini, Griechenland. 1972, Fall 8.18

9 Versagen durch Brand oder Explosion

9.1 Tabelle 9, allgemeine Betrachtungen

Die in Tabelle 9 erfaßten 15 Fälle – 2 weitere ohne genaue Angaben – zeigen die Vielfalt der Ursachen:

- Brand hölzerner Brücken, im Fall 9.2 im Krieg aus taktischen Gründen beabsichtigt, im Fall 9.1 mit unbekannter Ursache,
- Brand von Holzfahrbahnen, -schwellen oder -dächern, von Bitumen oder Teer in Anstrichen in den Fällen 9.4, 9.5 und 9.9,
- Brand der Ladung von Fahrzeugen, Spiritus im Fall 9.3, Benzin im Fall 9.6 oder Paraffin im Fall 9.10,
- Brand von gelagertem Material unter oder neben der Brücke in den Fällen 9.7, 9.8, 9.13 und 9.14,
- Gasexplosionen in den Fällen 9.11 und 9.14.
- Der aus dem Rahmen fallende Fall 9.15 mit der Explosion von Methangas, das anaerobe Bakterien aus verrottender Schalung im Innern eines mit Meerwasser gefüllten Pfeilers produziert hatten.

Tabelle 9
Versagen durch Brand und Explosion. Abkürzungen siehe Abschnitt 1.3

Lfd. Nr.	Jahr	Brücke				Stichwörter zum Versagen	Pers.-sch.	Ein-sturz	Lg./Spw. (m)	Quellen
		Ort; Art	Land	über	für					
9.1	813	Feste Brücke in Mainz, erbaut von Karl d. Großen auf Fundamenten einer römischen Brücke	Deutschland	Rhein	Str	Holzbrücke, 3 Stunden nach der Einweihung durch Brand zerstört		Total		[76], 390
9.2	1866	10 hölzerne Bögen mit aufgeständerter Fahrbahn	Deutschland	Elbe	B	Hölzerne Brücke von 1839 aus taktischen Gründen in Brand gesetzt	0	Teil	340/28/28	[77] 24 Bild 9.1 a
9.3	1881	Brücke der Morelosbahn	Mexiko		B	Brücke durch Entzünden von Spiritus zerstört	214 T	Total		Pers. Information
9.4	1913	Kettenhängebrücke zwischen Bodenbach und Tetschen	Böhmen	Elbe	Str	Holzfahrbahn durch Brand zerstört	0	Kein	174/114/???	EB 1914, 307 Bild 9.1b
9.5	1931	Brücke bei Harpers Ferry, West Virginia. 14feldriger Plattenbalken	USA	Potomac	B	Feuer erfaßt die imprägnierten Schwellen und beschädigt Brücke	0	Kein		ENR 1931, 12.03., 458
9.6	1941	Brücke südlich von Le Mars, Iowa. Zwei 1feldrige Fachwerk-Trogbrücken	USA	Floyd	Str	Durch Kollision feuerfangendes Benzin eines Tankfahrzeuges bringt eine der beiden Brücken zum Einsturz, da ein Obergurtdruckstab infolge hoher Temperatur – geschätzt 800 °C – 15 min nach Feuerbeginn ausknickte	0	Teil	55/27/27	ENR 1941, 03.04., 3 BT 1943, 76 Bild 9.3

Lg. = Länge; Spw. = größte Spannweite/Spannweite des Einsturzfeldes

Tabelle 9 (Fortsetzung)

Lfd. Nr.	Jahr	Brücke Ort; Art	Land	über	für	Stichwörter zum Versagen	Pers.-sch.	Ein-sturz	Lg./Spw. (m)	Quellen
9.7	1946	Alexandra-Brücke zwischen Ottawa, Ontario, und Hull, Quebec	Kanada	Ottawa-River		Aus weggeworfener Zigarette entstandenes, durch starken Wind angefachtes, auf Holzlager neben der Brücke übergreifendes, 24 Std. wütendes Feuer vernichtet 40 % des Brückendecks	0	Kein	574/75/75	ENR 1946, 11.04., 10, 02.05., 76
9.8	1965	Stahlverbundbrücke über 4 Felder: Hohlkastenquerschnitt, Unterkante rd. 7 m über Gelände. Ort unbekannt	Deutschland		Str	Brand eines rd. 5 m hohen Papierlagers unter der Brücke, erst nach 12 Std. gelöscht. Brücke bereichsweise bis zur Rotglut erhitzt. Folgen: Beulen mit Amplituden bis 22 mm, Anrisse in Schweißnähten. Reparatur durch Einbau von Steifen	0	Kein	211/66/49	BMV 82, 442
9.9	1970	Britannia-Röhrenbrücke. Durchlaufkonstruktion über 4 Felder	Wales	Menai Straits	B	Dachkonstruktion aus imprägniertem Holz mit Dachpappe und Teer vieler Anstriche der 120 Jahre alten Brücke lieferten große Brandlast, so daß Feuer die Obergurte bis zur Rotglut erhitzte. Nach Abkühlen brachen die Stöße über den Pfeilern, als Einfeldträger wirkende Überbauten bekamen Durchbiegungen bis rd. 3/4 m	0	Kein	420/140	[78] 63, SB 1973, 29 Proc. Instn. Civ. Eng. 1999, 139 Bild 9.2
9.10	1972	Grenzwaldbrücke der Bundesautobahn A7 bei Bad Brückenau. 9feldrige Stahlbrücke bis rd. 100 m über Tal	Deutschland	Simtal	Str	Stahlbrücke wird beschädigt durch in Brand geratenen Lastwagen. Geladenes Paraffin läuft brennend aus, erhitzt Fahrbahn und über die Entwässerungsleitungen andere Brückenteile bis zur Rotglut. Folgen: mehrwöchige Sperrung zum Auswechseln von Bauteilen	0	Kein	935/125/120	SB 1973, 288

Tabelle 9 (Fortsetzung)

Lfd. Nr.	Jahr	Brücke				Stichwörter zum Versagen	Pers.-sch.	Ein-sturz	Lg./Spw. (m)	Quellen
		Ort; Art	Land	über	für					
9.11	1976	Brücke im Stadtzentrum von Tchesch, Ostrava	Tschechoslowakei	Opava	Str	Gasrohr unter Brücke explodiert, wodurch Brücke „in die Luft" flog	32 V			Tagespresse
9.12	1979	Billhorner Brücke in Hamburg. Stahlüberbau mit zwei Hohlkästen	Deutschland	Oberer Hafenkanal	Str	Gasexplosion im Kastenträger, obwohl Gasrohr außerhalb der Hohlkästen liegt, führt zu großen Deformationen der Kastenhauptträger und der orthotropen Platte. Ursache: Bruch des Kompensators der Gasleitung am Brückenende		Kein	79	BMV 82, 421
9.13	1988	Zwei schiefwinklige Einfeldplatten nebeneinander, lichte Höhe rd. 5 m. Ort unbekannt	Deutschland	Wirtsch. Weg	Str	Mit Heu beladene landwirtschaftliche Fahrzeuge geraten unter der Brücke in Brand, Branddauer rd. 7 Std. Folgen: großflächige Abplatzungen an den Unterseiten der Platten und an einem Widerlager, im Bereich der stumpfen Ecke einer der beiden Platten bis 8 cm Tiefe. Alle Elastomerlager beschädigt. Abbruch beider Platten erforderlich	0	Kein	14/14/14	BMV 94, 409
9.14	1989	3feldrige Spannbetonbrücke, 2stegiger Plattenbalken. Ort unbekannt	Deutschland	Bahngleise	Str	Unter der Brücke abgestellte landwirtschaftliche Fahrzeuge mit Strohballen in Brand geraten. Folgen: Abplatzungen erheblichen Umfanges bis 5 cm Tiefe und Beeinträchtigung des Verbundes zwischen Beton und Bewehrung, Risse. Umfangreiche Sanierung	0	Kein	80/30/30	BMV 94, 403

Tabelle 9 (Fortsetzung)

Lfd. Nr.	Jahr	Brücke				Stichwörter zum Versagen	Pers.-sch.	Ein-sturz	Lg./Spw. (m)	Quellen
		Ort; Art	Land	über	für					
9.15	1993	Buckman Bridge nahe Jacksonville, Florida	USA			Beim Bau wurde Hohlpfeiler vor dem Schließen mit Seewasser gefüllt. Anaerobe Bakterien erzeugen beim Verrotten der belassenen Hartholzschalung Methangas. Dessen Explosion zerstört Pfeiler und bringt Teil der Brücke zum Einsturz	0	Teil		Scient. Amer. 1993, March

Nicht in Tabelle aufgenommen, da zu wenig Informationen

Jahr	Brücke				Stichwörter zum Versagen	Pers.-sch.	Ein-sturz	Lg./Spw. (m)	Quellen
	Ort; Art	Land	über	für					
1968	Mintardbrücke der B288	Deutsch-land	Ruhr-Tal	Str	Farbe für Überbauanstrich, unter der Brücke gelagert, gerät mit Baracken in Brand; Betonabplatzungen an Brückenpfeilern	0	Kein		Tagespresse
1977	Brücke in Sao Paulo über Stadtautobahn	Brasilien	Str		Einsturz infolge Explosion				Tagespresse

a)

b)

Bild 9.1
Brände von Brücken
a) Holzbrücke über die Elbe bei Riesa. 1866, Fall 9.2
b) Kettenhängebrücke über die Elbe in Böhmen. 1913, Fall 9.4

Bild 9.1 zeigt zwei brennende Brücken. Im Bild 9.3 erkennt man den Schaden, der an den Hauptträgerfachwerken durch die Hitze des verbrennenden Benzins eingetreten ist (Fall 9.6).

Ein großer Verlust nicht nur für die Fachwelt, sondern für alle an Baugeschichte interessierten Menschen, betraf 1970 die zu Recht als historisch bezeichnete Brittaniabrücke, eine der beiden von Robert Stephenson gebauten, um 1851 fertiggestellten Röhrenbrücken in Wales (Bild 9.2 a). Der Brand, dessen Ursache nicht geklärt wurde, erstreckte sich über die ganze 420 m lange Brücke und erfaßte auch die Teeranstriche

a)

b)

c)

Bild 9.2
Brand mit Zerstörung der Brittaniabrücke von 1851. 1970, Fall 9.9
a) Vor dem Brand, Zustand von 1851
b) Verformungen infolge des Brandes
c) Ersatzbrücke

Bild 9.3
Brücke über den Floyd River, Iowa, nach dem Benzinbrand auf der Brücke. 1941, Fall 9.6

der Stahlkonstruktion. Die Obergurte wurden bis zur Rotglut erhitzt, der Zwang aus den Verformungen unter der Hitze und nach dem Abkühlen zerstörte die Baustellenstöße über den Pfeilern. Zurück blieben ein stark beschädigtes und verformtes Tragwerk, das wie eine Kette von Einfeldträgern wirkte und dessen Durchbiegungen infolge des Brandes in Feldmitten bis 3/4 m betrugen (Bild 9.2 b). Es mußte ersetzt werden: Die beiden Fachwerkbögen in den 140 m-Feldern (Bild 9.2 c) erinnern heute nur noch durch die erhaltenen Pfeiler an das berühmte Bauwerk.

Daß auch der Einsturz eines Traggerüstes zu einem Brand führen kann, zeigt der Fall 10.45 (siehe Bild 10.2).

10 Versagen von Traggerüsten

10.1 Tabelle 10, allgemeine Betrachtungen

Die in Tabelle 10 erfaßten 48 Fälle belegen die für Traggerüste besonders große Vielfalt von Einsturzursachen. Zunächst wird versucht, sie zu ordnen.

Hauptursachen für Versagen von Traggerüsten:

Ursache	Fall aus Tabelle 10	Anzahl
Entwurfsfehler		
– Mangelhafte Seitensteifigkeit oder -festigkeit	3, 9, 20, 24, 28, 29, 31, 34, 45, 48	10
– Mangelhafte Gründung	7, 8, 11, 32	4
– Sonstiges	6, 12, 23	3
Bemessungsfehler	5	1
Koordinierungsfehler beim Entwurf oder zwischen Entwurf und Ausführung	4, 17, 38	3
Planungs-, Ausführungs- und Bedienungsfehler	10, 13, 18, 25, 30, 33, 36, 37, 39, 40, 41, 42, 43, 43, 46, 47	16
Werkstoff- oder Geräteprobleme	16, 35	2
Unbekannt	1, 2, 14, 15, 19, 21, 22, 26, 27	9
Summe		48

Auch hier gilt wieder: oft könnten die Versagensfälle auch anderen Ursachen zugeordnet werden. Als Beispiel sei Fall 10.30 genannt: Der Absturz von Rüstträgern beim Bau einer Brücke in Wunstorf, 1979, beim Ausbau ging auf unüberlegtes Handeln der Monteure zurück. Er erfolgte aber letztlich durch Kippen der Träger wegen Fehlen einer Queraussteifung (vgl. Abschnitt 10.2.2). Er steht in der obigen Zusammenstellung in der Kategorie „Planungs-, Ausführungs- und Bedienungsfehler", wird aber im Abschnitt 10.2.2 „Mangelhafte Seitenaussteifung gedrückter Obergurte von Rüstträgern" diskutiert. – Ähnliches gilt z.B. für den Fall 10.25, Einsturz des Traggerüstes für die Leubasbrücke bei Kempten, 1972.

Planungs-, Ausführungs- und Bedienungsfehler dominieren in der obigen Zusammenstellung mit 33%, auf zu geringe Seitensteifigkeit schon im Entwurf gehen 21% der Einstürze zurück. Äußerst wenige Unfälle sind durch Bemessungsfehler (2%) und Mängel des Werkstoffes oder von Geräten (4%) verursacht.

Daß die Ursache von 19% der Traggerüsteinstürze nicht geklärt werden konnte, liegt vornehmlich an der Forderung, daß Rettungsmaßnahmen vordringlich den Verletzten zu gelten haben und daher die Beweissicherung zurückstehen muß.

Tabelle 10
Versagen von Brückentraggerüsten. Abkürzungen siehe Abschnitt 1.3

Lfd. Nr.	Jahr	Brücke/Gerüst			Stichwörter zum Versagen	Pers.- sch.	Einsturz d. Gerüstes	Lg./Spw. (m)	Quellen
		Ort; Art	Land	über					
10.1	1902	Corneliusbrücke in München. Dreigelenkbögen in Stampfbeton, Gerüst mit eng stehenden Holzstielen, aufgelagert auf Schwellen aus Altholz	Deutschland	Isar	Holzgerüst stürzt beim Betonieren eines Bogens ein. Ursache umstritten (s. Abschn. 10.6)	2 T 35 V	Total	150/44/44	[28], B+E 1903, 305 Bild 10.24
10.2	1911	Auburn, Kalifornien. 3 Eisenbetonbögen. Gerüst nicht bekannt	USA		Holzgerüst für 3. Bogen bricht beim Betonieren zusammen	3 T 16 V	Total	rd. 141/ 47/47	B+E 1912, 30
10.3	1913	Zwischen Völklingen und Fürstenhausen. 3 Dreigelenkbögen in Stampfbeton. Holzgerüst, Bauweise nicht bekannt	Deutschland	Saar	Holzgerüst für mittleren Bogen stürzt am 8. Tage der Herstellung der Betonlamellen unter seitlichem Ausweichen ein. Vorschädigung am Morgen des Unfalles durch Anprall eines Saarschiffes nicht ausgeschlossen	0	Total	114/54/54	B+E 1913, 422
10.4	1923	Straßenbrücke in Flensburg. Steingewölbe	Deutschland	Bahnanlagen	Brücke stürzt beim Ausrüsten wegen Freisetzens in falscher Reihenfolge ein. Rückfederung des Gerüstes hebt Gewölbewirkung auf		Total	72/41/41	BT 1924, 524, Lange Diskussion in den Fachzeitschriften, z. B. [88, 89]

Lg. = Länge; Spw. = größte Spannweite/Spannweite des Einsturzfeldes

Tabelle 10 (Fortsetzung)

Lfd. Nr.	Jahr	Brücke/Gerüst			Stichwörter zum Versagen	Pers.-sch.	Einsturz d. Gerüstes	Lg./Spw. (m)	Quellen
		Ort; Art	Land	über					
10.5	1928	Brücke bei Menden. Hauptfeld 60 m weit gespannter Bogen über der Fahrbahn. Herstellung in Melanbauweise mit zwei 54 m weit gespannten Dreigelenkbögen	Deutschland	Sieg	Zweiwandige Dreigelenkbögen mit vier Fachwerkquerträgern verbunden. Ursache: nicht erkannte Druckkräfte in Flachblechdiagonalen 100 × 10 in Zwischenzuständen beim Betonieren, da nur Vollllastzustand nachgewiesen		Total	60/60/60	BT 1933, 148
10.6	1939	Stahlbetonbogenbrücke bei Sandö. Eingespannter Betonbogen, Stich rd. 40 m. Hölzernes Gerüst, Zweigelenkbögen	Schweden	Angermanälv	Gerüstbogen, 247 m Spannweite, versagt wegen zu großer Holzfeuchtigkeit im Bereich von Holznagelungen, als noch 4 rd. 10 m lange Abschnitte des rd. 260 m langen Bogens nicht betoniert waren (s. Abschn. 10.6)	18 T	Total	264/264/ 264	[90, 91] SBZ 1940, 27 Bild 10.25
10.7	1961	Autobahnbrücke bei Limburg. Durchlaufträger. Unterspannte Rüstträger, rd. 10 m Spannweite, auf stählernen Jochen, z. T. Dreigurtstützen, z. T. Stahlrohrfächer	Deutschland	Lahntal	Setzung von Hilfsdundamenten führt infolge Durchlaufwirkung des bereits erhärteten Teilquerschnittes zur Mehrbelastung des auf einem alten Pfeiler gelagerten Fußausbildung mit problematischer Fußausbildung und „verminderter Knicksicherheit" zum Zusammenbruch (s. Abschn. 10.3)	3 T 11 V	Teil	397/68/ 46	Notiz des Hess. Landesamtes für Straßenbau, 20.01.62 BMV 82, 377 Bild 10.8a

Tabelle 10 (Fortsetzung)

Lfd. Nr.	Jahr	Brücke-/Gerüst			Stichwörter zum Versagen	Pers.-sch.	Einsturz d. Gerüstes	Lg./Spw. (m)	Quellen
		Ort; Art	Land	über					
10.8	1966	Hochstraße West in Ludwigshafen. 2 Betonhohlkästen nebeneinander. Gerüst: bis rd. 13 m weit gespannte Rüstträger auf Stützträger auf Stützjochen, im Einsturzbereich auf Einzelfundamenten gegründet	Deutschland		Unterschiedliche Setzungen infolge unterschiedlicher Lasten und lokal unterschiedlicher Bodenverhältnisse infolge Aufschüttung zusammen mit Mängeln bei der Ausführung führen zum Zusammenbruch des Joches (s. Abschnitt 10.3)		Teil	–/30/30	Gutachten Prof. Franz
10.9	1966	Überführung der B68 bei Wallenhorst. 3feldrig. Gerüst: TPB-Träger, bis rd. 7 m gespannt auf Rundholzstützen	Deutschland	Str	Einsturz des mittleren Gerüstfeldes beim Betonieren (s. Abschn. 10.2.3)	0	Teil	35/14/14	BMV 82, 349 Bild 10.4
10.10	1966	1feldrige, schiefwinklige Überführung bei Weinheim. 5 randparallele Hohlkästen, 3feldriges Traggerüst, Träger rechtwinklig zu den Widerlagern gespannt	Deutschland	Bahngleise	Herstellung: 5 Hauptträger nacheinander in erhöhter Lage. Durch Vorspannen Verlagerung der Überbaulast auf die Endjoche (s. Abschn. 10.5.1)	0	Total	48/48/48	BMV 82, 354 Tagespresse [92] 774 Bild 10.18

Tabelle 10 (Fortsetzung)

Lfd. Nr.	Jahr	Brücke/Gerüst Ort; Art	Land	über	Stichwörter zum Versagen	Pers.-sch.	Einsturz d. Gerüstes	Lg./Spw. (m)	Quellen
10.11	1967	Brücke in Lüneburg. Gerüst zum Verschieben einer 1300 t schweren Fahrbahnplatte besteht aus Laststützen unter den Verschubträgern und „Bei"-Stützen als Gurte von aussteifenden, vertikalen Rohrverbänden	Deutschland	Lösegraben	Setzungen der Fundamente unter Laststützen infolge viel zu großer Bodenpressungen führt zu deren Schiefstellung. Durch Anheben zwangsbedingte Horizontalkräfte überschreiten Aufnahmefähigkeit der nicht ausgesteiften Verschubträgerstege und der mit Kupplungen angeschlossenen Rohrdiagonalen. – Einsturz des fast labilen Systems letztlich durch Sprengungen an der nahen, alten Brücke ausgelöst. Überbau auf Grabenböschung abgestürzt (s. auch Abschn. 10.3)	0	Total	36/36/36	Gutachten Prof. Barbré Tagespresse Bild 10.8b
10.12	1970	Umgehung Eschwege. Zwei 2feldrige Überbauten mit Hohlkastenquerschnitt nebeneinander. Gerüst: Rüstträger bis 20 m, I-Träger bis 12 m, Holzjoche, 3 Paare und je eine Reihe an den Widerlagern	Deutschland	Graben	Gerüst versagt beim Betonieren im größten Feld. Ursache: Fehlen von Baugliedern zur Ableitung von Horizontalkräften im Bereich der vermutlich unzulässig weit ausgedrehten Fußspindeln führte zu seitlichem Ausweichen (s. auch Abschn. 10.2.3)	5 V	Teil	56/37/37	BMV 82, 358 Tagespresse
10.13	1970	Brücke im Zuge der Autobahn A7 bei Neumarkt	Deutschland	Pilsachtal	Arbeitsbühne für Schalarbeiten kommt unkontrolliert „talwärts" in Fahrt, prallt nach 240 m auf eine andere Arbeitsbühne und bringt diese mit den auf ihr tätigen Bauarbeitern 30 m tief zum Absturz	3 T	Teil		Tagespresse

Tabelle 10 (Fortsetzung)

Lfd. Nr.	Jahr	Brücke/Gerüst			Stichwörter zum Versagen	Pers.-sch.	Einsturz d. Gerüstes	Lg./Spw. (m)	Quellen
		Ort; Art	Land	über					
10.14	1970	Brücke bei Melk	Öster-reich	Donau	Vorbauwagen stürzt beim Betonieren eines Kragarmabschnittes infolge Absenkung der Fahrschienen in den Strom. Ursache unbekannt	2 V			Tagespresse
10.15	1971	Viadukt Paulo de Fronton in Tijuja, nahe Rio de Janeiro	Brasilien	Str	50-m-Abschnitt des Viaduktes fällt vor dem Verpressen der Spannglieder auf unterführte Straße. Ursache unbekannt	24 T 40 V			ENR 1971, 25. 11., 12; 1972, 16. 11., 23
10.16	1971	Brücke der West-Autobahn bei Ringsted. 500 m² große Brückenplatte	Däne-mark	Bahn-gleise	Gerüst versagt beim Betonieren. Ursache vermutlich Bruch der Augenlasche in einem Verbindungsstab				BRF 74
10.17	1972	Hangbrücke bei Koblenz	Deutsch-land	Lau-bach-Tal	Traggerüst versagt beim Betonieren (s. Abschn. 10.4.1)	5 T 15 V	Teil	543/42/ 42	Eigenes Gutachten BMV 82, 363 Bilder 10.11 bis 10.15
10.18	1972	Brücke Bengen der A61 zwischen Sinzig und Neuenahr. 10feldrig, 2 getrennte Überbauten. Oben fahrende Stahlvorschubrüstung für feldweises Betonieren in angehängtem Schalungsgerüst	Deutsch-land	Tal	Ganzes Gerüst stürzt ab wegen unsachgemäßer Bedienung und falschem Einbau von Abstützbetonklötzen (s. Abschn. 2.8.5.6)	0	Teil	971/52/ 42	BRF 74

Tabelle 10 (Fortsetzung)

Lfd. Nr.	Jahr	Brücke/Gerüst Ort; Art	Land	über	Stichwörter zum Versagen	Pers.-sch.	Einsturz d. Gerüstes	Lg./Spw. (m)	Quellen
10.19	1972	Autohahnbrücke bei Pasadena, Kalifornien	USA	Arroyo Seco	Traggerüst stürzt beim Betonieren auf 70 m Länge wegen Versagen der Stützen aus rechteckigen Hohlprofilen. Ursache nicht geklärt	6 T	Teil	?/70/70	Tagespresse Civ. Eng. 1973, Oct., 75
10.20	1972	2feldrige Kastenträger in Kalifornien. Gerüst stationär aus Trägern und Stützen	USA	Str	2. Feld betoniert, 1. Feld ausgeschalt und ausgerüstet. Beim Abbau des Gerüstes im 2. Feld stürzt dieses zusammen, Teile davon ins Nachbarfeld, in dem der Verkehr lief. Grund: fehlende Seitensteifigkeit	0	Teil	77/39/39	Civ. Eng. 1973, Oct., 74
10.21	1972	Mojave Oberland, Kalifornien	USA		Gerüst-Turm wird bald nach Montage durch eine Windböe auf Bahngleise geworfen				Civ. Eng. 1973, Oct., 74
10.22	1972	Brücke bei San Bruno, Kalifornien. Überbau aus Betonteilen, Gerüst zur temporären Aufnahme der Träger	USA	Bahngleise	Gerüststützen versagen beim Absetzen der 29 m langen Spannbetonträger, diese fallen auf Bahngleis		Total	29/29/29	Civ. Eng. 1973, Oct., 74
10.23	1922	Nordanschluß-Unterführung im Baldwin Park. Gerüst aus Traggerüststützen mit 13 m weiter Durchfahrtsöffnung	USA		Betonierter und bereits ausgeschalter Überbau wartet auf Vorspannen auf dem Gerüst. Nach Teilabbau Versagen des Gerüstrestes wegen Überbeanspruchung, auch Betonträger abgestürzt		Teil	38/38/38	Civ. Eng. 1973, Oct., 74
10.24	1974	Straßenbrücke bei Kempten	Deutschland	Leubas	Traggerüst versagt beim Betonieren (s. Abschn. 10.2.2)	9 T	Total	59/23/23	BRF 74, BMV 82, 372 SB 1979, 193 Bilder 10.2 und 10.3

Tabelle 10 (Fortsetzung)

Lfd. Nr.	Jahr	Brücke/Gerüst			Stichwörter zum Versagen	Pers.-sch.	Einsturz d. Gerüstes	Lg./Spw. (m)	Quellen
		Ort; Art	Land	über					
10.25	1974	Spannbetondurchlaufträger der L269 über 15 Felder. 2stegiger Plattenbalken, konventionelles Gerüst	Deutschland	Sieg	Zuerst hergestellter Überbauabschnitt mit 17 m Auskragung zur einen und 20 m zur anderen Seite sollte vor dem Absenken des Traggerüstes am Ende des längeren Kragarmes mit Hilfsstützen unterstützt werden, um Übergewicht aufzunehmen. Dies war vergessen worden, daher kippte 1250 t schweres Bauteil um und verschob sich in Längsrichtung (s. Abschn. 10.5.5)	0	Teil	646/78/?	BMV 82, 368
10.26	1975	Viadukt de la Viosne bei Pontoise nahe Paris. Hilfsstützen auf beiden Seiten des 1. Talpfeilers stützen „Waagebalken" beim Freivorbau nach beiden Seiten	Frankreich	Tal	Versagen einer Hilfsstütze nach Fertigstellung von 56 m Überbau bringt diesen zum Abkippen (ein Ende schlägt auf Boden auf) und zu einer Längsverschiebung von 1 m. 2500-t-Bauteil wieder richtig plaziert und weiterverwendet	0		295/65/65	BI 50 (1975) 87–88
10.27	1977	Straßenunterführung bei Oldenburg. 2feldriger, 2stegiger Plattenbalken. Gerüst: Stahlträger auf Dreigurtstützen	Deutschland		Traggerüst versagt beim Betonieren. Ursache ungeklärt	7 V	Teil	66/33/33	Notiz Nieders. Landesverw. Amt, Tagespresse

Tabelle 10 (Fortsetzung)

Lfd. Nr.	Jahr	Brücke/Gerüst			Stichwörter zum Versagen	Pers.-sch.	Einsturz d. Gerüstes	Lg./Spw. (m)	Quellen
		Ort; Art	Land	über					
10.28	1977	Mirpurbrücke, nahe Dacca. Mehrfeldriger, mehrstegiger Plattenbalken. Gerüst: Träger auf Holzstützen	Bangladesch	Tarag River	Schon beim Betonieren der Stege wurden unplanmäßige seitliche Verformungen festgestellt. Grund: zu geringe Seitensteifigkeit der Schalung und Rüstung	0		220/40/ 40	BI 1978, 292, ACI Journ March 1977, 128
10.29	1977	Eisenbahnbrücke zwischen Solingen und Ohligs. 1feldriger Überbau, aus dem Betoniergerüst entstehen durch Umbau zwei Verschubgerüste vor jedem Widerlager	Deutschland		Teileinsturz durch Schiefstellung infolge bereichsweisen Abspindelns zum Ausschalen und zum Ausbau von Rüstungsträgern (s. Abschn. 10.2.3)	0	Teil	25/25/25	Eigenes Gutachten Bilder 10.5 und 10.6
10.30	1979	Brücke in Wunstorf, Niedersachsen. Mehrfeldrige Spannbeton-Hohlkastenbrücke. Gerüst: Fachwerkrüstträger bis 24 m Stützweite auf Gerüstjochen	Deutschland	Str + B	Beim Abbau offensichtlich Querverbindungen gelöst, nachdem zehn der 24-m-Träger auf Wälzwagen seitlich unter der Brücke herausgerollt waren und einzeln mit dem Kran abgesetzt werden sollten. Alle 10 Träger ausgekippt und auf die Gleise gefallen (s. Abschn. 10.2.2)	1 T 1 V			Notiz des Nieders. Landesverw. Amtes vom 10.05.79

Tabelle 10 (Fortsetzung)

Lfd. Nr.	Jahr	Brücke/Gerüst			Stichwörter zum Versagen	Pers.-sch.	Einsturz d. Gerüstes	Lg./Spw. (m)	Quellen
		Ort; Art	Land	über					
10.31	1980	Brücke in der Wiener Außenringautobahn. 4feldriger Überbau. Gerüst: rd. 8 m weit gespannte I-Träger vorwiegend auf R32-Stützen, bis rd. 6 m hoch, abgesetzt	Österreich		Überbauneigung bis rd. 7% nicht durch Keile ausgeglichen, daher unplanmäßige Spindelbiegung durch Zwang. Ferner Schwächung der Spindelkopfwangen durch Aufbohren von Löchern $\oslash$ 18 auf $\oslash$ 22 zur Verwendung größerer Schrauben. Folge: Versagen eines Joches			51/17/17	Pers. Information
10.32	1980	Brücke in East Chicago, Indiapolis. Mehrfeldriger Hohlkasten. Gerüst: I-Träger auf bis 16 m hohen Gerüsttürmen in den Drittelspunkten der Felder	USA	Michigan-See	Einsturz eines 140 m langen Teilstückes beim Betonieren (s. Abschn. 10.3)	13 T 17 V	Teil	?/55/55	ENR 45, 29.04., 12; 28.10., 15 New Civ. Eng. 1982, 22.04., 4; Bilder 10.9 und 10.10
10.33	1980	Einfeldplatte. Gerüst: Bis 12 m weit gespannte Walzträger auf vorgefertigten, typisierten Kantholztürmen. Ort unbekannt	Deutschland		Stabilisierung der Türme versagt, da im Bereich der Anschlüsse von Zangen und Diagonalen Holz teilweise verfault	4 V	Total	16/16/16	BMV 94, 335
10.34	1982	Überführung in Elwood. 3feldrige gevoutete Platte. Gerüst: Stahlträger, Holzstützen	Kanada	Str	Versagen durch Kippen wegen mangelhafter Seitenaussteifung	1 T 8 V	Total	40/16	ENR 1983, 03.02., 13 BI 1984, 86

Tabelle 10 (Fortsetzung)

Lfd. Nr.	Jahr	Brücke/Gerüst Ort; Art	Land	über	Stichwörter zum Versagen	Pers.-sch.	Einsturz d. Gerüstes	Lg./Spw. (m)	Quellen
10.35	1984	Sunshine-Skyway Bridge. Betonkasten-Segmentbauweise. Verfahrbares, 94 m langes Fachwerk-verlegegerät	USA	Tampa Bay	Vorderstes Teil des Gerätes provisorisch auf einer am vordersten Pfeiler angeschlagenen Fachwerkkonstruktion gelagert. Beim Versetzen des ersten, 216 t schweren Segmentes auf diesem Pfeiler vorderer Geräteteil abgebrochen. Ursache: Versagen der Pressen unter Auflager. Teilabsturz, da auf Pfeiler aufgeschlagen	3 V	Teil	?/rd. 39/ rd. 39	ENR 1984, 09.08., 10 und 13.09., 13
10.36	1986	Zwei nebeneinander liegende 2feldrige Spannbetonhohl-kästen. Gerüst: 27 weit gespannte Fachwerkrüstträger auf Gerüstjochen. Ort nicht bekannt	Deutsch-land		Nach Fertigstellen des 1. Überbaus Gerüst abgesenkt, mit Stützenfüßen auf Rollwagen gesetzt und seitlich verschoben. Beim Anheben zum Ausbau der Rollwagen ist Joch quer zur Brücken-Längsrichtung umgekippt. Ursache: Schrägabspannungen des Joches waren ausgebaut, schwache Rohrkupplungsverbände für die Montage reichten nicht aus, Abtriebskräfte aus dem jeweils punktuellen Anheben aufzunehmen (s. Abschn. 10.5.5)	1 T 1 V		70/35/35	BMV 94, 349
10.37	1990	Brücke nahe Laurel, Maryland, für den Baltimore-Washington Parkway	USA	Str	Traggerüst bricht wegen Verwendung von Spindelpressen mit 100 kN Tragkraft anstelle der in den Plänen angegebenen mit 250 kN zusammen (s. Abschn. 10.5.6)		Total		ENR 1990, 04.01., 9 Bild 10.23.a
10.38	1990	Brücke bei St. Paul, Minnesota. Mehrere Bögen hintereinander. Gerüst: verschiedene Standard-bauteile, Öffnung für Schiffahrt 58 m	USA	Mississippi Nav. Kanal	Beulen oder Krüppeln des Steges einer Traverse, dann Knicken von Stielen eines Gerüstturmes (s. Abschn. 10.4.2)	1 T	Teil	rd. 370/ 166/166	Civ. Eng. 1995, 64–66 BI 1996, 116 Bilder 10.16 und 10.17

Tabelle 10 (Fortsetzung)

Lfd. Nr.	Jahr	Brücke/Gerüst			Stichwörter zum Versagen	Pers.-sch.	Einsturz d. Gerüstes	Lg./Spw. (m)	Quellen
		Ort; Art	Land	über					
10.39	1991	Brücke in der Ortsumgehung Hammelburg. 12feldriger Plattenbalken. Vorschubgerüst aus Serienbauteilen, jeweils am vorhergehenden Kragarm aufgehäng:	Deutschland	Saale	Teilversagen mit unplanmäßiger Absenkung des Gerüstes um 15 bis 20 cm wegen Versagen einer Aufhängung infolge Bruch einer unzulässig verwendeten Sechskantzahnmutter (s. Abschn. 1.8.5.6)	0	Teil	271/24/24	Gutachten Prof. Nather
10.40	1991	22feldrige Brücke, Herstellung von jeweils 2 Feldern auf konventionellem Traggerüst aus I-Trägern, aufgehängt an Spitze des jeweils zuvor hergestellten Abschnittes und aufgelgert auf Jochen	Deutschland		Nur zum Aufbau vorgesehene Verbände waren in paarweise zusammengestellten Jochen belassen und behinderten Horizontalverschiebungen durch Aufheben der Pendelwirkung (s. Abschn. 10.5.2).		Teil	571/31/21	[93] 23 BMV 94, 341
10.41	1993	Hängegerüst für Brücke in St. Catharina, Ontario. Gerüst: verfahrbare, aufgehängte Arbeitsbühne	USA		Bühne stürzt beim Verfahren wegen falscher Bedienung 30 m tief ab	4 T	Total		ENR 1993, 21. 07., 9 und 02. 08., 15

Tabelle 10 (Fortsetzung)

Lfd. Nr.	Jahr	Brücke/Gerüst Ort; Art	Land	über	Stichwörter zum Versagen	Pers.-sch.	Einsturz d. Gerüstes	Lg./Spw. (m)	Quellen
10.42	1993	Treffurthbrücke in Chemnitz, Einfeldplatte. Gerüst: 2feldrig, Vollwandträger auf Gerüststützen	Deutschland	Chemnitz	Teileinsturz durch Versagen eines Stützjoches am Gerüstende infolge Gleiten der Stützenfüße auf geneigtem, bitumengestrichenem Widerlagerwandfuß ohne horizontale Verankerung der Stützenfüße (s. Abschn. 10.5.5)	0	Total	23/23/23	Gutachten Prof. Nather Gutachten Prof. Thiele
10.43	1993	Arbeitsgerüst zur Sanierung der stählernen Gehwegkappen einer Autobahnbrücke (Ort unbekannt). 30 m langes Gerüst aus zugelassenen Standard-Gerüstbauteilen	Deutschland	Tal	Absturz, 25 m tief, des gesamten Gerüstes beim Verfahren (s. Abschn. 10.5.3)	1 T 2 V	Total	250/?/?	Persönliche Information Bild 10.19
10.44	1995	Zufahrt zur 2. Severnbrücke, Seite Gwent. Oben eingesetzte, 235 m lange Gerüstbrücke mit Katze zum Verfahren und Positionieren der Segmente	England Vorland	Severn Vorland	Unkontrollierte Fahrt der mit einem 200-t-Segment belasteten Katze auf der Gerüstbrücke verursacht großen Schaden (s. Abschn. 10.5.5)	0	Teil	?/ rd. 100/ rd. 100	Constr. today 1994, Jul/ Aug. 4, BI 1995, 162
10.45	1995	Brückenrampe auf dem Flughafen Köln-Wahn. Stahlbetonplattenbalken. Gerüststützen Stahlrohre	Deutschland		30-m-Abschnitt beim Betonieren eingestürzt (s. Abschn. 10.2.1)	1 T			[94] Bild 10.1

Tabelle 10 (Fortsetzung)

Lfd. Nr.	Jahr	Brücke/Gerüst			Stichwörter zum Versagen	Pers.-sch.	Einsturz d. Gerüstes	Lg./Spw. (m)	Quellen
		Ort; Art	Land	über					
10.46	1996	Grogol-Überführung im Zuge der Straße zum Flughafen Jakarta. Insgesamt 250 m lang	Indonesien	Str	30-m-Abschnitt bricht mit Traggerüst ein. Ursache vermutlich zu früher Ausbau von Traggerüststützen (s. Abschn. 10.5.6)	4 T 19 V	Teil	250/30/30	ENR 15.04., 20 Bild 10.23c
10.47	1997	Brücke bei Diez nahe Limburg. Mehrfeldriger Überbau. Gerüstträger, aufgehängt an Kragarmspitze und gelagert auf Gerüststützen	Deutschland	Aar	Einsturz beim Betonieren (s. Abschn. 10.5.4)	0	Teil		Gutachten Scheer/ Surbeck Bilder 10.20 bis 10.22
10.48	???	Stadtautobahn mit je 3 Fahrbahnen auf 1zelligen Spannbetonhohlkästen. Gerüst: Fachwerkträger, aufgehängt an Kragarmspitze des zuvor betonierten Abschnittes und aufgelagert auf Rüststützen	Schweden	Wasser	Herstellung auf je zwei hintereinander liegenden, einander übergreifenden Fachwerkträgern (s. Abschn. 10.2.4)	0	Teil	261/30/30	BRF 1974 Bild 10.7

Tabelle 10 (Fortsetzung)

Nicht in Tabelle aufgenommen, da zu wenig Informationen

Jahr	Brücke/Gerüst			Stichwörter zum Versagen	Pers.-sch.	Einsturz d. Gerüstes	Lg./Spw. (m)	Quellen
	Ort; Art	Land	über					
1886	Brücke bei Monfourat	Frankreich		Unsolides Baugerüst				St 18, E 7
1962	Spannbetonbrücke in Zipf bei Vöcklabruck	Österreich		Einsturz nach dem Betonieren				
1966	Bogenbrücke in Ottawa	Kanada	Rideau	Einsturz des Bogengerüstes beim Betonieren. Ursache unbekannt	29 T 62 V			Tagespresse
1967	Calder, Yorks							Civ. Eng. Publ. Wks. Rev. 1967, 1981
1970	Winterthur	Schweiz		Mangelhafte Aussteifungen				Notiz J. Schneider
1971	Nordbrücke in Minden	Deutschland	Weser	Stahlrohrgerüst versagt beim Betonieren, 25-m-Teilstück stürzt ab	7 V			Tagespresse
1971	Brücke bei Pirka nahe Graz			Einsturz beim Betonieren				Tagespresse
1971	Straßenbrücke bei Wenigsen, Niedersachsen	Deutschland	Bahngleise	Bruch einer Schalungsstütze kurz vor Beendigung des Betonierens	1 T 2 V	Teil		Tagespresse
1972	Brücke bei Sacramento, Kalifornien, 2feldriger Kastenträger	USA	Str	Einsturz des Gerüstes beim Ausrüsten				Civ. Eng. 1973 Oct., 74
1972	Straßenunterführung in Ventura	USA	Str	Versagen beim Errichten				Civ. Eng. ASCE, 1973, Oct. 74/5

Tabelle 10 (Fortsetzung)

Jahr	Brücke/Gerüst			Stichwörter zum Versagen	Pers.-sch.	Einsturz d. Gerüstes	Lg./Spw. (m)	Quellen
	Ort; Art	Land	über					
1972	Brücke in Victoria	Austra-lien	Loddon	Traggerüst versagt beim Betonieren	3 T			Report of the collaps of falsework. HMSO, London 1972
1980	Brücke bei Sacramento, Kalifornien, 5feldriger Kastenträger	USA	Ameri-can River	Traggerüst versagt 5 Tage nach dem Betonieren des 67-m-Mittelfeldes	0	Teil	317/67/ 67	ENR 1980, 14.08., 13
1981	Straßenbrücke in Bremen	Deutsch-land		Gerüst versagt beim Betonieren, vermutlich Fehler in der Statik	3 V			Tagespresse
1982	Rheinbrücke bei Höchst, Vorarlberg	Öster-reich	Rhein	Einsturz eines Holzgerüstes beim Betonieren	2 T			Tagespresse

Fall 3.82 (Isarbrücke Großhessenlohe) könnte auch hier in Tabelle 10 stehen

10.2 Versagen wegen Mängeln in seitlichen Aussteifungen

Es geht um 3 Arten notwendiger Versteifungen, nämlich um die

– von Stielen zur Sicherung der angenommenen Knicklänge,
– von gedrückten Gurten zur Verhinderung seitlichen Ausweichens (Kippen von Fachwerk- oder Vollwandträgern) und
– von Spindelbereichen zur sicheren Übertragung von Kräften normal zur Spindelachse.

Für alle Fälle sollen Beispiele zeigen, welche Folgen Mängel oder sogar Fehlen der entsprechenden Aussteifungen haben.

10.2.1 Mangelhafte Sicherung der angenommenen Knicklänge von Stützen

Ein Beispiel ist das Gerüst für eine Brücke der Abfahrt vom Flughafen Köln-Wahn, 1995, Fall 10.45. Aus dem Bericht [94] geht hervor, daß neben dem Fehlen einer ausreichenden Aussteifung gestoßener, als Stützen verwendeter Stahlrohre verschiedene Mängel vorlagen. Es heißt dort u. a. sinngemäß: Es war nur noch ein rund 50 m langes Stück für die Abfahrtsrampe herzustellen, als sich ein schwerer Unfall ereignete (Bild 10.1). Für das Betonieren des aufgeständerten Stahlbeton-Plattenbalkens hatte man ein Traggerüst aus Stahlrohren aufgestellt, das aus schwenkbaren Kopfplatten

Bild 10.1
Einsturz des Traggerüstes für eine Abfahrtsrampe auf dem Flughafen Köln-Wahn. 1995, Fall 10.45

auf Spindeln, Verlängerungsrohren, Standrohren, Gründungsplatten und Stahlrohrge-
rüstkupplungen zusammengesetzt war. … Als man beim Einbringen und Verdichten
des Frischbetons der Abfahrtsrampe bereits beim letzten Drittel angelangt war, brach
plötzlich und ohne vorherige Anzeichen ein etwa 30 m langer Abschnitt des Traggerüstes zusammen. Nicht genug, daß rund 750 t Beton, Stahl und Holz einen riesigen
Trümmerhaufen bildeten, es fielen auch die während der Wintermonate zur Warm-
lufterzeugung aufgestellten Öfen um, und das auslaufende Heizöl entfachte ein
Feuer. Ein Teil der Betonierkolonne rutschte mit den Betonmassen aus 10 m Höhe in
die Tiefe. Während einige Arbeiter noch im allerletzten Augenblick vom zusammen-
brechenden Traggerüst abzuspringen vermochten, wurde ein Arbeiter unter dem
Frischbeton begraben und konnte nur noch tot geborgen werden.

Wenn auch über die Ursache des Schadens letzte Klarheit nicht gewonnen werden
konnte, so kamen folgende Mängel zutage:

- Für einige Gerüstbauteile konnte keine allgemeine bauaufsichtliche Zulassung
  vorgelegt werden.
- Die Konstruktion war äußerst fehlerhaft erstellt worden, z.B. in Form mehrfach
  gestoßener Standrohre unter Verwendung kurzer Rohrstücke.
- Aussteifende Verbindungen fehlten an einigen Stellen ganz. Vielfach hatte man
  den oberen Horizontalverband anstatt am Verlängerungsrohr am Gewinde der
  Spindel angeschlossen und dabei deren für die Kupplungen zu kleine Durchmes-
  ser mit Holzkeilen ausgeglichen.
- In einigen Fällen waren die Gerüstkupplungen nicht geschlossen.
- Das Gerüst lag zunächst aufgrund eines Meßfehlers zu hoch, und man mußte da-
  her die Höhenlage nachträglich verändern. Dabei wurden nur behelfsmäßige Un-
  terstützungen und Unterkeilungen eingebaut.
- Pendelstützen standen vielfach nicht zentrisch.
- Einige Standrohre wurden ohne Grundplatte auf das Erdreich gesetzt.

Das Beispiel zeigt wie viele andere, welch unglaublicher Leichtsinn und Pfusch im
Traggerüstbau vorkommen kann. – Dieser Fall hätte auch in den Abschnitt 10.5 eingeordnet werden können.

10.2.2 Mangelhafte Seitenaussteifung gedrückter Obergurte von Rüstträgern

Typisch ist das Traggerüst für die Brücke über die Leubas bei Kempten, 1974, Fall
10.24. Er ist mehrfach in der Literatur und in Vorträgen erwähnt worden. Da ich die
Baustelle sofort nach dem Einsturz (Bild 10.2) besucht hatte, möchte ich aus den Ge-
sprächen mit den Verantwortlichen berichten, wie hier Extrapolieren aus Erfahrungen ohne vollständige Beachtung der jeweils gegebenen Bedingungen zu Trugschlüs-
sen führte.

Die Brücke hat ein relativ großes Quergefälle von $\alpha = $ rd. 4%. Hätte man den Schalboden auf einem Gerüst mit im Lot angeordneten Rüstträgern (Bild 10.3 a, links) auf-

Bild 10.2
Einsturz des Traggerüstes für
eine Straßenbrücke über die
Leubas bei Kempten. 1974,
Fall 10.24

gebracht, wären an jedem Kreuzungspunkt von Rüstträgern und Kanthölzern Keile erforderlich gewesen, über 1000 Stück für die Brücke. Die Gerüstträger wären aus der Gewichtslast G nur in Richtung ihrer Hauptachsen z beansprucht worden. Um den Aufwand für die Zimmerleute zu vermeiden, entschloß man sich, ähnlich wie zuvor bei weniger weit gespannten Gerüsten mit Walzprofilen, die Rüstträger genauso wie den Schalboden zu neigen (Bild 10.3 a, rechts). Damit entsteht aus dem Gewicht von Rüstträgern, Schalung, Bewehrung und Beton die Abtriebskomponente $F_{Abtr.} = G \cdot \sin \alpha$ quer zur Stegachse. Sie wurde von den Gerüstplanern nicht dem Windverband = Stabilisierungsverband zugewiesen. Es wurde vielmehr aus der Erfahrung mit anderen Gerüsten ohne Nachprüfung extrapoliert, daß sie durch Querbiegung im Rüstträger ohne für die Standsicherheit gewichtige Folgen aufgenommen werden kann. Diese Erfahrung betraf Gerüste mit kleineren Querneigungen und Walzträgern mit einem relativ kleinen Verhältnis der beiden Widerstandsmomente W_y/W_z = rd. 3. Bei ihnen hat die Querbiegung nur einen relativ kleinen Einfluß auf

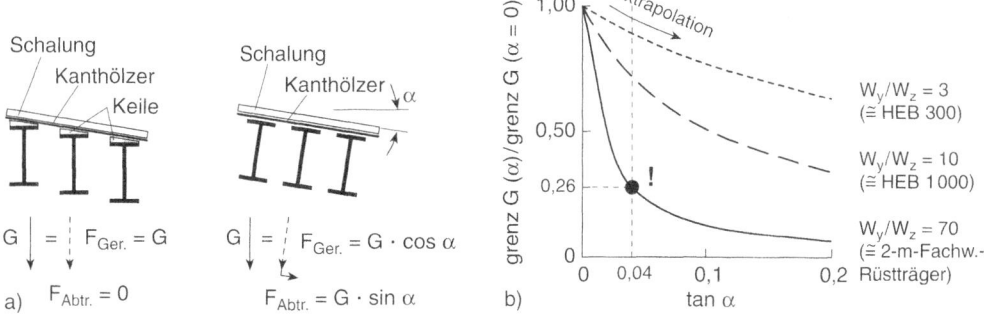

Bild 10.3
Zum Einsturz des Traggerüstes für eine Straßenbrücke über die Leubas bei Kempten. 1974, Fall 10.24
a) Möglichkeiten des Gerüstentwurfes bei quergeneigten Brücken
b) Einschränkung der Tragfähigkeit G(α) durch Neigung, bezogen auf G(α = 0)

die Tragsicherheit (Bild 10.3 b). Aber hier war es aus zwei Gründen entschieden anders:

– die hochgezüchteten, rd. 2 m hohen Fachwerk-Rüstträger haben mit $W_y/W_z =$ rd. 70 (W_y des Obergurtes) ein deutlich größeres Verhältnis der Widerstandsmomente und
– die Querneigung α von rd. 4 % war extrem groß.

Die Zusammenhänge macht Bild 10.3 b deutlich. Dort ist für 3 Verhältnisse W_y/W_z über dem Tangens der Neigungswinkels das Verhältnis der Grenzlast grenz $G(\alpha)$ für den unter α geneigten Rüstträger zu grenz $G(\alpha = 0)$ für den im Lot angeordneten aufgetragen.

Andere Fälle mit Fehlen oder Schwäche der Queraussteifung gedrückter Gurte von Rüstträgern sind:

• Gerüst für eine Brücke in Wunstorf, 1979, Fall 10.30
  Das Unglück geschah beim Abbau des Gerüstes, da die Seitenstabilisierung mehrerer 24 m weit gespannter, unterspannter Fachwerkrüstträger zu seitlichem Herausschieben gelöst wurde, bevor sie im Kran hingen, so daß die Träger kippten.

• Gerüst aus Trägern und Holzstützen für eine Überführung in Elwood, 1982, Fall 10.34
  Das Unglück geschah, da Rüstträger wegen Fehlen der Seitenaussteifung durch Kippen versagten.

10.2.3 Mangelhafte Aussteifung in Bereich von Spindeln

Zwei Beispiele sollen erläutert werden.

• Versagen des Gerüstes für eine Bahnüberführung, 1966, Fall 10.9

Hierfür wird Bild 10.4 aus [5] (dort Seite 251) übernommen. In der Ansichtszeichnung erkennt man das aus IPB-Trägern auf Holzstützen aufgebaute Gerüst. Zwischen den Jochen, die auf den Fundamenten der Brückenpfeiler und des Widerlagers stehen, sind einwandige Zwischenjoche, gegründet auf Holzpfählen, angeordnet. Über

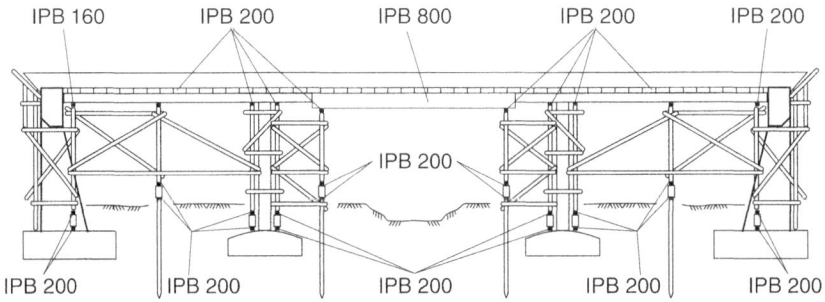

Bild 10.4
Teileingestürztes Traggerüst für Überführung Wallenhorst, Ansichtszeichnung. 1966, Fall 10.9

und unter den Fußspindeln liegen hier Rähmträger IPB 200, Aussteifungen über einen Höhenbereich bis 1,30 m fehlen, auch quer zur Brückenlängsachse. Zum Teil standen – in der Zeichnung nicht dargestellt – die Holzpfähle mehr als 1 m aus dem Erdreich heraus und waren nicht ausgesteift. – Der Einsturz betraf die Mitte des Hauptfeldes, das von Rüstträgern IPB 800 überbrückt wurde und sich allein auf einwandige Zwischenjoche stützte.

Der Bericht [5] zählt eine große Zahl weiterer Mängel auf: waghalsige Zwischenkonstruktionen aus Holz zwischen Längs- und Rähmträgern, Fehlen von Ausschottungen der Rähmträger unter den Längsträgern, obwohl Einzellasten bis 300 kN eingeleitet wurden, keine Kippsicherung der Längsträger, Fehlen von Verbänden, die auf den Zeichnungen vom Prüfingenieur gefordert waren, und mangelhafte Anschlüsse von Rundholzstäben der Verbände.

Wie bei dem im Abschnitt 10.2.1 beschriebenen Fall 10.45 gilt auch hier: Das Beispiel zeigt wie viele andere, welch unglaublicher Leichtsinn und Pfusch im Traggerüstbau vorkommen kann. Auch dieser Fall hätte in den Abschnitt 10.5 eingeordnet werden können (vgl. auch Bilder 11.1 bis 11.5)

- Teilabsturz einer Eisenbahnbrücke beim Querverschub im Zuge der Querspange Solingen-Ohligs. 1977, Fall 10.29

Eine rund 25 m lange Brücke für eine eingleisige Bahnüberführung (Querschnitt in Bild 10.5 a) wurde auf einem zweifeldrigen Traggerüst – Betoniergerüst genannt – aus Stahlträgern auf drei zweiwandigen Gerüsttürmen neben einer vorhandenen, ab-

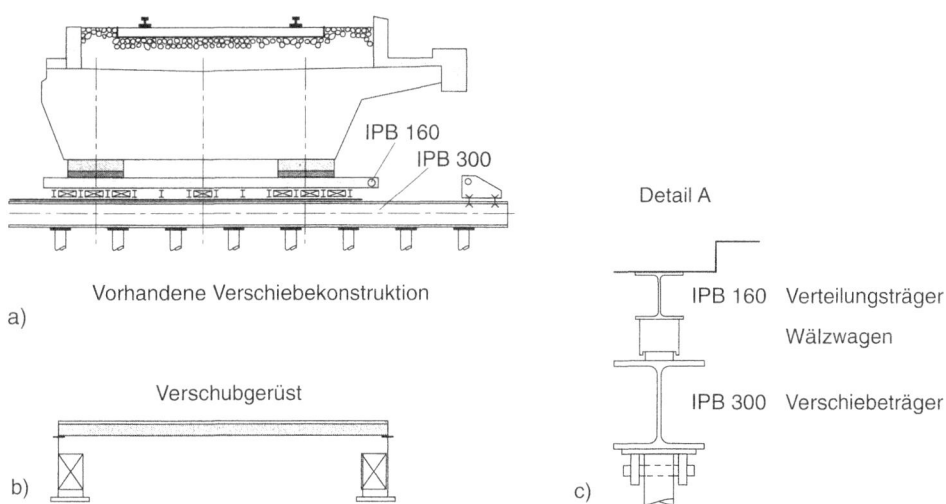

Bild 10.5
Teilabsturz einer Eisenbahnbrücke zwischen Solingen und Ohligs beim Querverschub. 1977, Fall 10.29
a) Querschnitt der Brücke
b) Gerüstsystem
c) Verschiebekonstruktion

gängigen Brücke hergestellt (Bild 10.5 b). Ein Teil dieses Gerüstes – Verschubgerüst genannt – war für den Querverschub vorgesehen, die Verschiebekonstruktion ist im Bild 10.5 c dargestellt. – Der Überbau wurde auf dem Gerüst teilvorgespannt.

Der nördliche Teil des Überbaus zwischen den Achsen A und C wurde ausgeschalt, dafür mußten die Spindeln entspannt und in Achse A wieder angezogen werden (Bild 10.6 a, auf dem hier keine Rüstträger mehr zu erkennen sind). Im Norden lag der Brückenträger danach auf der Verschiebekonstruktion in Achse A auf, der Verband zwischen den Jochen A und B hätte nur für Horizontalkräfte in Richtung Süden aktiviert werden können, da das Joch B bei entgegengesetzten Kräften abgehoben hätte. Zu diesem Zeitpunkt war der Verband zwischen den Jochen B′ und A′ am südlichen Auflager noch imstande, wegen der auf den Jochen A′ und B′ noch aufliegenden Betonplatte Beanspruchungen aus Kräften in beiden Richtungen aufzunehmen.

Hervorgerufen durch das Absenken mit Hilfe der Fußspindeln des Joches B′ um 1 bis 2 cm zum Ausbau der Schalung wurde die durch die Joche B′ und A′ sowie die dazwischen liegenden Verbände gebildete Scheibe um den Fußpunkt des Joches A′ gedreht, so daß sich die Joche B′ und A′ in Richtung Norden neigten. Dadurch wurden Abtriebskräfte geweckt, die allein auf der Südseite aufgenommen werden mußten. Als dann das Joch B′ zum Ausbau der Träger im südlichen Rüstträgerfeld abgespindelt wurde, mußten die Horizontalkräfte allein über die Verschubkonstruktion auf dem Joch A′ in den Verband zwischen den Jochen B′ und A′ geleitet werden.

Beide, der Verband und die Verschubkonstruktion, waren zur Aufnahme dieser relativ großen Horizontalkräfte nicht in der Lage: die gedrückten Diagonalen des Verbandes knickten aus, darauf rutschten die erhöht beanspruchten Zugdiagonalen in ihren Kupplungen. Gleichzeitig plastizierten die Stege des Verteilungs- und des Verschiebeträgers.

Mit dem Versagen der Verschiebekonstruktion auf der Südseite wurde der Verschiebeträger mit den Wälzwagen herausgeschleudert, die Brücke fiel auf den Verschiebeträger herunter. Dem Versagen auf der Südseite folgte ein ähnliches Versagen auf der Nordseite.

Bild 10.6 zeigt den Zustand nach dem Unfall: neben der Übersicht (10.6 b) sieht man im Bild 10.6 a auf die Nordseite und in 10.6 c auf die Südseite. Im einzelnen kann man erkennen, daß die Verteilungsträger herausgefallen sind und der Überbau auf den Verschiebeträgern liegt.

- Ein anderer Versagensfall mit grundsätzlich gleicher Ursache ist der Einsturz des Gerüstes für eine Brücke in der Umgehung Eschwege, 1970, Fall 10.12. Auch hier fehlten Bauglieder zur Ableitung der Horizontalkräfte im Bereich der – vermutlich unzulässig – weit ausgedrehten Fußspindeln.

Auch der im Abschnitt 10.3 behandelte Fall 10.32 ist möglicherweise durch Instabilität im Bereich der Kopfspindeln von Gerüsttürmen verursacht.

a)

b)

c)

Bild 10.6
Teilabsturz einer Eisenbahnbrücke zwischen Solingen und Ohligs beim Querverschub,
Brücke nach dem Teilabsturz. 1977, Fall 10.29
a) Blick auf nördliches Verschiebegerüst
b) Gesamtansicht
c) Blick auf südliches Verschiebegerüst

10.2.4   Sonderfall

Der Einsturz des Traggerüstes für eine 9feldrige Stadtautobahnbrücke in Schweden, Fall 10.48, ist durch die ungewohnte Art der Einrüstung bedingt. Für jeden der beiden nebeneinander liegenden einzelligen Spannbetonhohlkästen mit je 3 Richtungsfahrbahnen, Feldweiten 30 m, wurden je zwei hintereinander liegende Fachwerkträger benutzt: ein Träger zum Betonieren, der andere zum Einschalen und Bewehren (Bild 10.7a). Jeder dieser beiden bestand aus je zwei Paaren miteinander gekoppelter Standard-Fachwerke. Diese waren im jeweiligen Schalungsträger an ihren – in bezug auf die Herstellungsrichtung der Brücke – rückwärtigen Enden so weit gespreizt, daß sie an beiden Seiten des vorderen Endes des jeweiligen Betonierträgers vorbeiliefen. In der so entstandenen Überlappung war der Schalungsträger mit seiner rückwärtigen Spitze am Obergurt des Betonierträgers so befestigt, daß er nach Entfernen des Betonierträgers am Beton hing, die Rüstungsträger abgebaut und als Schalungsträger neu eingesetzt werden konnten.

Der Betonierträger war also an der Kragarmspitze des zuvor betonierten Abschnittes aufgehängt, neben den Brückenstützen auf Gerüsttürmen gelagert und kragte etwa bis zum Viertelspunkt des nächsten Feldes aus.

Das Gerüst versagte, kurz nachdem mit dem Betonieren der Stützenquerschnitt erreicht war. Ausgehend vom seitlichen Ausweichen der Untergurte eines der beiden Fachwerkträgerpaare im Kragbereich (Bild 10.7b) versagte der gesamte Kragbereich des Betonierträgers und brachte damit auch den Schalungsträger zum Absturz. Es wird berichtet, daß der gesamte Einsturz etwa 15 Minuten gedauert hat.

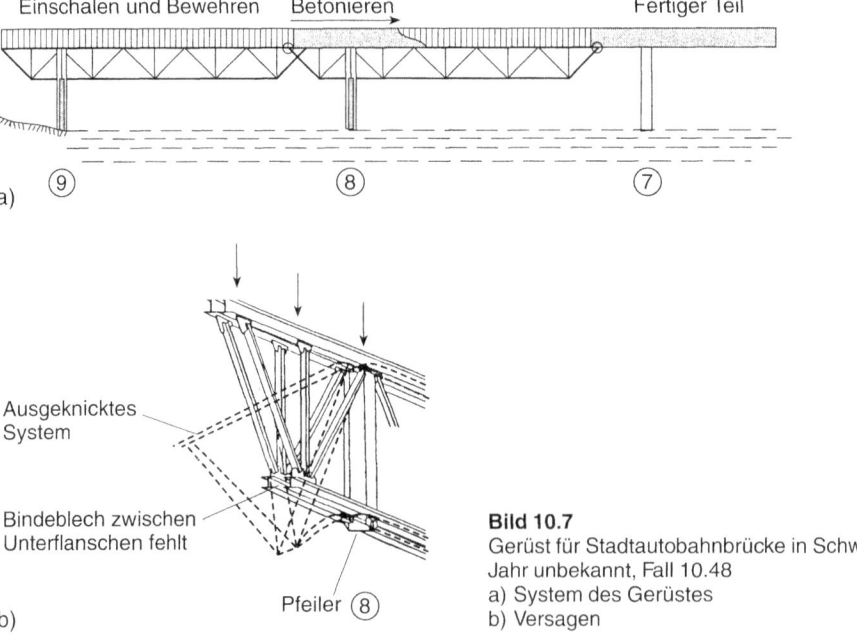

Bild 10.7
Gerüst für Stadtautobahnbrücke in Schweden.
Jahr unbekannt, Fall 10.48
a) System des Gerüstes
b) Versagen

Die statische Berechnung setzte voraus, daß jeweils zwei Untergurte eines Paares an der Kragspritze durch ein horizontales Knotenblech zusammengehalten waren. Das Knotenblech war auf den Zeichnungen vergessen worden. So wurde das Fachwerk im Bereich des 1. Untergurtknotens mit drei anschließenden Druckstäben und einem Zugstab je Fachwerkwand instabil und wich seitlich aus.

Der Fall hätte auch in die Kategorie „Koordinierungsfehler bei Entwurf oder zwischen Entwurf und Ausführung" eingeordnet werden können.

10.3   Versagen wegen mangelhafter Gründung

Die in der Zusammenstellung im Abschnitt 10.1 erstgenannten drei gründungsbedingten Einstürze haben einander ähnliche Ursachen. Bei ihnen führten Setzungen von Hilfsfundamenten

- zu Umlagerungen von Kräften auf die „hart" auf den Fundamenten der Brückenpfeiler gegründeten Stützen, zu deren Überlastung und zum Einsturz (Gerüst für die Autobahnbrücke Limburg, 1961, Fall 10.7, Bild 10.8 a),

- zu unterschiedlichen Absenkungen von Stützenfüßen infolge unterschiedlicher Lasten und lokal unterschiedlicher Bodenverhältnisse, hier wegen Bodenaufschüttungen (Fall 10.8, Brücke in Ludwigshafen, 1966) und zu Überbeanspruchungen von Gerüstteilen,

- zur Schiefstellung von Stützen infolge viel zu großer Bodenpressungen und in deren Folge zu unplanmäßigen Horizontalkräften, die zusammen mit anderen Ursachen zum Einsturz führten (Gerüst für die Losegrabenbrücke in Lüneburg, 1967, Fall 10.11, Bild 10.8 b).

Anders liegt mit großer Wahrscheinlichkeit die eigentliche Ursache des folgenschweren Gerüsteinsturzes (Fall 10.32) 1980 in East Chicago. Darüber soll hier wegen verschiedener Mängel bei der Einrüstung ausführlicher berichtet werden.

Die Rampe zur Verbindung einer bodengleich liegenden Schnellstraße mit einer Hochstraße erforderte eine mehrfeldrige, zunächst im Grundriß gekrümmte und dann weitgehend gerade Brücke (Bild 10.9 a). Sie wurde als einzelliger Kastenträger in Spannbeton (Maße siehe Bild 10.9 b) mit bis rd. 55 m weit gespannten Feldern ausgeführt und besaß nach den Angaben eine Längsneigung bis 3,6 % und – wie aus Bild 10.9 b entnommen werden kann – eine Querneigung bis etwa 3 %.

Zur Herstellung diente ein konventionelles Traggerüst mit Schwerlasttürmen an den Pfeilern und in den Drittelspunkten der Felder und 915 mm hohen, bis rd. 18 m weit gespannten I-Längsträgern. Diese lagen auf 610 mm hohen, I-förmigen Querträgern, die sich wiederum auf die Kopfspindeln der Türme stützten.

Für die Gründung der Stütztürme in den Drittelspunkten waren Fertigbetonplatten, 1,5 m × 1,5 m, verlegt. Sie waren im Gegensatz zur Planung 300 mm anstatt 530 mm dick. Zwischen Betonplatten und Fußplatten der Stütztürme waren rd. 30 cm dicke Kanthölzer zur Lastverteilung vorgesehen (Bild 10.9 b).

a)

b)

Bild 10.8
Einstürze, verursacht durch Setzungen von Hilfsfundamenten
a) Autobahnbrücke Limburg. 1961, Fall 10.7
b) Brücke in Lüneburg. 1967, Fall 10.11

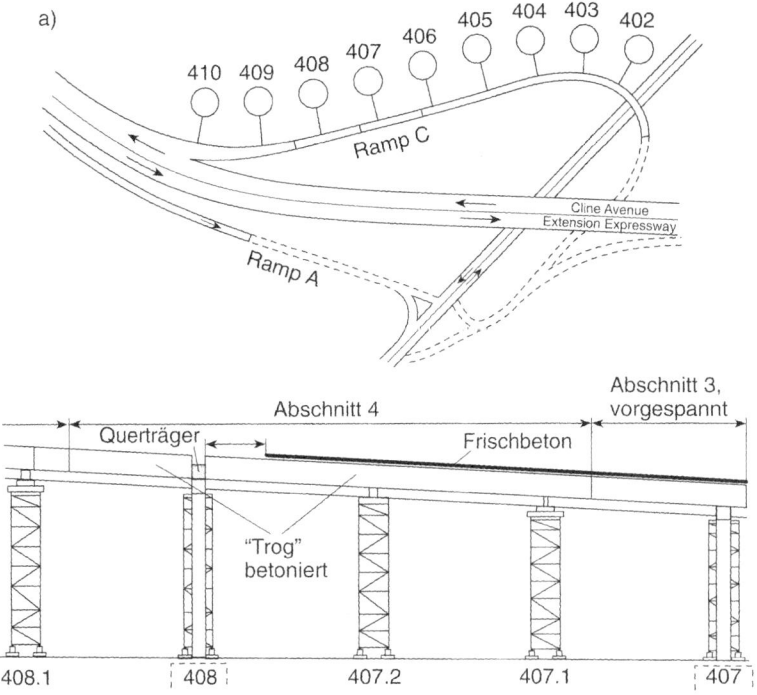

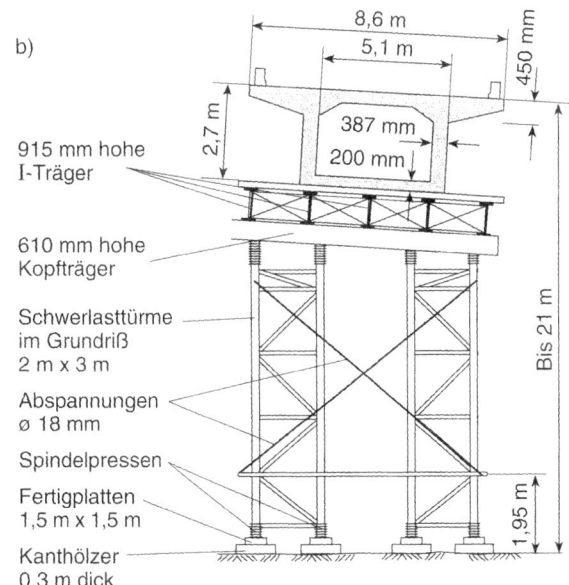

Bild 10.9
Gerüsteinsturz beim Bau einer Brücke in East Chicago. 1980, Fall 10.32
a) System
b) Rüstturm- und Kastenträgerquerschnitt

a)   b)

Bild 10.10
Gerüsteinsturz beim Bau einer Brücke in East Chicago. 1980, Fall 10.32
a) Rüstturm mit Gründung
b) Nach dem Einsturz

Der Boden unter den Platten war weder gründlich untersucht noch für seine Aufgabe
vorbereitet worden, obwohl er in den oberen 1,5 bis 2,7 m aus einer Auffüllung aus
Asche, Schlacke und nach Öl riechendem Sand bestand. Bereichsweise wurde auch
zusammendrückbarer, schwarzer, organischer Schlamm angetroffen. Die planmäßige
Bodenpressung durfte 155 kN/m² betragen.

Der Überbau wurde in Abschnitten zwischen den Feldviertelspunkten jeweils in zwei
Phasen hergestellt, in der ersten wurde der aus Bodenplatte und Stegen bestehende
Trog betoniert, in der zweiten die Fahrbahnplatte:

Der über die Stütze 407 auskragende Bauabschnitt war fertig und vorgespannt. Für
den folgenden, über die Stütze 408 hinaus auskragenden Abschnitt (Bild 10.9 a)
waren der Trog und der Auflagerquerträger über der Stütze 408 betoniert. Für die
weiteren Bauabschnitte bis zum Brückenende am Anschluß 410 zur Hochstraße war
der Trog ebenfalls bereits vorhanden. Man war dabei, die Fahrbahnplatte vom Kragarmende vor Stütze 407 in Richtung 408 – wegen der Längsneigung aufwärts – zu
betonieren, als der Stützturm 407.2 zusammenbrach. Mit dem Absturz des Troges
und des noch nicht erhärteten Fahrbahnplattenbetons aus rd. 18 m Höhe wurde auch
der Stützturm 407.1 zum Einsturz gebracht, der Trog blieb mit einem Ende und der
Koppelstelle vor der Stütze 407 hängen (Bild 10.10 b). Dadurch „taumelte" die Rü-

stung bis zum Anschluß an die Hochstraße am Punkt 410 in Längsrichtung, brach zusammen, und alle Tröge stürzten ab, insgesamt waren rd. 140 m Überbau betroffen.

Schon beim Betonieren der Tröge waren einige Betonplatten gebrochen; das wurde zwar im Bautagebuch vermerkt, führte aber nicht zu angemessenen Maßnahmen. Es ist nach den äußerst umfangreichen und gründlichen Untersuchungen so gut wie sicher, daß der Einsturz

- entweder durch den Bruch von Betonfertigteilplatten unter dem Stützturm 407.2 ausgelöst wurde, daß dadurch an den darauf stehenden Stützenstielen Setzungen bis 10 mm auftraten und schließlich überlastete Diagonalen im Turm versagten,

- oder durch Instabilität im Bereich der oberen Spindelpressen, der Querträger und der Längsträger wegen Fehlens von Bauteilen zur Ableitung von Horizontalkräften in Brückenlängsrichtung eintrat. Hierbei spielt eine Rolle, daß die zwischen den längsgeneigten Längsträgern und den Querträgern vorgesehenen Keile nicht eingebaut waren und damit die Querträger Zwangsbiegung in den Stegen bekamen.

Der Bericht zählt weitere Mängel auf. Wenn sie nicht vorhanden gewesen wären, hätte das Gerüst u. U. trotz des Betonplattenbruchs, der Setzungen und der Instabilität im Kopfbereich der Stütztürme nicht oder zumindest nicht über die ganze Länge versagt.

Wichtig ist das Fehlen ausreichender Angaben für die Baustelle und zusätzlich das Abweichen der Ausführung von der Planung. Das gilt

- Für die auf der Baustelle gefertigten Betonplatten. Da Spezifizierungen fehlten, kam es zur Ausführung mit 300 mm Dicke anstelle von 530 mm in Übereinstimmung mit dem entsprechenden ACI-Codes. Es wurde festgestellt, daß in den vorhergehenden Bauabschnitten 13 der dort verwendeten 80 Fertigteilplatten gebrochen waren.

- Für die zur Lastverteilung erforderlichen Hartholz-Kanthölzer unter den Stützenfüßen. Sie waren zum Teil nicht eingebaut. Bild 10.10a zeigt dies an dem dort rechten Turm.

- Vorgesehene Auskreuzungen zwischen allen Längsträgern waren nur zwischen den drei mittleren und dies nur im mittleren Drittel des Feldes zwischen den Pfeilern 407 und 408 eingebaut worden.

- Die in Richtung quer zur Brückenlängsachse vorgesehenen, außerhalb der Türme zu verankernden Seilabspannungen wurden wegen Störung des Betriebes bei der Ausführung durch Seilkreuze zwischen den nebeneinander stehenden Türmen ersetzt. Auf Bild 10.9b sind sie eingetragen, man erkennt, daß sie nicht bis zum Boden heruntergeführt sind.

10.4   Versagen wegen unzureichender Koordinierung
zwischen Entwurf und Ausführung

Typisch hierfür sind die Fälle 10.17 und 10.38. Mehrere der 16 Fälle, die im Abschnitt 10.1 Ausführungs- und Bedienungsfehlern zugeordnet werden, könnten auch hier erfaßt werden, da diese Fehler oft auf mangelhafte Anweisungen an die vor Ort tätigen Personen zurückgehen.

10.4.1   Hangbrücke Laubachtal bei Koblenz, 1972, Fall 10.17

Für den Bau der Laubachtalbrücke, einer Hangbrücke für die hunsrückseitige Zubringerstraße zur Rheinbrücke Koblenz, war ein verschiebbares Gerüst bereits wiederholt benutzt worden, die 543 m lange Brücke war fast fertig.

Die in Richtung Rhein immer breiter werdende Fahrbahn (Bild 10.11) erhielt ab Achse 90 zwei Pfeiler, deren lichter Abstand wurde von Achse zu Achse größer und verlangte schließlich in Achse 120 die große, auf Bild 10.12 dargestellte Stützkonstruktion. Mit dem rd. 9 m weit gespannten Fußträger wurden die Lasten seitlich auf die Pfeilerfundamente abgesetzt. Dies war auch erforderlich, um die in der Achse der Brücke verlaufende Hauptwasserleitung für die Stadt Koblenz nicht unangemessen zu belasten.

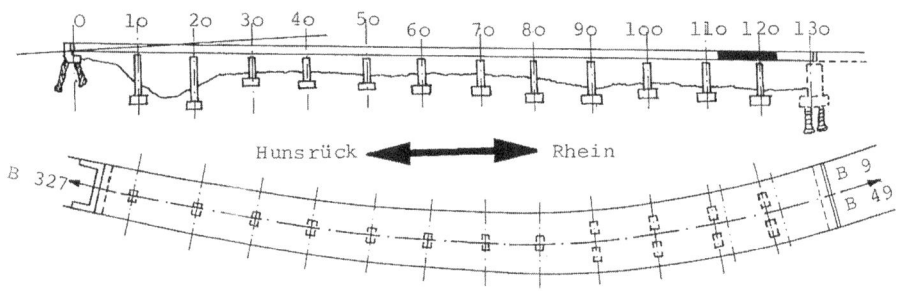

Bild 10.11
Gerüsteinsturz beim Bau der Laubachtalbrücke. 1972. Übersicht, Fall 10.17

Das Gerüst stürzte beim Betonieren des vorletzten Abschnittes im Bereich vor und hinter den Stützen in Achse 120 ein (Bild 10.13): sechs Bauarbeiter kamen ums Leben, neun wurden schwer und sieben leicht verletzt.

Als ich mich im Auftrag des Staatsanwaltes an die Arbeit machte, die Ursache des Einsturzes zu finden, hatte ich in Anbetracht des Trümmerhaufens mit einem Wirrwarr von verbogener Bewehrung und der Vielzahl von möglichen Ursachen zunächst wenig Hoffnung, die Aufgabe lösen zu können. Intensives Studium der Unterlagen für das Gerüst und Anhörungen Beteiligter zusammen mit Beamten der Kriminalpo-

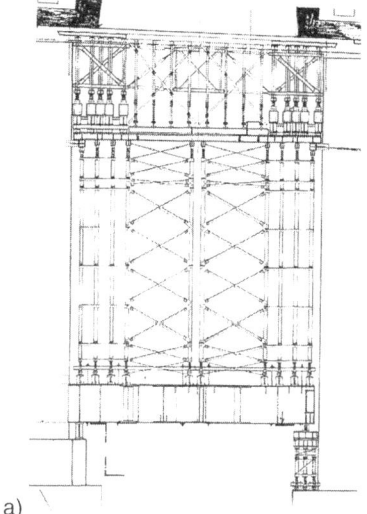

Bild 10.12
Gerüsteinsturz beim Bau der Laubachtalbrücke.
Gerüstturm in Achse 120. 1972, Fall 10.17
a) Zeichnung
b) Fotografie

Bild 10.13
Gerüsteinsturz beim Bau der Laubachtalbrücke, Zustand nach dem Zusammenbruch. 1972, Fall 10.17

lizei über viele Tage und Nächte ließen den Ablauf des Zusammenbruchs langsam immer klarer werden und engten die Möglichkeiten für die Ursache zunehmend ein. Meine Vermutung und die meiner Mitarbeiter für die Ursache wurde durch eine völlig zufällig erschlossene Quelle erhärtet: in einer Koblenzer Bierkneipe kamen meine Mitarbeiter mit einem Hobby-Fotografen ins Gespräch, der ihnen ein Bild des Gerüstpfeilers kurz vor dem Einsturz präsentierte (Bild 10.12b).

Technische Ursache für die Katastrophe war letztlich das Fehlen von drei Aussteifungen auf jeder Seite des im Bild 10.12 erkennbaren Fußträgers über einem Auflager. In der statischen Berechnung waren auf jeder Seite des Stegbleches drei Steifen vorausgesetzt und mit ihnen die Sicherheit im Bereich der Auflagerung nachgewiesen worden. Durch Informationsdefizite zwischen Planung und Ausführung waren – sicher mitverursacht durch die Wiederverwendung vorhandener Träger mit Steifen aus einem früheren Bauvorhaben – nur die im Bild 10.14 eingetragenen Steifen vorhanden. Sie reichten nicht aus, die vorhandenen Kräfte auf das Auflager zu übertragen.

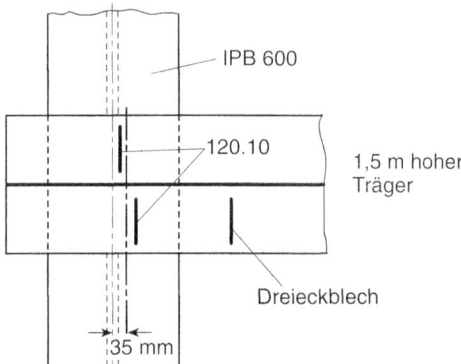

Bild 10.14
Gerüsteinsturz beim Bau der Laubachtalbrücke, vorhandene Steifen über einem Auflager des Fußträgers in Achse 120. 1972, Fall 10.17

Zum Beweis für diese Einsturzursache wurden zwei Träger, die aus der gleichen Fertigung wie der Unglücksträger stammten, im Experiment belastet. Dabei stimmte die festgestellte Traglast mit 1700 kN praktisch mit der für den Unfallzeitpunkt berechneten Last am Lager überein. Genau so wichtig für den Beweis war die Tatsache (Bild 10.15), daß im Lagerbereich die Versagensart der Versuchsträger (im Bild 10.15 oben und in der Mitte) mit der des aus den Trümmern geborgenen Trägers (unten) gleich war.

10.4.2   Brücke bei St. Paul, Minnesota, 1990, Fall 10.38

1990 stürzte das Traggerüst für die Bogenbrücke über den Mississippi-Navigationskanal zwischen Minneapolis und St. Paul, Minnesota ein. Ein Arbeiter starb. Erst mehr als 5 Jahre später wurde die Ursache geklärt.

Die Fahrbahn mit 4 Spuren, außen liegenden Fußwegen und einem Mittelstreifen werden in jedem Feld auf zwei nebeneinander liegenden Bögen aufgeständert (Bild 10.16), jeweils 2 Bögen liegen in Längsrichtung hintereinander. Jeder der rd. 165 m weit gespannten Bögen besteht aus einem zweizelligen Hohlkasten mit veränderlicher Bauhöhe. Zuerst wurde eine Hälfte mit zwei Fahrspuren gebaut, die nach Fertigstellung den Verkehr von der alten Brücke übernahm. Nach deren Abbruch konnte mit dem Bau der zweiten Hälfte begonnen werden. Zuerst wurde das Scheitel-

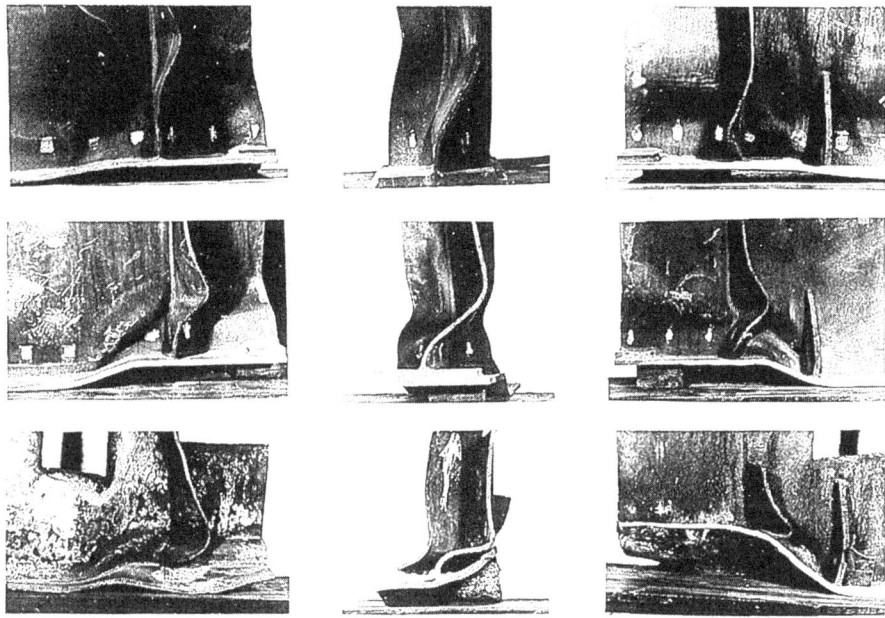

Bild 10.15
Gerüsteinsturz beim Bau der Laubachtalbrücke, Versagensbilder des Baustellen- und von
zwei Versuchsträgern. 1972, Fall 10.17

Bild 10.16
Brücke bei St. Paul, Minnesota, über den Mississippi-Navigations-Kanal, Brücke im Bau 1990,
Fall 10.38

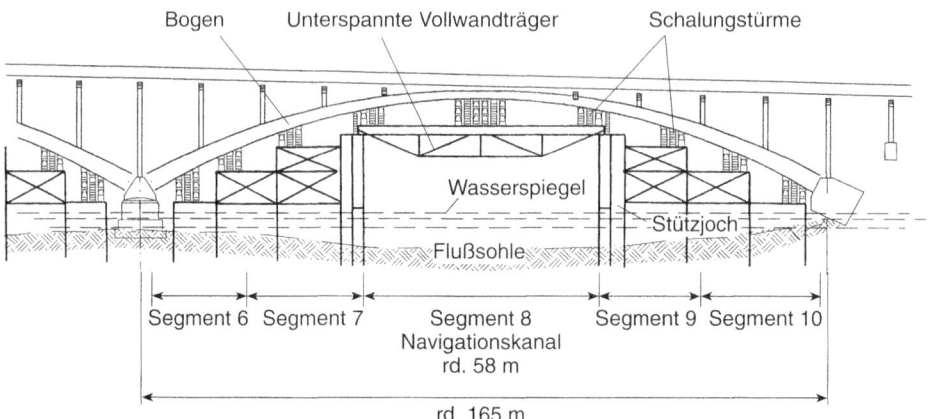

Bild 10.17
Brücke bei St. Paul, Minnesota, über den Mississippi-Navigationskanal, System des Bogengerüstes.
1990, Fall 10.38

segment 8 (Bild 10.17) hergestellt, danach die anliegenden Segmente 9 bis 6. Beim
Bau des zweiten Bogens der zweiten Brückenhälfte stürzte das Gerüst beim Betonieren des Segmentes 8 ein.

Die Gerüste bestanden weitgehend aus Standard-Gerüstbauteilen. Nur für das Segment 8 wurde wegen der großen Spannweite von rd. 58 m zum Freihalten des Schiff-
fahrtsweges mit der Anordnung von vier unterspannten Vollwandträgern davon abge-
wichen. Diese gaben ihre Lasten an jedem Ende an drei Traversen ab, die auf zwei
quer zur Brückenlängsrichtung angeordneten Trägern auf den Köpfen der Stützjoche
lagen. Für die äußeren Vollwandträger waren zwischen deren Untergurten und den
Traversen geschweißte Lagerträger, für die inneren dagegen Walzträger eingebaut
und jeweils mit den Untergurten der Vollwandträger verschweißt. Zwischen den Vollwandträgern und der Bogenschalung waren Schalungstürme angeordnet.

Die Brücke wurde von einem Ingenieurbüro A für den Bauherrn entworfen, dieser
vergab den Auftrag zur Ausführung an ein Unternehmen B, das ein weiteres Büro C
mit dem Entwurf des Traggerüstes beauftragte. Dieses Büro schaltete ein Unternehmen D für den Entwurf und die Lieferung der Schalungstürme oberhalb der unterspannten Träger ein. Der Bauherr führte nur unbedeutende Kontrollen durch und
hielt das Büro A an, den Traggerüstentwurf des Büros C und den der Schalungstürme
des Unternehmens D zu prüfen.

Bei den gerichtlichen Untersuchungen wurde aufgrund von Aussagen festgestellt,
daß das Versagen mit dem Beulen oder Krüppeln des Steges einer Traverse für die
äußeren Träger begann. Die Zeugen stimmten in der Feststellung überein, daß dabei
die oberen Flansche der Traversen unmittelbar unter dem Flansch des Vollwandträ-
gers und damit auch der Vollwandträgern selbst um 7 bis 8 cm nach unten absackten.
Zwei Zeugen sagten aus, daß einige Stiele der Schalungstürme, die dem hiervon betroffenen Lager der Vollwandträger am nächsten waren, keinen Kontakt mehr mit

den Vollwandträgern hatten. – Die Lagerträger wurden geborgen, und ihr Zustand bestätigte, daß einige von ihnen durch Krüppeln versagt hatten. Die Qualität der Schweißnähte wurden von den Experten unterschiedlich bewertet. Die rechnerischen Untersuchungen ergaben u. a.:

- Die Last, die die einzelnen Schalungstürme übernehmen, wird wesentlich von der Steifigkeit der unterspannten Träger und der bereits erhärteten Teile des Betonbogens beeinflußt. Grundsätzlich erhalten die Schalungstürme in der Nähe des Lagers deutlich größere Lasten als die weiter entfernten. Eine getrennte Betrachtung der Schalungstürme (hier durch das Unternehmen D) kann diesen Zusammenhang nicht erfassen.

- Durch das Krüppeln des Lagerträgers unter einem äußeren unterspannten Träger und das dadurch bedingte Absacken des Auflagers steigt die Last auf die Stiele in den lagernächsten Schalungstürmen auf dem benachbarten inneren Träger sehr stark an, jedoch reagiert das Rechenergebnis sehr stark auf die getroffenen Rechenannahmen.

- Beide Einflüsse zusammen heben die Last im ungünstigsten Stiel auf etwa 130 % seiner Quetschlast: Das Ausknicken dieses Stieles war daher unvermeidlich.

Das wahre Verhalten des Gesamttragwerks Bogen–Gerüst wird auch durch die Nachgiebigkeit der Sperrholzschalung und der Eichenhölzer zwischen den Köpfen der Schalungsstützen und den Kanthölzern der Schalung beeinflußt. Dies führt zu einem Lastausgleich und reduziert die Verlagerung von Lasten gegenüber den vorhergehend gemachten Angaben.

Es steht fest, daß das Versagen durch Krüppeln von Lagerträgerstegen ausgelöst wurde und der endgültige Zusammenbruch durch Knicken eines oder mehrerer Stiele eines Schalungsturmes eintrat. Der Schaden hätte sowohl durch Aussteifungen der Stege der geschweißten Lagerträger als vermutlich auch durch die Berücksichtigung des Einflusses der Steifigkeit der unterspannten Träger auf die Verteilung der Lasten auf die einzelnen Schalungstürme verhindert werden können. Der Entwerfer C hatte versäumt, die Steifen für die Stege der geschweißten Lagerträger zu spezifizieren, und das Büro B, das allerdings für eine Prüfung keinen offiziellen Auftrag hatte, beanstandete dies nicht.

10.5 Versagen wegen Ausführungs- und Bedienungsfehlern

Von den 16 Fällen, die im Abschnitt 10.1 dieser Ursache zugeordnet sind, sollen vier etwas genauer besprochen werden. Zu acht Fällen folgen kurze Anmerkungen, mit denen die Vielfalt der Fehler deutlich werden soll.

10.5.1 Einfeldrige Brücke über Bahngleise bei Weinheim, 1967, Fall 10.10

Für die aus 5 nacheinander in erhöhter Lage über den Stromleitern hergestellten, 48 m weit gespannten Hauptträgern bestehende Bahnüberführung war ein dreifeldriges Traggerüst benutzt worden (Bild 10.18). Beim Vorspannen sollte sich das Trag-

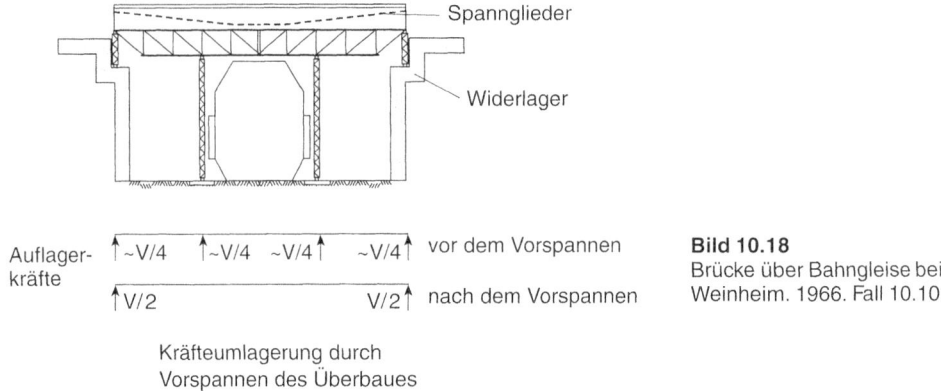

Auflager-
kräfte

$\uparrow\!\sim\!V/4$ $\uparrow\!\sim\!V/4$ $\sim\!V/4\uparrow$ $\sim\!V/4\uparrow$ vor dem Vorspannen

$\uparrow V/2$ $V/2\uparrow$ nach dem Vorspannen

Kräfteumlagerung durch
Vorspannen des Überbaues

Bild 10.18
Brücke über Bahngleise bei
Weinheim. 1966. Fall 10.10

werk vom Gerüst abheben und seine Last auf Stapel auf den Widerlagern abgeben,
um anschließend das Gerüst auszubauen und dann die Brücke in die endgültige Höhenlage mit Pressen und sukzessivem Ausbau der Stapel abzusenken. Es war vergessen worden, die Stapel einzubauen. Daher stützte sich der Überbau auf die dafür zu
schwachen Endjoche und brachte sie zum Einsturz. Der Überbau fiel auf die Auflagerbänke und zerstörte die Oberleitungen, so daß der Bahnverkehr unterbrochen und
ein größeres Unglück verhindert wurde.

10.5.2   22 feldrige Brücke, 1991, Fall 10.40

Die nur zur Gerüstmontage vorgesehenen Verbände waren in paarweise zusammen-
gestellten Jochen belassen und behinderten Horizontalverschiebungen durch Aufhe-
ben der Pendelwirkung. Durch Temperaturänderungen bedingte Verschiebungen des
Überbaus – der Festpunkt war rd. 200 m entfernt – führten infolge Zwang zu Schief-
stellungen der oberen Jochträger und damit zu Abtriebskräften, durch die nach
Durchrutschen von Kupplungen das Joch umgekippt wurde.

10.5.3   Arbeitsgerüst zur Gewegkappensanierung einer
Talverbundbrücke, 1993, Fall 10.43

Ein rd. 39 m langes Arbeitsgerüst stand mit acht 1,7 m breiten Rahmen, hergestellt aus
Rohren mit Kupplungen, auf dem Kragarm der Brückenfahrbahnplatte. Die Rahmen-
stiele waren an ihren Füßen mit Rollen zum Verfahren ausgerüstet. An 1,5 m langen
Kragarmen hingen vor dem Brückenrand rd. 4 m hohe Gerüsttürme mit zwei Arbeits-
bühnen übereinander für die Sanierungsarbeiten an den Gehwegkappen. In der Arbeits-
(= Ruhe-) stellung waren die Gerüsttürme seitlich an den Leitplanken der Brücke gestützt. Diese Verbindungen wurden für das Verfahren gelöst, so daß das Gleichgewicht
nur mit Ballast auf den brückeninnenseitigen Stielen hergestellt werden konnte.

Beim Beginn des Verfahrens kippten die Rahmen um und das ganze Gerüst stürzte
25 m tief ins Tal (Bild 10.19). Der Unfall geschah, weil nur rd. 30 % des zur Standsi-

Bild 10.19
Von einer Autobahnbrücke abgestürztes
Arbeitsgerüst. 1993, Fall 10.43

cherheit erforderlichen und in den Bauunterlagen angegebenen Ballastes vorhanden waren und sich auf einer Arbeitsbühne entgegen der Anweisung 5 Arbeiter aufhielten. Schutzplanen waren beim Verfahren entgegen der Anweisung nicht abgehängt. Die Umkippsicherheit betrug für diesen Zustand etwa gleich 1, der Absturz mag letztlich durch den Fahrtwind von Lastwagen auf der Brücke ausgelöst worden sein.

Es wird angegeben, daß die Einschaltung eines Sub-Sub-Unternehmers für die Errichtung und das Verfahren des Gerüstes und der Verzicht auf eine Abnahme durch den Prüfingenieur zur eklatanten Verletzung der Anweisungen geführt hat.

10.5.4 Brücke bei Diez nahe Limburg, 1997, Fall 10.47

Von der fünffeldrigen Brücke über die Aar und über eine Bahnlinie waren in zwei Bauabschnitten drei Felder und der ins vierte Feld etwa zum Viertelspunkt reichende Kragarm fertiggestellt. Für den 3. Bauabschnitt zur Vervollständigung der Brücke bis zum Widerlager diente u. a. im 4. Feld ein Gerüst aus 2 m hohen, rd. 26 m weit gespannten Fachwerkträgern, aufgehängt an der Kragspitze des fertigen Brückenteils und gelagert auf Rüsttürmen vor dem Betonpfeiler zwischen den Feldern 4 und 5.

Bauwerk und damit Einrüstung waren geometrisch kompliziert, da der Winkel zwischen Brücken- und Pfeilerachsen etwa 70° betrug und die Brücke in Längsrichtung bis rd. 4,4 % und in Querrichtung bis 6,5 % geneigt war. Die Achsrichtung der auf den Rüstträgern liegenden Schalungsträger stimmte etwa mit den Pfeilerachsen überein. Die Betonierfuge zwischen dem 2. und 3. Bauabschnitt war zweimal geknickt und hatte im Mittelteil etwa die gleiche Richtung.

Die rd. 25 m weit gespannten Rüstbinder waren durch mehrere Verbandskreuze aus Gerüstrohren und Rohrkupplungen, angeordnet rechtwinklig zur Längsachse, und durch zwei im Bereich der jeweils äußeren Rüstbinderobergurte angeordnete horizontale Längsverbände, ebenfalls Rohrkupplungsverbände, ausgesteift. Dieser Gerüstabschnitt wurde an der Aufhängung = Koppelfuge am Ende des 2. Bauabschnittes auch horizontal durch Anpressen in beiden Richtungen gehalten. Am anderen Ende war dies ebenfalls über die Rüstturmjoche, die an den Betonpfeiler angehängt und in ihrer Achse durch Zugdiagonalen ausgesteift waren, gegeben.

Kurz vor Fertigstellung des in Richtung gegen die Koppelfuge betonierten 3. Bauabschnittes brachen die Rüstbinder im beschriebenen Bereich ein. Nachfolgend versagte die Aufhängung an der Koppelfuge (Bild 10.20a), und die Rüstträger fielen von dem Joch auf der Gegenseite herab (Bild 10.20b).

Die Einsturzursache wurde in dem zusammen von Dipl.-Ing. H. Surbeck, Taunusstein, und mir erstatteten Gutachten geklärt. Zum Versagen heißt es in der Zusamenfassung:

Der Einsturz des Gerüstes … kurz vor Fertigstellung des 3. Bauabschnittes ist verursacht durch folgende Tatsachen:

- Der Anschluß von zwei Stäben eines der beiden Horizontalverbände wurde nicht, wie in den Plänen vorgesehen, mit einer Schraube M20, 4.6, ausgeführt. Er wurde vielmehr mit der Anschlußschraube einer Halbkupplung vorgenommen, wobei das an gleicher Stelle anzuschließende Gerüstrohr für den Obergurtstab eines Vertikalverbandes, dessen Anschluß auf den Zeichnungen konstruktiv nicht gelöst wurde, über die Kupplung mit angeschlossen wurde (2 Beispiele im Bild 10.21).

- Der Obergurtstab des Vertikalverbandes erhält über die Diagonale des Vertikalverbandes relativ große Querlasten … und leitet damit Zugkräfte in die Anschlußschraube der Halbkupplung, die für die Aufnahme von Längskräften grundsätzlich nicht vorgesehen ist.

- Die verwendete Halbkupplung entspricht keinem Prüfbescheid. Die Anschlußschraube ist vielmehr durch einen Gewindestab ersetzt worden, der mit weniger als 2 Gängen in ein in die Kupplungschelle eingeschnittenes Gewinde eingeschraubt und nur mangelhaft verschweißt wurde (Bild 10.22a).

Bei der Klärung wurden auch bei diesem Traggerüst weitere Mängel in der Gerüstplanung, den statischen Nachweisen, der zeichnerischen Darstellung und der Ausführung festgestellt. Sie betreffen u. a.

- die z.T. in der statischen Berechnung außer Acht gelassenen geometrischen Besonderheiten, die z.T. zu größeren als in der statischen Berechnung ausgewiesenen Beanspruchungen führen,

Bild 10.20
Gerüst für die Aartalbrücke bei Diez.
1997, Fall 10.47
a) Nach dem Einsturz, Blick gegen die
    Koppelfuge im Feld 4
b) Nach dem Einsturz, Blick in Richtung
    Feld 5

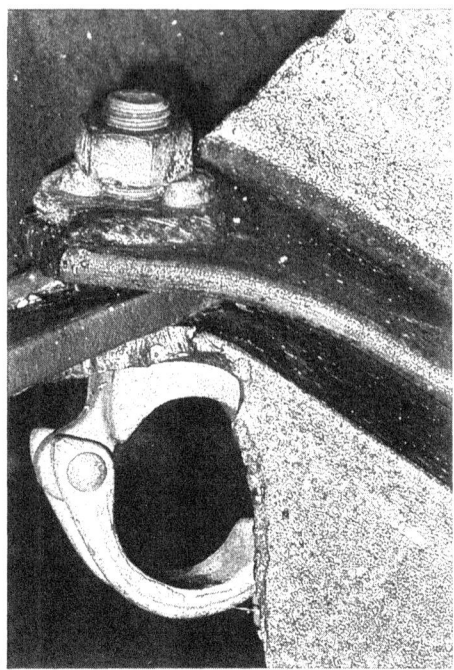

a)   b)

Bild 10.21
Gerüst für die Aartalbrücke bei Diez an der Lahn, unplanmäßiger Anschluß von jeweils zwei Verband-
stäben, z.T. L 100 × 10, an einen Gurt der Rüstbinder mit Halbkupplungen. 1996, Fall 10.47

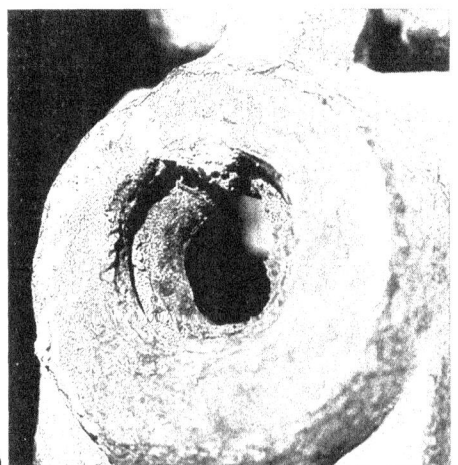

a)   b)

Bild 10.22
Gerüst für die Aartalbrücke bei Diez an der
Lahn. 1996, Fall 10.47
a) Zustand einer „in situ gefertigten" Halbkupplung nach Ausreißen der Schraube
b) Mangelhaft ausgesteifte Aufbockung für
   oberen Träger der Koppelfugenaufhängung

– die Übertragung von Zeichnungsdarstellungen für den 2. Bauabschnitt auf den 3. Bauabschnitt, ohne die vorliegenden Änderungen zu deklarieren, sowie Widersprüche innerhalb der Zeichnungen,

– den Einbau von 5 cm breiten, trotz der Querneigung von 6,5 % rechteckigen Stahlleisten zur Zentrierung, befestigt mit Rödeldraht auf den Obergurten der Rüstbinder,

– eine mangelhaft ausgesteifte Aufbockung des oberen Trägers (Bild 10.22 b) der Koppelfugenaufhängung anstelle vorgesehener Betonplatten.

10.5.5 Kurzhinweise

Die Ursachen des Versagens der nachfolgend ganz kurz kommentierten Versagensfälle geben einen Eindruck von der Vielfalt der Ausführungs- und Bedienungsfehler.

- Bei der Talbrücke Bengen (Fall 10.18) stürzte 1972 das ganze oben fahrende Vorschubgerüst mit dem unten hängenden Schalgerüst vor dem Betonieren des 1. Bauabschnittes ab. Entgegen den Anweisungen war das Gerüst vorzeitig am vorderen Pfeiler auf eine von zwei, auf den vorgefertigten und eingebauten Betonquerträgern angeordneten Traversen abgesetzt. Dadurch kam es zu einer exzentrischen Beanspruchung und zum Absturz, auch, weil Abstützbetonklötze zwischen dem Pfeilerkopf und dem Querträger nicht planmäßig eingebaut waren.

- Beim Bau des ersten Bauabschnittes eines Spannbetondurchlaufträgers für eine Flußquerung über 15 Felder (Fall 10.25) war 1974 bei dem Überbauabschnitt mit 17 m Auskragung zur einen und 20 m zur anderen Seite vergessen worden, vor dem Absenken des Traggerüstes das Ende des längeren Kragarmes mit Hilfsstützen zu unterstützen, um das Übergewicht aufzunehmen. Dadurch kippte das 1250 t schwere Bauteil in Längsrichtung um und verschob sich gleichzeitig in diese Richtung.

- Für zwei nebeneinander liegende, 2feldrige Spannbetonhohlkästen war 1986 ein konventionelles Gerüst (Fall 10.36) mit 27 m weit gespannten Fachwerkrüstträgern auf Gerüstjochen erforderlich. Nach Fertigstellen des 1. Überbaus wurde das Gerüst abgesenkt, mit Stützenfüßen auf Rollwagen gesetzt und seitlich verschoben. Beim Anheben zum Ausbau der Rollwagen quer zur Brückenlängsrichtung ist das Gerüst umgekippt, weil die Schrägabspannungen des Joches ausgebaut waren und die schwachen Rohrkupplungsverbände für die Montage nicht ausreichten, die Abtriebskräfte aus dem jeweils punktuellen Anheben aufzunehmen.

- Das Traggerüst für eine Straßenbrücke nahe Laurel, Maryland, USA, brach 1990 (Fall 10.37) wegen Verwendung von Spindelpressen mit 100 kN Tragkraft anstelle der in den Plänen ausgewiesenen mit 250 kN zusammen (Bild 10.23 a).

- Beim Bau einer 12feldrigen Brücke in der Ortsumgehung Hammelburg gab es 1991 Teilversagen (Fall 10.39) infolge unplanmäßigen Absenkens des Gerüstes um 15 bis 20 cm durch Versagen einer Aufhängung wegen Bruch einer unzulässig verwendeten Sechskantzahnmutter an der Aufhängung am Kragarm.

a)

b)

c)

Bild 10.23
Drei Schadensfälle
a) Eingestürztes Gerüst für eine Brücke in den USA. 1990, Fall 10.37
b) Verunglückte Katze bei Bau der Zufahrt zur 2. Severnbrücke. 1994, Fall 10.44
c) Eingestürztes Gerüst für eine Brücke zur Zufahrt zum Flughafen Jakarta. 1996, Fall 10.46

- Beim Bau der Einfeldplatte für die Treffurthbrücke in Chemnitz über die Chemnitz erfolgte 1993 ein Teileinsturz des Gerüstes (Fall 10.42) durch Versagen eines Stützjoches am Gerüstende infolge Gleitens der Stützenfüße auf dem geneigten, bitumengestrichenen Widerlagerwandfuß, weil eine horizontale Verankerung der Stützenfüße fehlte.

- Beim Bau der Zufahrt zur 2. Severnbrücke kam 1995 die mit einem 200-t-Segment belastete Katze unkontrolliert auf der 235 m langen Gerüstbrücke in Fahrt (Fall 10.44) und verursachte großen Schaden (Bild 10.23 b).

- In Indonesien brach 1996 beim Bau einer 250 m langen Brücke für eine Straße zum Flughafen Jakarta ein 30-m-Abschnitt mit Traggerüst zusammen, Fall 10.46 (Bild 10.23 c). Ursache war vermutlich der zu frühe Ausbau von Traggerüststützen.

10.6　Zwei Einzelfälle

Abschließend soll auf zwei Einzelfälle eingegangen werden:

Corneliusbrücke in München, Fall 10.1, 1902, Bild 10.24

Nach dem in Tabelle 10 genannten Bericht in der Zeitschrift „Beton + Eisen" gab es zahlreiche Mängel bei der Planung und der Ausführung des Gerüstes. Deren große Zahl hat offensichtlich eine eindeutige Klärung der Einsturzursache verhindert. Dennoch ist ein Urteil gesprochen worden, das E. Binswanger, den Verfasser des Berichtes, zu der Feststellung veranlaßt: „So haben also Juristen eine rein technische Frage entschieden, und zwar gegen die Überzeugung der maßgebenden Autoritäten."

U. a. werden folgende Mängel erwähnt, vgl. auch Bild 10.24 b:

- Es gab keine genauen Pläne des Traggerüstes. Nach Auffassung der ausführenden Firma „waren diese Pläne nur hergestellt, um die Konstruktion im Prinzip zu zeigen." Es war z. B. nach dem Einsturz nicht möglich, die genaue Zahl und die Anordnung der vorgesehenen Streben anzugeben. – Der Staatsanwalt bezeichnete daher die Pläne als „Phantasiepläne".

- Die vorgesehenen Holzrammpfähle wurden wegen einer inzwischen eingebrachten, zur Sohlsicherung der Isar erforderlichen Betonplatte durch eine Auflagerung auf Grundschwellen auf dieser Platte ersetzt. – Die Traggerüstpläne wurden nicht entsprechend geändert.

- Für die auf Querdruck belasteten Grundschwellen wurde 40 Jahre altes, aus dem Abbruch eines Wehres gewonnenes Fichtenholz, z.T. mit größeren Durchbohrungen versehen, verwendet.

- Einige Stiele des Untergerüstes stehen „unmittelbar neben den unausgeflickten oder nur zu ungefähr einem Drittel ausgefütterten Durchlochungen der Grundschwellen".

a)

b)

Bild 10.24
Einsturz des Traggerüstes für die Corneliusbrücke über die Isar in München. 1903, Fall 10.1
a) Eingestürztes Gerüst
b) Aufbau des Bogengerüstes

- Dem Gerüst fehlten „senkrecht zur Flußrichtung eine durchgehende Sicherung gegen Verschiebungen sowie Verlaschungen an den Füßen". Die unteren Längshölzer konnten diese Aufgabe nicht übernehmen, da sie in den mittleren Feldern 1,5 m höher als außen lagen.

- Die 60 cm hohen „Hebeschrauben" konnten nur Vertikaldrücke und keine erheblichen Horizontalkräfte übertragen.

- Nach dem Bericht der Untersuchungskommission gibt es bei der Anordnung der Streben im Gerüst mehrere Abweichungen von den Plänen.

Bogenbrücke Sandö, Fall 10.6, 1939

Auf die Ursache des für die Zeit vor 60 Jahren mit 247 m ungewöhnlich weit und frei gespannten hölzernen Bogengerüstes (Bild 10.25) für die Stahlbetonbogenbrücke bei Sandö in Schweden (Fall 10.6) soll hingewiesen werden. Das Gutachten sagt, daß der Einsturz auf das Versagen von Holznagelungen wegen zu großer Holzfeuchtigkeit zurückging.

Bild 10.25
Hölzernes Bogentraggerüst für die Sandöbrücke über den Angermanälv. 1939, Fall 10.6
a) Gerüst nach dem Einschwimmen
b) Gerüst am Kämpfer

11 Lehren für die Praxis

11.1 Allgemeines

Es ist nicht neu, Lehren aus Unfällen abzuleiten und deren Beachtung zu empfehlen. Viele Autoren haben das bereits getan, z. T. allgemein ohne und z. T. speziell mit Bezug auf einzelne Desaster. Empfehlungen, die mir sowohl gut begründet als auch für Praxis und Ausbildung umsetzbar erscheinen, habe ich nachfolgend mit übernommen (Abschnitt 11.6).

Die Lehren werden hier für die Phasen Planung und Entwurf, Tragsicherheitsnachweise und Konstruktion, Ausführung sowie Bauzustandskontrolle und Erhaltung dargestellt. Die Grenzen zwischen diesen Bereichen sind fließend, so daß viele Folgerungen zu bestimmten Phasen auch für andere zutreffen.

11.2 Planung und Entwurf

Bereits bei der Planung und beim Entwurf eines Bauwerks werden Entscheidungen getroffen, die Möglichkeiten eines Versagens einschränken oder fördern. Daß Fehler in der Planungsphase den Hauptteil der Fehler am Bau – nicht nur der, die zu einem Versagen führen – darstellen, ist erst kürzlich wieder mit der Angabe 40 % bestätigt worden [118].

Die nachfolgenden Feststellungen gelten weitgehend auch für das Führen der Tragsicherheitsnachweise und für das Festlegen der Konstruktion.

11.2.1 Auswahl der Planer und Entwerfer

Wichtig ist die Auswahl kompetenter Planer. Ausschreibungen zum Finden der billigsten führen im allgemeinen nicht zur fachlich besten oder preiswertesten, manchmal sogar zu einer unsicheren Lösung einer Bauaufgabe. Obwohl der Vergleich mit der Wahl eines Arztes bei einer schweren Erkrankung durch Wiederholung abgedroschen wirken könnte, trifft er dennoch den Sachverhalt: schwierige Planungsaufgaben können eben nur von erfahrenen Ingenieuren gut gelöst werden. Sich billig anbietende, auch aus Mangel an Erfahrung sich billig anbietende Berater sind genau so ein Risiko, wie es ein billiger Arzt ohne Erfahrung wäre. Daß Planungsleistungen – auch durch neue, z. B. europäische Rechtsrahmen bedingt – immer häufiger ausgeschrieben werden müssen, führt zunehmend zu schlechteren Ergebnissen und ist risikoerhöhend, denn Planungsleistung ist keine Ware, die man in bezug auf ihre Qualität im voraus beschreiben kann. Verantwortung für Katastrophen haben auch die Personen, die diese neuen Rahmen setzen!

Für Erfolg und die Vermeidung von Risiko spielt die Zusammensetzung des Planungsteams eine entscheidende Rolle. S. Pugsley hält es in „The safety of structures"

[57] sogar für notwendig, dem leitenden Ingenieur großer Projekte einen „Trainings-partner" zuzuordnen. Es muß ein erfahrener Ingenieur sein, er muß Zugang zu allen Informationen haben, die der leitende Ingenieur hat, und er muß eine solche Position haben, daß der Chef seine Bemerkungen und Empfehlungen nicht ignorieren kann. Dieser Partner sollte viel Zeit erhalten, die Arbeit am Entwurf zu verfolgen und zu studieren und über die Folgerungen aus den kleinen wie auch aus den großen Ent-scheidungen nachzudenken, die der leitende Ingenieur trifft.

Die Gefahr, die in der alleinigen Entscheidung des leitenden Ingenieurs über alle Fragen eines komplexen Projektes, also ohne kritische Prüfung durch andere, liegt, ist für größere Objekte in der Bundesrepublik Deutschland wegen der Einschaltung von Prüfingenieuren allerdings kaum gegeben. U. U. heimtückisch und weitreichend ist eine andere, vor der Pugsley ebenfalls warnt: Oft hält ein ganzer Berufsstand eine falsche Lehre für wahr. Pugsleys Beispiel einer unangebrachten Begeisterung für eine neue Lehre war der Einsturz der Tacoma Narrows-Hängebrücke 1940, das „… ‚große Lehrstück' für die Unweisheit, einem bestimmten Berufsstand zu erlauben, zu sehr nach innen zu sehen und sich so von wichtigem Wissen, das sich in anderen Be-reichen ansammelte, abzuschirmen." Hätten die Entwerfer der Tacoma Narrows Bridge mehr über Aerodynamik gewußt, hätte sich der Einsturz seiner Meinung nach vermeiden lassen. Es gilt ihm jedoch als ziemlich sicher, daß der Rat, die Bedeutung der Aerodynamik für den Entwurf zu bedenken, als Angriff auf die Berufsehre der Brückenbauer verstanden worden wäre, wenn er von einem Menschen außerhalb der Gemeinschaft „führender Bauingenieure" gekommen wäre. „Die Erfahrung von zwei Ingenieuren, die Berichte über den Einsturz dieser Brücke veröffentlichten," (Ergän-zung des Verfassers, vgl. Abschnitt 4.2) „bestätigt meinen Argwohn. Das Bedürfnis, die Vorgehensweise von Ingenieuren zu verteidigen, ist leider selbst dann gegenwär-tig, wenn Systeme, die wenig kritisch betrachtet wurden, ihre Betreiber zu völlig fal-schen Urteilen führen."

Beispiele für Versagen infolge ungeeigneter Planer sind nach meinem Urteil und den mir zugänglichen Informationen die Fälle 3.8, 3.19, 3.30, 3.52, 3.59, 3.77, 3.84 und 3.91, ferner 4.27, 4.50, 4.51, 4.53, 4.58, 4.59, 4.73 und 4.86 sowie 10.5, 10.8, 10.24 und 10.42.

11.2.2   Voll verantwortlicher Leiter der Planung: Chefingenieur

Bei umfangreichen Planungen und Entwürfen muß ein Ingenieur, der in seinem Be-rufsleben vielseitig und umfassend tätig war, gesamtverantwortlich sein. F. C. Hadi-priono betont in [24] das Risiko, das durch die moderne Organisation des Bauens mit einem Nebeneinander zahlreicher hochqualifizierter Spezialisten und durch die Benutzung von Computern unvermeidlich ist. Es kann zu einer Lücke an Informa-tion zwischen den Beteiligten führen. Koordination wird daher immer mehr zu einer zentralen Aufgabe oder müßte es werden! Der gesamtverantwortliche Chefin-genieur kann Aufgaben an Spezialisten vergeben, er muß diese Delegation klar fest-legen und protokollieren, er muß aber die Einsicht in deren Arbeit und die Übersicht über alle Arbeiten behalten. Aber seine Koordinationsaufgabe kann er nicht delegieren!

Der Chefplaner ist auch verantwortlich für die lückenlose Weitergabe aller erforderlichen Informationen an die Konstrukteure, an die Ausführenden und die Nutzer. In kritischen Situationen muß der Chefingenieur präsent sein, denn nur er hat die Übersicht, um bei einem unplanmäßigen Verlauf einzugreifen. Der Fall 3.21, Einsturz der Fachwerkauslegerbrücke über den St. Lorenzstrom bei Quebec im Jahr 1907, ist ein erschütterndes Beispiel auch für die Folgen der Abwesenheit des Chefingenieurs in einer kritischen Situation.

Dafür, daß es für die wichtigen und verantwortlichen Aufgaben eines Chefplaners keine angemessene Position in den Gebührenordnungen gibt, sind die zuständig, die diese Ordnungen beschließen. Sie sind damit auch für Desaster mitverantwortlich, die auf Fehlen eines koordinierenden Chefingenieurs zurückgehen.

Das Fehlen dieses Chefingenieurs ist für Traggerüste besonders gefährlich und war häufig Ursache für ein Versagen. Die Aufgaben des „Chefs" müssen in diesem Fall über die Zuständigkeit für das Gerüst hinausgehen und das Brückenbauwerk mit umfassen. Denn zu viele Entscheidungen betreffen wechselseitig beide Tragwerke, dies gilt u.a. für den Betoniervorgang und das Freisetzen des Gerüstes z.B. durch Vorspannen.

Uns Erarbeitern der Traggerüstnorm DIN 4421 war dies, nicht zuletzt durch die außergewöhnliche Häufung von Traggerüsteinstürzen zwischen 1966 und 1975 bewußt. In Tabelle 10 stehen für diesen zehnjährigen Zeitraum mit den Fällen 10.8 bis 10.26 19 Einstürze mit z.T. äußerst schweren Folgen! Wir haben daher 1982 im Abschnitt 7 von DIN 4421 gefordert:

7. Bautechnische Unterlagen für die Baustelle

7.1 Allgemeine Anforderungen

Für serienmäßig hergestellte Gerüstbauteile und -systeme, soweit sie nicht einer Bauteil-Norm entsprechen, muß auf der Baustelle eine Montage- und Verwendungsanweisung vorliegen. Diese muß alle für die bestimmungsgemäße Verwendung des Bauteils oder Systems erforderlichen Angaben, einschließlich der zulässigen Einwirkungen und den Eigenlasten, enthalten.

7.2 Zusätzliche Anforderungen bei Traggerüsten der Gruppe 1

Die für die Standsicherheit maßgebenden Unterlagen (z.B. Zulassungsbescheide, Prüfbescheide) müssen an der Verwendungsstelle zur Verfügung stehen.

7.3 Zusätzliche Anforderungen bei Traggerüsten der Gruppen II und III

7.3.1 Unterlagen für die Baustelle

Über die Forderungen nach Abschnitt 7.1 und Abschnitt 7.2 hinaus sind folgende Unterlagen erforderlich:

– Zeichnungen nach Abschnitt …
– Angaben über Lastannahmen, wie z. B. Betonierverlauf, Frischbetondruck, Setzungsannahmen, Verlauf des Vorspannens und Absenkens, Größe der Vorspannung bei Abspannungen
– Angaben über Baustoffe, wie z. B. Stahlsorte, Güteklasse des Holzes
– Angaben über den Baugrund, wie z. B. zulässige Bodenpressungen, Art und Verdichtung von Aufschüttungen

7.3.2 Koordinierung

Der überwachenden Stelle ist vom Unternehmer des einzurüstenden Bauwerks der für die technische Koordinierung Verantwortliche zu benennen. Dieser hat die erfolgte Koordination auf den Ausführungsunterlagen zu bestätigen.

Der Unternehmer hat dafür zu sorgen, daß Auf-, Um- und Abbau sowie gegebenenfalls Verschieben der Traggerüste durch einen fachkundigen Ingenieur überwacht wird, der auch das Ausführungsprotokoll nach Abschnitt 7.3.3 zu unterzeichnen hat.

7.3.3 Ausführungsprotokoll

Vor Aufbringen der Nutzlast ist in einem Protokoll zu bestätigen:

– Die Ausführung stimmt mit den Ausführungsunterlagen überein. Abweichungen sind begründet und belegt.
– Die eingebauten Teile sind augenscheinlich unbeschädigt. Alle Schweißarbeiten sind von Betrieben durchgeführt worden, die einen Befähigungsnachweis nach … besitzen.

Außerdem sind besondere Vorkommnisse während der Montage im Protokoll festzuhalten und die daraufhin getroffenen Maßnahmen zu begründen, wie z. B. Schwierigkeiten, die Lehrgerüstgeometrie (z. B. Achsmaße, Gradiente, Sollhöhen) zu erfüllen und deren Korrektur.

Wegen der vielen Fragen bei „Planung, Berechnung, Konstruktion, Prüfung und Überwachung" von Traggerüsten kann die Benutzung von Check-Listen die Sicherheit sehr erhöhen. Mustergültig ist die von Krebs und Kiefer, Darmstadt, Beratende Ingenieure für das Bauwesen, erarbeitete und allen Interessenten zur Verfügung stehende Liste [104]. Auf rd. 40 Seiten wird der erfolgreiche Versuch unternommen, systematisch mit dem Ziel der Vermeidung von Fehlern bei Traggerüsten vorzugehen. Aufgrund jahrelanger Erfahrungen werden darin Fragen an die Bearbeiter gestellt, deren Beantwortung zwangsläufig zur Beachtung aller Einflüsse auf die Tragfähigkeit von Traggerüsten führt. In der Einleitung wird herausgestellt, daß Traggerüste im Gegensatz zu den meisten anderen Ingenieurkonstruktionen durchweg die vertikalen Lasten, für die sie geplant sind, wirklich voll tragen müssen und daß die oft feingliedrigen Bauteile bei Transport, Montage, Demontage und Lagerung rauh behandelt und beschädigt werden. Es wird wiederholt, daß die Koordinierung aller Tätigkeiten, die letztlich die Standsicherheit des Gerüstes beeinträchtigen können, wegen des im allgemeinen bei Planung und Ausführung vorhandenen Zeitdruckes problematisch ist. Es wird betont, daß die Einstellung zum Baubehelf Gerüst mit vorübergehender Aufgabe und kurzer Standzeit oft dazu verleitet, Ungenauigkeiten zu tolerieren.

In den vier Hauptabschnitten „Statische Berechnung – Allgemeine Fragen", „Statische Berechnung – Spezielle Fragen" (dem mit Abstand längsten Teil der Liste), „Konstruktionszeichnungen" und „Bauleitung und Bauüberwachung" werden Fragen in umfangreichen Listen zusammengestellt. Um die Art der Fragen zu verdeutlichen, sollen zwei Beispiele aus dem Unterabschnitt „Systemannahmen" im Hauptabschnitt „Statische Berechnung – Allgemeine Fragen" wiedergegeben werden:

– Lassen sich die in der statischen Berechnung vorausgesetzten Genauigkeiten der Bauausführung von der Baustelle einhalten?
– Können Kräfteumlagerungen auftreten durch (hier jetzt gekürzt) Vorspannung der Überbauten, durch Verschiebe- oder Absenkvorgänge?

Es wird auch auf formale Fragen eingegangen, z. B. auf die notwendige Überprüfung der Gültigkeit bauaufsichtlicher Zulassungen oder von Typenprüfungen sowie auf die Klärung der Verantwortung durch die Benennung eines gesamtverantwortlichen, fachlich qualifizierten Koordinators und dessen Bestätigung, nach der seine Koordination alle Unterlagen erfaßt hat.

Sicher würde es zur Sicherheit von Traggerüsten beitragen, wenn sich alle Beteiligten, auch die Prüfingenieure – warum nicht in freiwilliger Vereinbarung? – mit dem Ziel von Gütesicherung verpflichten würden, kein Gerüst zu verantworten, für das sie nicht diese oder eine ähnliche Checkliste benutzt und sorgfältig beachtet haben. Versagen in den Fällen 10.4, 10.7 und 10.17 wäre vielleicht, im Fall 10.42 (vgl. auch Abschnitt 10.4.2) durch umfassende Tätigkeit eines Chefplaners bestimmt verhindert worden.

Aber auch in Tabelle 3, also außerhalb des Traggerüstbaus, sind Versagensfälle aufgeführt, die durch das verantwortliche Wirken eines Chefingenieurs sehr wahrscheinlich zu vermeiden gewesen wären. Das gilt außer für den bereits erwähnten Fall 3.21 u.a. für die Fälle 3.26, 3.36, 3.42, 3.53, 3.59, 3.60, 3.61, 3.62, 3.76, 3.84 und 3.90. In Tabelle 4 dagegen findet man solche Fälle nicht. Dies bestätigt die Tatsache, daß Brücken vorwiegend beim Bau gefährdet sind, sofern sie nicht unplanmäßig belastet oder mangelhaft gewartet werden.

11.2.3   Zeit und Ressourcen

Manche Fehler und überflüssiges Risiko gehen darauf zurück, daß Bauherrn Planern oft zu wenig Zeit und – über zu geringe Mittel – zu wenig Möglichkeiten für ihre Arbeit geben. Daher unterbleibt oft das Studium von Alternativen zum Finden der optimalen Lösung. Beispiele dafür sind mehrere der im Kapitel 5 beschriebenen Schäden an Brücken über Wasserstraßen. Sie gehen auf Mängel in der Planung zurück. Wenn eine Brücke wiederholt von Schiffen gerammt wird – dies trifft für die Fälle 5.8, 5.21, 5.22, 5.27, 5.32, 5.39 und 5.47 zu –, dann ist nicht nur die Schiffsführung schuld, sondern der Standort der Brücke ist falsch geplant. Offensichtlich sind z. U. auch ihre Änderung durch den Brückenbau selbst, oder die Sichtverhältnisse nicht angemessen beachtet worden, – sie hätten einen anderen Standort der Brücke oder ihrer Pfeiler verlangt. Die mit Bild 5.5 gezeigte Änderung der Brückenkonzeption für die Tjörnbrücke bei Göteborg bestätigt, daß die Planung für die eingestürzte Brücke falsch war: es kann offensichtlich nicht vorausgesetzt werden, daß ein Schiff den planmäßigen Kurs hält. Dies bestätigen mehrere der in Tabelle 5 erfaßten Unglücke, ganz besonders Fall 5.17.

Ein anderes Beispiel für Mängel in der Planung wegen zu geringer Mittel oder zu knapper Planungszeit sind unzureichende Bodenerkundungen. Das erfordert bei der späteren Bearbeitung Änderungen im Detail oder sogar des Entwurfskonzeptes. In den Tabellen sind nur wenige Beispiele dafür zu finden, da der Bau der Brücke in diesen Fällen im allgemeinen auf der Grundlage der später gewonnenen Kenntnisse erfolgte. Das gilt allerdings oft nicht für das Versagen von Traggerüsten, wie z. B. im Fall 10.8, Hochstraße Ludwigshafen, im Jahr 1966 und im Fall 10.11, Brücke über den Lösegraben in Lüneburg, im Jahr 1967.

Daß einige Auftraggeber mit der Auftragserteilung sogar grundsätzlich und regelmäßig zu knappe Fristen zwischen Auftragsvergabe und Vorlage bestimmter Bauvorlagen, z. B. zur Prüfung, diktieren, macht sie für Mängel in hohem Maß mitverantwortlich. Die Bearbeiter werden damit zu früh gezwungen, sich auf ein Konzept festzulegen und es beizubehalten. Verschiedenartige schlechte Lösungen sind die Folge. Beispiele sind in den Listen allerdings nicht zu finden, denn auch einen schlechten Entwurf kann man, wenn auch mit Aufwand und oft „verkrampften" Lösungen, ausreichend sicher realisieren.

11.2.4 Wechsel des Planungs- oder des Entwurfskonzeptes, der Planer oder der Entwerfer

F. C. Hadipriono weist in [24] auch auf die Gefahren hin, die von Änderungen oder sogar vom Wechsel des Planungskonzeptes ausgehen können. Das gilt in gleicher Weise wie für die Planung auch für die Ausführung und trifft auch für den Wechsel der Personen, die verantwortlich sind, zu, weil für die Qualität und damit auch für die Sicherheit des Projektes wichtige Informationen verloren gehen können. Auch hier ist der Fall 3.21 – Brücke über den St. Lorenzstrom bei Quebec – ein Beispiel: So wurde trotz Vergrößerung der Mittelspannweite das auf die Länge bezogene Totgewicht des ersten Entwurfes in den Sicherheitsnachweisen nicht erhöht. Dieser Mangel hat z. B. auch zum Versagen in den Fällen 3.47 (4. Donaubrücke Wien, 1969) und 3.87 (Abbau der alten Werrabrücke Hedemünden, 1991) beigetragen.

11.2.5 Entwurf robuster Tragwerke

Planung sicherer Bauwerke erfordert Robustheit, deswegen habe ich auf zwei wichtige Veröffentlichungen zu dieser Forderung mit [37, 38] im Abschnitt 3.1 hingewiesen Es geht um den Widerstand gegen unplanmäßige, aber nicht völlig ausschließbare Einwirkungen oder – wie H. Eggert es in [101] formuliert – darum, „schädliche Auswirkungen nicht kalkulierbarer Einwirkungen mit vertretbarem Aufwand in erträglichen Grenzen zu halten." D. Kaminetzkys Regel 2 [32] betrifft ebenfalls einen Aspekt der Robustheit: „Eine Kettenreaktion kann aus einer kleinen Ursache ein großes Versagen machen, es sei denn, du hast gegen Versagen so sicher entworfen, daß Resttragfähigkeit auch bei Teilversagen vorhanden ist."

Es ist allerdings zu einfach, wenn man statisch unbestimmte Tragwerke grundsätzlich für robuster als statisch bestimmte hält. Dies ist falsch, u.a. weil Redundanz der ersteren bei einer Bemessung nach dem Traglastverfahren verloren geht und weil bei statisch bestimmten Tragwerken die Schnittgrößenermittlung nicht von den Steifigkeiten abhängt und damit zuverlässiger ist. Statisch bestimmte Fachwerke haben schließlich bewiesen, daß sie bei klassischer Durchbildung robust sind.

Beurteilung von Robustheit ist oft subjektiv, je nach dem, welche unplanmäßigen Einwirkungen man in seinen Szenarios unterstellt und welche Annahmen man für geometrische Imperfektionen, z.B. bei großem Lochspiel, trifft. Robustheit ist auch oft das Ergebnis einer „Güterabwägung" zwischen Vor- und Nachteilen von zwei oder mehreren Varianten. So wird bei einem Traggerüst der statisch bestimmte Entwurf mit klarer Bestimmung der Schnittgrößen dem unbestimmten trotz seiner vielleicht vorhandenen Umlagerungsmöglichkeiten – im allgemeinen fehlen sie wegen der Instabilitätsgefahr vieler Tragglieder oder sind sehr beschränkt – vorzuziehen sein. Welche Ergebnisse praxisferne Untersuchungen hierzu liefern können, zeigt die Arbeit [102], in der es in der Zusammenfassung heißt: „... kann daraus geschlossen werden, daß es immer sinnvoll ist, Schalungstragwerke und Lehrgerüste als hochgradig statisch unbestimmte Systeme zu entwerfen." Das Gegenteil ist der Fall: Unsichere Steifigkeitsannahmen führen zu unsicherer Ermittlung von Schnittgrößen, Versagen stabilitätsgefährdeter Bauteile kann so zum Gesamtversagen führen! – Als Prüfingenieur habe ich deswegen bei einem Traggerüst mit über zwei Felder durchlaufenden Stahlträgern verlangen müssen, deren Flansche über den Innenstützen durch Brennschneiden zu schwächen, um das Stützmoment vernachlässigbar klein zu halten und damit durch statische Bestimmtheit eine sichere Schnittgrößenermittlung zu erreichen. Die Durchlaufwirkung war wegen nicht ausreichend bekannter Bodenverhältnisse und zudem oberflächennaher Gründungen auf Betonfertigplatten unsicher, „Umlagerungen" hätten leicht zu einer Überlastung von Stützjochen führen können.

Ein Beispiel für Mangel an Robustheit ist der Fall 5.35, der Einsturz der Tjörnbrücke über den Askeröfjord bei Göteborg im Jahr 1981: der dünnwandige Rohrquerschnitt der 278 m weit gespannten Brückenbögen verlor durch den Anprall der Schiffsaufbauten eines Seeschiffes seine Tragfähigkeit völlig. Er ist bekanntlich unter Längslast äußerst empfindlich gegen Imperfektionen, daher wird er in DIN 18 800, Teil 4, als „sehr imperfektionsempfindlich" eingestuft. Es bleibt dahingestellt, ob die Bögen mit einem robusten Querschnitt zwar beschädigt, aber nicht versagt hätten, wie viele Brücken über Straßen bei einem Fahrzeuganprall. Mein Vorschlag, bei einer Mainbrücke mit ähnlichen, allerdings über der Fahrbahn liegenden, ebenfalls weitgespannten Rohrbögen, nachträglich Robustheit durch Füllen der Rohre mit Beton im möglichen Anprallbereich zu erzielen, blieb leider unbeachtet. – H. Eggert ergänzt in [101] das Beispiel Tjörnbrücke noch durch einen zusätzlichen Vorschlag für Robustheit: Installation einer bei Brückeneinsturz aktivierten Warnanlage vor der Brücke, die den Tod von Fahrzeuginsassen durch den Absturz in den Fjord verhindert hätte. – Mit neueren Überlegungen, Robustheit über eine „Autonomie" von Brücken durch Nutzung der Entwicklungen auf dem Gebiet der Mikrotechnologie zu erzielen, beschäftigen sich J.-G. Korvink und M. Schlaich in [121].

Auf eine mögliche Kehrseite von Robustheit – man kann bezweifeln, ob es sich dabei überhaupt noch darum handelt – habe ich schon hingewiesen: die Inkaufnahme von Unsicherheit bei der Schnittgrößenbestimmung. Der Vergleich der Bemessung der vertikal und symmetrisch angeordneten Beine eines drei- mit der eines vierbeinigen Hockers kann dies verdeutlichen. In [103] wird das Problem von J. Heyman als einfaches Beispiel für andere zur Beantwortung der Frage „Why design calculations do not reflect real behaviour?" (so der Titel) anschaulich analysiert. Das Paradoxon besteht darin, daß – unter der Voraussetzung einer zentralen Belastung F, stabilen Verhaltens der Beine und eines rauhen Bodens unter ihren Füßen – alle Beine des dreibeinigen Hockers für eine Normalkraft F/3, dagegen alle des vierbeinigen für F/2 bemessen werden müssen: mehr Beine, größere Bemessungskraft! Ursache dafür ist die Unsicherheit aus der statischen Unbestimmtheit des Vierbeinhockers, bei dem in einer kippelnden Situation nur zwei Beine tragen. Das scheinbar einfache Problem wird komplizierter, wenn man die Bemessung nach der Plastizitätstheorie vornimmt, und noch schwieriger, wenn man für die einzelnen Beine – der Wirklichkeit entsprechend – instabiles Versagen einbezieht.

Vom Mangel an Robustheit kann man außer im Fall 5.35 u. a. sicher für die Versagenszustände in den Fällen 3.55 und 3.61, in denen Spannbetonträger vor dem Verpressen versagten, sprechen.

Die Forderung nach Robustheit gilt auch für „Robust gegen falsche Handhabung auf der Baustelle". Hierauf gehe ich im Abschnitt 11.4 ein.

Erste Ansätze in Normen, die auf robuste Tragwerke zielen, findet man z. B. in DIN 18 000 Teil 1. Dort heißt es:

(713) Erhöhung relativ kleiner Beanspruchungen
Ergeben sich lokal vergleichsweise geringe Beanspruchungen, muß geprüft werden, ob sich durch kleine Veränderungen des Systems oder Lastbildes größere Beanspruchungen oder solche mit anderen Vorzeichen ergeben. Gegebenenfalls sind additive Zuschläge zu den Beanspruchungen vorzusehen.

Anmerkung: Beispiele sind Biegemomente in Stößen im Bereich von Momentennullpunkten und kleine Normalkräfte in Fachwerkstäben, bei denen eine Vorzeichenumkehr möglich ist.

Die Beachtung dieser Regel auch außerhalb des Gültigskeitsbereiches der Norm kann zu robusten Tragwerken beitragen.

11.2.6 Entwurf einfacher Tragwerke

Als eine wichtige Forderung für Planung und Entwurf stellt W. Lorenz in [97] die nach Einfachheit heraus: „Größtmögliche Einfachheit gewinnt zentrale Bedeutung als Optimierungskriterium, sowohl für die Konstruktion selbst als auch für die Bauausführung." Er verweist auf Freyssinet, dem immer daran gelegen war, einfache Lösungen zu entwickeln, und zitiert Schwedler mit den Worten „… es gilt, jede Aufgabe solange durchzuarbeiten, bis die einfachsten Mittel für Ihre Lösung gefunden sind." Lorenz spricht von der Kultur des Einfachen, er stellt dagegen den komplizierten Entwurf, den man mit den heutigen Computer-Mitteln erfaßt, und den schlechten, den man auf diesem Weg „hinrechnet". Leider ist eine Entwicklung in dieser Richtung mit „Berechnen anstelle von Entwerfen" unverkennbar.

Mit zum Versagen beigetragen, wenn dies nicht sogar wesentlich, hat der in bezug auf die Herstellung nicht einfache Entwurf für die Westgatebrücke in Melbourne (Fall 3.51). Das Zusammenfügen der für die Montage durch Längstrennung entstandenen beiden Brückenhälften führte – man muß nachträglich wohl sagen: erwartungsgemäß – wegen der unausbleiblichen Imperfektionen zu derartigen Schwierigkeiten, daß in ihren Folgen unbedachte Manipulationen schließlich zum Einsturz führten.

Die Gefahr, die nicht einfache Entwürfe in sich haben können, wird leider durch die Möglichkeiten, alles berechnen zu können, immer größer. Daß beim Bau der Kylltalbrücke [105] – soweit mir bekannt – erfreulicherweise keine Probleme auftraten, sollte nicht verhindern zu reflektieren, ob hier nicht die Grenze für das Verlassen einfacher Systeme oder einfach herzustellender Tragwerke erreicht oder sogar überschritten ist. Der sehr weit gespannte Bogen und die aufgeständerte Fahrbahn wurden in einer Folge von vielen, durch immer wieder veränderte, eingeprägte Kräfte bestimmten Bauzuständen realisiert. Kein Fachmann ist noch in der Lage, die Situation in Zwischenzuständen zu übersehen, man ist auf die auf ungewöhnlich vielen Annahmen beruhenden Computerberechnungen und die exakte Abstimmung zwischen Baustelle und Computerberechnung angewiesen. – Ein anderes Beispiel, das mir in dieser Hinsicht Anlaß zum Nachdenken über die Richtung der Entwicklung gibt, ist die 1999 fertiggestellte Messehalle 8/9 der Deutsche Messe AG in Hannover [111].

11.2.7 Hinweise auf Zusammenfassungen in der Literatur

Die Beachtung der von C. Hadipriono [24] formulierten, aus seiner Analyse von 150 Bauschadensfällen, von denen etwa ein Drittel Brücken betrafen, abgeleiteten allgemeinen Regeln können beitragen, Planung und Entwurf sicherer zu machen. Sie betreffen die prozeduralen Methoden während des Entwurfs und in den Konstruktionsbetrieben. Sie sind im Abschnitt 11.6 wiedergegeben. Von ihnen betreffen die Ziffern H1, H3, H5, H7, H8, H10, H11 und H12 Planung und Entwurf.

D. Kaminetzky hat in seinen 10 Regeln [32] nicht nur den bereits im Abschnitt 1.4 wiedergegebenen, sarkastisch formulierten neunten Rat „Der beste Weg, bei deiner

Arbeit einen Zusammenbruch zu erzeugen, ist die Mißachtung der Lehre, die dir ähnliche Bauwerke, die versagt haben, erteilen." gegeben, sondern auch andere, die im Abschnitt 11.6 stehen und von denen die meisten auch Planung und Entwurf betreffen.

Schließlich machen die im Abschnitt 11.6 zitierten Situationsbeschreibungen von W. Plagemann einige der mit Planung und Entwurf verbundenen Probleme bewußt.

11.3 Tragsicherheitsnachweise und Konstruktion

Manche der zuvor aufgestellten Forderungen für Planung und Entwurf gelten auch für die Tragsicherheitsnachweise und die Konstruktion. Das trifft uneingeschränkt auf die Kompetenz der tätigen Ingenieure, auf klare Regelungen der Verantwortung unter einem Chefingenieur, auf Koordinierung der Arbeit der Beteiligten und Sicherung des dafür erforderlichen Informationsflusses sowie auf Zeit und Mittel für gründliche Arbeit zu.

Es kommen aber andere Probleme hinzu.

11.3.1 Gefahr beim Extrapolieren

11.3.1.1 Grundsätzliches

Mit Bezug auf eine Veröffentlichung von W. Plagemann [9] und meine Arbeit [10] habe ich im Abschnitt 1.4 bereits auf die Gefahr hingewiesen, die – um die Formulierung aus [9] zu übernehmen – z. B. mit „Vergrößerung oder Ausmagerung erprobter Konstruktionen verbunden sein kann, wenn dabei die ‚Umhüllende der Erfahrungen' überschritten wird, weil bis dahin unbedeutende Einflüsse dominant werden."

P. G. Sibly und A. C. Walker formulieren es in [23, dort Abschnitt 43] so:

„Es gibt mehrere Merkmale in den Umständen, die zu Unfällen führen. Man kann jeweils eine Situation identifizieren, in der in frühen Beispielen einer Struktur ein gewisser Einfluß eine sekundäre Bedeutung hinsichtlich der Stabilität oder der Belastbarkeit hatte. Mit Wachsen der Größe allerdings wurde dieser Einfluß wichtig und führte zum Versagen. Die Unfälle geschahen nicht, weil Ingenieure versäumt hatten, Beanspruchungen nach den akzeptierten Entwurfskriterien hinreichend zu beschränken, sondern wegen des unerwarteten Auftretens einer neuen Art des Verhaltens. In der Zeit, in der die Weiterentwicklung passierte, wurden die Grundlagen der Entwurfsmethoden vergessen, und so war es mit den Grenzen ihrer Gültigkeit. Nach einer Zeit erfolgreicher Konstruktionen erweiterten einzelne oder auch mehrere Entwerfer, vielleicht ein bißchen selbstgefällig, die Anwendung einer Entwurfsmethode."

Bauingenieure müssen oft den Schluß auf Sachverhalte, die sie nicht kennen, aus ihren Erfahrungen ziehen. Sie kommen nicht umhin, zu extrapolieren, es sei denn, sie würden auf einen Fortschritt beim Bauen verzichten. Sie müssen aus Beziehungen für Bereiche, für die diese bekannt sind, auf Beziehungen in anderen Bereichen schließen. Sie müssen unterstellen, daß Gesetzmäßigkeiten, die für ein Parameterfeld hergeleitet und bewiesen sind, auch außerhalb dieses Feldes den Sachverhalt richtig und vollständig beschreiben. Es geht um die Fortsetzung im allgemeinen mathematischer oder statistischer Beziehungen, z. B. von Funktionskurven, über den Bereich hinaus, in dem sie definiert wurden, zur näherungsweisen Bestimmung unbekannter Werte. Zwangsläufig treffen die, die extrapolieren, mit ihren Angaben manchmal den Sachverhalt gut, manchmal aber auch nicht, wenn auch der gern benutzte Satz „Nichts ist bei einer Prognose so sicher wie die Tatsache, daß sie nicht eintrifft" gewiß übertrieben ist. Aber es liegt in der Natur der Sache, daß „Extrapolierer" erst im Nachherein wissen, wie sie den Sachverhalt getroffen haben. Hier lauern Gefahren, wenn wir die Tragsicherheit neuartiger Tragwerke nachweisen.

Die beim Extrapolieren entscheidenden Parameter sind bei Tragkonstruktionen geometrischer Art, es sind Abmessungen oder deren Verhältnisse, denn die Entwicklung des Bauingenieurwesens war und ist u. a. gekennzeichnet durch immer größere und immer schlankere Bauwerke.

Schwieriger einzuordnen in eine „Fortsetzung von Beziehungen über den Bereich hinaus, in dem sie definiert wurden", sind neuartige Bauweisen, z. B. Raumtragwerke mit Stahlkugeln in den Knotenpunkten, Membrantragwerke mit neuen Baustoffen oder neue Aufgaben, wie z. B. das gewaltige Sperrwerk in Rotterdam [106], mit dem bei Sturmflut in kurzer Zeit der „Neue Schifffahrtsweg" mit rd. 400 m Breite durch ein 22 m hohes Tor gegen Sturmfluten geschlossen wird. Bei dieser Gruppe von Bauwerken bestimmen Sprünge und nicht Kurven, Revolutionen und nicht Evolutionen die Entwicklung.

H. P. Ekardt spricht in diesem Zusammenhang u. a. in [11, 107] von „Experimenteller Praxis" und folgert aus dem Fall 3.58, Einsturz der Brücke Zeulenroda, ungeachtet seiner Besonderheiten allgemein für die Ingenieurarbeit im Bauwesen: „Wir haben … den Ausdruck der experimentellen Praxis gebraucht und beziehen dies auf zwar nicht alltägliche, aber dennoch regelmäßig wiederkehrende Aufgabenstellungen, mit denen wir uns an der Grenze bisheriger Erfahrung bewegen, sei dies die Grenze der ganz persönlichen Erfahrung, oder – wie in Zeulenroda als Schlußglied einer Kette großer Fälle – die praktische und technisch-wissenschaftliche Grenze der Erfahrung einer ganzen Profession. Wenn auch gefärbt und möglicherweise verzerrt … lernen wir für dieses Arbeiten am Neuen, im Grenzbereich bisheriger Erfahrung …, daß experimentelle Praxis, Praxis an der technisch-wissenschaftlichen Grenze, Urteilsfähigkeit, Handlungsfähigkeit und Spielraum zum Urteilen und Handeln erfordert. Wird dieser Spielraum durch zu großen ökonomischen und zeitlichen Druck und durch zu weitgehende staatliche Techniksteuerung zu sehr eingeengt, ist Betreten von Neuland mit unvertretbarem Risiko verbunden. Das Technische Regelwerk sollte immer in der Balance zwischen Recht und professioneller Orientierung gehalten werden. Es sollte also nicht als ‚Vorschrift', als Recht in anderer Erscheinung institutionalisiert werden. Das Regelwerk sollte ein Ausdrucksmittel professioneller Techniksteuerung sein und insofern immer unter dem Vorbehalt professionellen Urteils im Einzelfall stehen – jede Generation von Bauingenieuren folgt bei ihrer Arbeit bestimmten Leitbildern. Diese Leitbilder werden nicht verordnet, sie entwickeln sich (zum Beispiel Robustheit, Stoffkreislauf, naturnaher Gewässerausbau, stadtverträglicher Verkehr). Der Stahlbrückenbau der 60 er Jahre folgte dem Leitbild der Lean Construction. Dieses Leitbild gewann Flügel durch die imponierende Entwicklung von Statik, Stabilitätstheorie, Rechentechnik und EDV, und natürlich durch potente und risikofreudige Auftraggeber." Und an anderer Stelle sagt H. P. Ekardt: „Bauen ist in stetiger Entwicklung begriffen, bewegt sich durch die Ernstfälle hindurch, also in realen Projekten ständig in Neuland, bringt Neues hervor und entzieht sich insofern staatlicher, rechtlicher Kontrolle – der zu kontrollierende Bereich ist für die Erfordernisse rechtlicher Behandlung vorab nicht genügend objektiviert und bestimmt. Dies ist ein Fall für die berufliche Selbstkontrolle, die auf Wissen, Erfahrung, abwägendem Urteil und Verantwortlichkeit beruht. Kontrolle und Selbstkontrolle sind die beiden Pole, zwischen denen die Praxis einer innovativen Tragwerksplanung pendelt, zumal dann, wenn der betreffende bautechnische Bereich sich in rascher Entwicklung befindet."

Noch so viel Vorsicht hilft nicht an der Tatsache vorbei, daß Extrapolieren immer hypothetischer Natur und daher mit Risiko verbunden ist. Sicher können wir nicht sein, nur überzeugt, daß sich ein zukünftiges Bauwerk unserer Theorie entsprechend verhalten wird. Der Grund für diese Überzeugung ist die Erkenntnis, die A. M. K. Müller in „Die präparierte Zeit" [109] so – ich zitiere verkürzt – formuliert hat: „Obgleich auf partikulare Weise aus kleinen Ausschnitten der Natur … heraus in unzähligen endlichen, nacheinander ausgeführten theoretischen und experimentellen Schritten langsam durch die Jahrtausende erschlossen, fügt sich dieses Wissen doch unaufhaltsam zu einem immer dichteren Netzwerk widerspruchsfreier Beziehungen zusammen … Infolge der eindeutigen Kommunizierbarkeit geht nichts verloren, infolge der Reproduzierbarkeit bleibt aktuell in Geltung, was … wahr gewesen ist. Und diese Wahrheiten stehen für Prognosen zur Verfügung."

Um unserer Verantwortung beim Extrapolieren gerecht zu werden und nicht den Bauunfall als Lehrmeister zu riskieren, müssen wir uns der Gefahren bewußt sein. Sie sind vorwiegend verborgen im Mangel an Vollständigkeit unserer Modelle.

11.3.1.2 Beispiele

Gegenüber unseren Vorgängern haben wir die Möglichkeit zum Experimentieren an Teilen des geplanten Tragwerkes weitgehend verloren. Fehlen von Mitteln und Zeit werden dafür oft als Gründe vorgeschoben. Bauaufsichtlich völlig überflüssige Hemmnisse, z. B. durch die irrige Auffassung, daß ein experimenteller Nachweis eine besondere Einschaltung bauaufsichtlicher Instanzen (siehe hierzu [108]) mit zeitraubenden und im Ergebnis unsicheren Entscheidungsprozessen erfordere, sind leider oft der wahre Grund.

Daher soll hier zunächst noch einmal an den Fall erinnert werden, bei dem bereits in der Mitte des 19. Jahrhundert das Risiko, das mit dem Extrapolieren verbunden ist, so klein wie möglich gehalten wurde. Es wird uns zugleich bewußt, was wir verloren haben, wenn wir nicht ähnlich vorgehen: Was hat Robert Stephenson in Versuchen nicht alles getestet, wie z. B. eine Versuchsröhre im Maßstab 1 : 6, d. h. mit rd. 23 m Länge, 1,4 m Höhe und 0,8 m Breite, und was hat er sich an Möglichkeiten für den Bau offen gehalten, bevor er 1850 wagte, die Britannia-Röhrenbrücke mit 144 m Stützweite über die Menai-Straits zu bauen: seine Balkenbrücke hätte, falls erforderlich, als Hängebrücke komplettiert werden können [36]. – Auf seine Weit- und Vorsicht bei der Ausführung habe ich bereits am Anfang des Abschnittes 3.1 hingewiesen.

Ein Beispiel, bei dem Extrapolieren durch Beschränkung von Wissen und Erfahrung zu einem schweren Unfall führte, ist der Einsturz des Traggerüstes für eine Straßenbrücke bei Kempten (Fall 10.24) im Jahr 1972. Die Zusammenhänge sind im Abschnitt 10.2.2 dargelegt. Der Einsturz lehrt, daß sowohl hervorragende Fachkenntnisse und Erfahrungen als auch Um- und Vorsicht beim Extrapolieren unverzichtbar sind.

Andere Beispiele für Versagen wegen Fehleinschätzungen beim Extrapolieren sind:

- Die im Abschnitt 4.7 näher betrachteten Versagensfälle oder Schäden infolge Sprödbruch, das sind die Fälle 4.39, 4.41, 4.42, 4.49, 4,52, 4.65, 4.77 und 4.82, da bei ihnen aus den Erfahrungen mit Schweißkonstruktionen ohne ausreichende Klärung auf das solcher mit neuen Werkstoffen, dickeren Bauteilen, Bauteilen mit mehrachsigen Beanspruchungen und beim Einsatz unter tiefen Temperaturen geschlossen wurde.

- Der Einsturz der Brücke Zeulenroda, Fall 3.58, da aus der Beurteilung des Verhaltens von dünnwandigen, schwach versteiften und vorwiegend auf Schubkraft beanspruchten Stegen auf das dünnwandiger, kräftig versteifter und vorwiegend auf Normalkraft beanspruchter breiter Gurte geschlossen wurde. – Bei den Versagensfällen 3.47, 3.51 und 3.53 ist dies eine von mehreren Ursachen, so wie es im Abschnitt 3.4 mit einem Zitat von U. Krüger [46] beschrieben wurde.

- Stäbe von Raumtragwerken mit Kugelknoten – hier ein Beispiel außerhalb des Brückenbaus – haben im allgemeinen kegelförmige Enden. Systemberechnungen wurden über viele Jahre von vielen Ingenieuren – auch in meiner Zuständigkeit – unter der Annahme durchgeführt, daß die Steifigkeitsverhältnisse im Knotenbereich ausreichend genau erfaßt würden, wenn man mit den Stabsteifigkeiten außerhalb der Anschlußbereiche und mit den Stablängen als Systemlängen operiert. Die immer größeren Abmessungen – beim Stadiondach in Split gibt es Rohre mit Durchmessern bis zu rd. 350 mm – führten zu immer flacheren Kegeln. Es blieb über längere Zeit unbeachtet, daß die beschriebene Rechenannahme damit immer unzutreffender wurde: die Nachgiebigkeit der Kegel war nicht mehr vernachlässigbar. Erst Messungen von Durchbiegungen, besonders bei flachen, bogenartigen Tragwerken, bei denen die Verformungen in den Gleichgewichtsbedingungen wichtig werden (Theorie II. Ordnung), legten offen, daß die Extrapolation nicht erlaubt war.

11.3.1.3 Auf Vermeiden von Gefährdungen aus Extrapolieren zielende Regeln

Von den Regeln im Abschnitt 11.6 sind in bezug auf Extrapolieren besonders die von C. Hadipriono unter H1, H2, H5, H9, H13 und H14 stehenden wichtig.

W. Plagemanns Zusammenfassungen unter den Ziffern P3 und P4 machen einen Teil der mit Extrapolieren verbundenen Probleme bewußt.

11.3.2   Organisation: Koordinierung, Delegierung, Informationsaustausch

Viele Versagensfälle gehen auf Mängel in der Organisation des Bauprozesses zurück. Auf einige habe ich bereits im Abschnitt 11.2.2 im Zusammenhang mit der Verantwortung des Chefingenieurs und dabei besonders auf dessen Rolle bei Bauvorhaben mit Traggerüsten hingewiesen. In der folgenden Auflistung lasse ich die Versagensfälle, die allein und vorwiegend auf Mängel in der Anweisung des Personals auf der Baustelle zurückgehen, weg (dazu vgl. Abschnitt 11.4).

- Fall 10.4, Bogenbrücke Flensburg, 1923:
  Freisetzen des Bogengewölbes ohne Abstimmung auf die Wechselwirkung von Bogen und Gerüst.

- Fall 10.7, Lahnbrücke Limburg, 1961:
  Keine zusammenfassende Betrachtung der Wirkung von Boden, Gerüst und teilbetoniertem Überbau.

- Fall 10.8, Hochstraße Ludwigshafen, 1966:
  Keine zusammenfassende Betrachtung des Verhaltens von Boden und Gerüst, – sie hätte vermutlich zu einer gründlicheren Bodenerkundung geführt.

- Fall 10.10, Bahnüberführung bei Weinheim, 1966:
  Keine zusammenfassende Betrachtung der Auswirkung von Überbauvorspannung und Tragwirkung des Gerüstes.

- Fall 10.17, Hangbrücke Laubachtal bei Koblenz, 1972:
  Keine ausreichende Abstimmung zwischen Statik, Konstruktion und Ausführung.

- Fall 10.32: Brücke in East Chicago, 1980:
  Keine zusammenfassende Betrachtung von Boden, Gerüst und Überbau.

Da der Fall 10.38, Brücke bei St. Paul, 1990, besonders kraß die Folgen aus schlechter Organisation und Abstimmung zeigt, habe ich ihn im Abschnitt 10.4.2 ausführlicher beschrieben. Die Lehre aus diesem Unfall ist nicht neu, es muß aber dennoch erneut betont werden: neben der Forderung nach einem sorgfältigen Entwurf und nach seiner vollständigen Dokumentation muß gleichrangig die nach ungeteilter Verantwortung stehen. Bei einer Teilung der Zuständigkeiten bleibt das komplizierte Zusammenspiel der verschiedenen Teile eines Tragwerkes, hier der Teile des Gerüstes, des Betonbogens sowie der Gründung, leicht unerkannt.

Auch im Brückenbau in der Bundesrepublik Deutschland sollten die Erkenntnisse aus diesem Schadensfall gezogen werden. Wenn auch in bezug auf Traggerüste durch Abschnitt 5.3 von DIN 4421 versucht wird, der Koordinierung die erforderliche Bedeutung zu geben, ist in der Praxis oft das Gegenteil der Fall. Beim Bau von Beton- oder Spannbetonbrücken unter Nutzung von Gerüsten führt die Art der Vergabe durch einige bauende Verwaltungen dazu, daß das Risiko durch Aufteilung der Zuständigkeiten für einzelne Gewerke – dies auch auf der Seite der Prüfung – auf mehrere am Bau Beteiligte überflüssigerweise erhöht wird. – Es bleibt in diesem Zusammenhang unverständlich, daß im Organ der Bundesvereinigung der Prüfingenieure „Der Prüfingenieur" 1999 in einem Aufsatz [110] Vorschläge präsentiert werden, die eher zu einer Reduzierung der Sicherheit von Traggerüsten führen, als sie zu erhöhen. Erfreulicherweise ist hiergegen unmittelbar im nächsten Heft dieses Organs unter dem Titel „Traggerüste sind Ingenieurbauwerke" von kompetenter Seite deutlich Stellung genommen worden [110].

Auch in der Tabelle 3 stehen Versagensfälle, die auf Mängel in der Organisation zurückgehen. Hier soll der erneute Hinweis auf den Fall 3.21, Brücke über St. Lorenzstrom, 1907, genügen.

Von den Regeln im Abschnitt 11.6 sind in bezug auf Organisation besonders die von C. Hadipriono unter H3, H6 und H7 und die von D. Kaminetzky unter den Ziffern K3, K4, K5 und K8 angegeben wichtig. W. Plagemanns Zusammenfassung unter Ziffer P2 macht einen Teil der Probleme bewußt.

11.3.3 Tragsicherheitsnachweise

11.3.3.1 Umfang, Übersicht, Form

Tragsicherheitsnachweise haben inzwischen aus verschiedenen Gründen nicht mehr übersehbare Umfänge angenommen. Manche Gründe dafür sind unvermeidlich, wie z.B. komplizierte Grenzzustände, die durch neue Bauarten und -weisen und durch höhere Ausnutzung der Bauteile bedingt sind. Immer mehr Gründe folgen allerdings aus praxisfernen Normen mit der Forderung nach Nachweisen, bei denen die Unsicherheit der Eingangsdaten den mehrfachen Umfang in bezug auf frühere nicht rechtfertigt und das Argument „Mit Programmen einfach zu erledigen" an dem Mißverhältnis zwischen Grundlage und Aufwand der Berechnung nichts ändert.

Man ist vielleicht überrascht, daß K. Klöppel in seinem Gutachten zum Schadensfall 3.36, Einsturz der Autobahnbrücke bei Kaiserslautern über das Lauterbachtal, schon im Jahr 1954 (s. auch Abschnitt 3.3) in der Zusammenfassung folgende Erkenntnisse gezogen und Forderungen aufgestellt hat:

„Der in Rede stehende Schadensfall gehört auf Grund dieses Tatbestandes in diejenige Kategorie der Unfälle, die auf versehentliche Unterlassung eines gravierenden rechnerischen Nachweises, im weiteren Sinne also auf Rechenfehler, zurückzuführen sind. Rechenfehler hat es zu allen Zeiten gegeben; wenn sie nur sehr selten zum Versagen des Tragwerkes geführt haben, so deshalb, weil in Zug- und Biegestäben (vielfach auch in Fachwerkstäben) noch soviel „stille Reserven" bei der Ermittlung des Sicherheitsgrades unberücksichtigt bleiben, daß unter Umständen bis zu 100%ige Rechenfehler vom Tragwerk „verdaut" werden können. Bei einer Reihe von Stabilitätsfällen aus den Gebieten des Knickens, Kippens, Beulens und Biegedrillknickens ist dies grundsätzlich anders, wie allein schon die Geschichte der Bauunfälle beweist. Hier sind die „stillen" Reserven minimal und manchmal Null, so daß der rechnerische Sicherheitsgrad eine zu große Grenzlast vortäuscht. ... Von einer dieser Lehren fühle ich mich verpflichtet, in diesem Zusammenhang zu sprechen, weil sie fällig ist in Anbetracht dessen, daß unsere statischen Berechnungen etwa im letzten Jahrzehnt sehr viel umfangreicher geworden sind. Man muß befürchten, daß der Statiker das für den Bestand des Bauwerkes entscheidende Kräftespiel vor lauter zweitrangigen Spannungswerten gar nicht mehr sieht. Deshalb drängt sich die Folgerung auf, den maßgebenden Baubehörden und auch den Baufirmen zu empfehlen, allen statischen Berechnungen, mindestens aber denen, die einen bestimmten Seitenumfang überschreiten, einen sehr übersichtlich gestalteten Berechnungsauszug beizufügen. Aus ihm muß schnellstens entnommen werden können, wie groß die Sicherheitswerte an denjenigen Stellen des Bauwerkes und für diejenigen Bauzustände sind, die gewissermaßen zur höchsten Gefahrenklasse gehören. ... Eine solche knappe, aber erschöpfende Zusammenfassung erfordert eine überragende Beherrschung der statischen Eigenart des betreffenden Tragwerkes und zwingt zur nochmaligen Durchdenkung der statischen Berechnung mit dem Ziele, im Sinne der übergeordneten Fragestellung Haupt- und Nebensache sinnvoll zu trennen. Es ist schwer vorstellbar, daß im vorliegenden Schadensfall der entscheidende Nachweis unterblieben wäre, wenn eine solche Überblicksberechnung schon existiert hätte."

Diese bald 50 Jahre alte Forderung gilt heute nicht nur nach wie vor, sondern hat inzwischen viel größere Bedeutung gewonnen, dennoch wird sie nur selten erfüllt. Baubeschreibungen, z.B. in DIN 18800 Teil 1 im Element 203 als Bestandteil der Bauvorlagen verlangt, erfüllen diese Aufgabe nicht, zumal sie in den meisten Fällen in bezug auf die Tragwirkung mangelhaft sind.

Zumindest staatliche Bauherrn sollten Bauunterlagen nur dann annehmen, wenn dem Standsicherheitsnachweis gemäß der Forderung von K. Klöppel eine bewußt knapp gefaßte, aber erschöpfende Zusammenfassung vorangestellt wird, die zeigt, daß der verantwortliche Ingenieur die statischen Eigenarten seines Tragwerkes überragend beherrscht, Haupt- und Nebensachen sinnvoll zu trennen weiß und daß er alles bei der Niederschrift dieser Präambel nochmals durchdacht hat.

Gliederung und Lesbarkeit von statischen Berechnungen lassen oft zu wünschen übrig, sie sind dann eine Quelle von Gefährdung. Es hieße sicher, Eulen nach Athen zu tragen, wenn ich hier Vorschläge für die Präsentation von Standsicherheitsnachweisen machen würde. Daher soll der Hinweis auf eine Quelle [126] genügen.

11.3.3.2 Folgen und Gefahren der Computerbenutzung

Jeder Bauingenieur begrüßt, daß die Benutzung des Computers seine Arbeit wesentlich erleichtert, und nutzt dies aus. Wie bei vielen Segnungen der Technik liegen aber auch hier Vorteile und Gefahren des Mißbrauches dicht beieinander. Von diesen Gefahren soll hier die Rede sein, denn die Vorteile kennen wir alle.

1. Der Computer verleitet, auch vom Entwurf her schlechte Konstruktionen, die früher mit „Handrechnungen" nicht zu erfassen waren, dennoch zu berechnen und zu bauen. Sie sind immer mit einem größeren Risiko verbunden, als Tragwerke nach einem einfachen und daher guten Entwurf.

2. Der Computer verleitet, die Ergebnisse einer Berechnung als sicher anzunehmen, ohne sie in Relation zur Unsicherheit der vielen Berechnungsannahmen z. B. für das System, die Bauteilabmessungen, die Werkstoffeigenschaften und die Einwirkungen, die Lagerungs- und Randbedingungen zu bewerten. Die Angabe der Ergebnisse mit vielen gültigen Ziffern ist m. E. ein Symptom für diese Tatsache.

3. Mit Rechenprogrammen erzeugte Ergebnisse können unsicher sein, da die Voraussetzungen für die Benutzung nicht beachtet wurden, ja oft auch nicht einmal vom Software-Entwickler ausreichend vollständig mitgeteilt werden. Das gilt z. B. für den Stahlbau im Fall „ausgehungerter" Stegbleche, zu denen u. a. die moderne Fertigung geschweißter I-Träger verleitet und deren ausreichende Tragfähigkeit auf der Grundlage einer Zugfeldbetrachtung nachgewiesen wird. Die Träger werden damit immer schubweicher, ohne daß die damit zunehmende Bedeutung der Schubverformungen berücksichtigt wird (vgl. dazu [112]). Dennoch habe ich auf die Frage, ob denn das benutzte, auf der Basis der Elastizitätstheorie arbeitende Rechenprogramm die Schubverformungen berücksichtigt, in den meisten Fällen keine Antwort bekommen. – Die über viele Jahre übliche Näherung für die Berücksichtigung der Schubweichheit in Schäften abgespannter Maste ist ein weiteres Beispiel für die unkritische Verwendung von Standardrechenprogrammen (siehe dazu [113]).

4. Daß der Computer nicht dazu führt, daß mehrere Ingenieure bei einer Bemessungsaufgabe zu auch nur annähernd gleichen Ergebnissen kommen, haben uns M. Bürge und J. Schneider in [114] am Beispiel eines einfachen Garagendaches gezeigt (vgl. Abschn. 11.3.3.3, Modellierung).

5. Besonders gefährlich ist die Möglichkeit, daß Ingenieure Rechenprogramme für Aufgaben, die sie nicht übersehen, verwenden. Sie werden verleitet, ihren Tätigkeitsbereich auszuweiten, ohne sich die dafür erforderlichen Kenntnisse anzueignen. Daher müssen sie die Ergebnisse unkritisch hinnehmen, jeder Prüfingenieur kann hier mit unglaublichen Beispielen dienen.

6. Der Computer verschleiert leicht die Tatsache, daß es bei redundanten Systemen keine „richtige" Lösung gibt. Hierzu nochmals J. Heymann [103], der uns mit dem Paradoxon von J. Hambly bekannt gemacht hat. Nach der Wiederholung der Selbstverständlichkeit, daß die Gleichungen der Statik zuverlässig sind, betont er

die Tatsache, „daß es für eine redundante Struktur unendliche viele Lösungen gibt. Da gibt es keine richtige Lösung der Gleichungen, aber eine Lösung führt zur größten Wirtschaftlichkeit in bezug auf das Material. Dies ist die, die ein Ingenieur mit einer Bemessung nach einem einfachen Plastizitätsverfahren findet, die ist sicher und gültig, vorausgesetzt, daß keine Instabilität der Struktur inhärent ist. Wenn es allerdings instabile Elemente (wie Stützen in einem Gebäuderahmen) gibt, dann kann Sicherheit nicht mehr angenommen werden, ohne die schlechtesten Zustände für diese Elemente zu untersuchen. Kein konventioneller Entwurfsprozeß spricht dieses Problem an, kaum einem Benutzer eines Rechenprogramms ist dies bewußt. Damit wird eine neue Gruppe Designregeln, um das Vertrauen auf Rechner zu vergrößern, benötigt."

Die sechs zuvor dargelegten Aspekte sollen helfen, Gefahren, die mit der Benutzung von Rechenprogrammen verbunden sein können, zu erkennen und zu vermeiden. Sie zeigen aber auch, daß wir den richtigen Umgang mit der gewaltigen Hilfe des Computers noch nicht gefunden haben.

11.3.3.3 Einzelfragen

Modellierung

Entscheidend für die richtige Erfassung des Kräftespiels in einem Tragwerk ist die zutreffende Modellierung. H. Duddeck hat wiederholt auf dieses Problem hingewiesen, z.B. in [115]. Wie subjektiv die Übertragung der Wirklichkeit in das Modell ist, wird aus schon erwähnten Untersuchung von M. Bürge und J. Schneider [114] deutlich: In ihr werden die Ergebnisse der Bemessung eines einfachen Garagendaches durch 32 erfahrene, in der Praxis tätige Bauingenieure miteinander verglichen. Trotz der klaren Vorgaben beginnen die Unterschiede bereits bei den angesetzten Lasten (zwischen 19 und 27 kN/m², Mittelwert 22,6 kN/m², Standardabweichung 2,0 kN/m²). Sie gehen weiter bei der Menge der Bewehrung für die Hauptmomente in einzelnen Bereichen der Platte mit den größten Streuungen (Standardabweichung bis 1,55 cm²/m bei einem Mittelwert 3,81 cm²/m). Und sie betreffen schließlich das Gewicht der gesamten Bewehrung für die Platte zwischen 550 und 1265 kg, Mittelwert 823 kg, Standardabweichung 197 kg). – Zu Angaben für einen Unterzug und eine Stütze wird auf die Quelle verwiesen.

Die Verfasser haben mit Methoden, die für die Praxis kaum anwendbar sind, hier auf der Basis einer Bruchlinientheorie, festgestellt, daß keiner der 32 Entwürfe zu einer einsturzgefährdeten Konstruktion geführt hätte.

Das Erinnern an das Ergebnis dieser Studie kann bei Modellierungsaufgaben helfen, das Heil nicht darin zu suchen, daß etwa immer mehr Kompliziertheit in ein Modell hineingepackt wird, da man glaubt, damit immer näher an die Wirklichkeit heranzukommen, und daß der Computer angeblich mit jeder Aufgabe fertig wird. Vielmehr muß die Lehre lauten, den Entwurf so einfach zu machen, daß es möglichst keine Zweifel für das Modell gibt. Und wenn das aufgrund der Aufgabe nur eingeschränkt gelingt, dann lautet die Lehre weiter: das Tragwerk muß nebeneinander mit verschiedenen Modellen, die man für zutreffend hält, beschrieben, die Ergebnisse müssen miteinander verglichen und es muß jeweils nach dem ungünstigsten bemessen werden.

Maßgebende Situationen

Es ist überraschend und deprimierend, daß Einstürze durch Übersehen der – für die Bemessung der versagenden Bauteile – maßgebenden Situationen verursacht wurden. Das gilt für:

- Fall 3.36, Autobahnbrücke bei Kaiserslautern, 1954:
  weil der für die Bemessung eines Untergurtabschnittes maßgebende Montagelastfall nicht untersucht wurde.

- Fall 3.57, Verbundbrücke Valagin mit aufgeschobener Fahrbahnplatte, 1973:
  weil zu große Annahmen für den minimalen Reibwert getroffen wurden.

- Fall 3.85, Autobahnbrücke über den Main bei Aschaffenburg, 1988:
  weil der für die größte Querkraft im Versagensbereich maßgebende Montagelastfall nicht untersucht wurde.

Zum Schutz vor derartigen Fehlern kann sicher die im Abschnitt 11.3.3.1 geforderte Präambel zu Standsicherheitsnachweisen helfen, wenn sie als wichtiger Beitrag zur Sicherheit und nicht als reine Formsache aufgefaßt wird. Der verantwortliche Ingenieur sollte begrüßen, daß er sich damit nochmals die statischen Eigenarten seines Tragwerkes und die einzelnen Schritte der Herstellung vor Augen führt, Gelegenheit hat, Haupt- und Nebensachen sinnvoll zu trennen, und das ganze Geflecht seines Tragwerkes losgelöst von Einzelnachweisen zu durchdenken.

In der Schweiz hilft die Norm SIA 260 mit sogenannten Gefährdungsbildern, Gefahrensituationen nicht zu übersehen. J. Schneider beschreibt in [117], wie dabei Szenarios zu verstehen sind. Sie sind „… ein Drehbuch, das festlegt, welche Gefahren in welcher Rolle wie und innerhalb welchen Bühnenbildes zusammen agieren."

Räumlichkeit

Fast alle Tragwerke sind räumliche Gebilde. Die Vernachlässigung der räumlichen Tragwirkung ist Ursache für einige Einstürze, mehr noch für viele Schäden. Der Fall 4.28, Einsturz der Brücke über die Birs bei Mönchenstein 1891, gehört dazu, er ist im Abschnitt 4.6 beschrieben. Schadensfälle im amerikanischen und japanischen Brückenbau durch Negieren der räumlichen Wirkungen haben u.a. J. W. Fisher und D. R. Mertz in [120] und G. Klassen sowie F. Nather in [70–72] beschrieben.

Die Verwendung von Computern macht es leicht, die räumliche Wirkung zu studieren. Das muß nicht ausschließen, daß dann, wenn man sie kennt und entsprechend konstruiert, nach wie vor ebene Tragwerke sinnvoll herausgelöst und untersucht werden.

„Hochgezüchtete" Traggebilde

Die Entwicklung führt in allen Bereichen des Bauwesens zu „hochgezüchteten" Bau-
gliedern: man optimiert sie im allgemeinen nur in bezug auf eine einzige Eigen-
schaft, ohne gleichzeitig andere ebenfalls zu verbessern. Ein Beispiel für die Nicht-
beachtung dieses Mangels ist der Fall 10.24, Einsturz des Traggerüstes bei Kempten,
1974, wegen der verwendeten Rüstträger. Sie waren für die Aufnahme von Lasten in
der Trägerebene, also im allgemeinen von Vertikallasten, extrem leistungsfähig, dagegen für Horizontallasten im Verhältnis dazu extrem schwach. – Der Fall ist im Abschnitt 10.2.2 u. a. deswegen ausführlich erläutert.

Als hochgezüchtet im Sinne von „wenig Material, große Lastaufnahme" kann man
auch den Rohrquerschnitt der Tjörnbrücke (Fall 5.35) einstufen. Seine Schwäche
ist die große Empfindlichkeit gegen Imperfektionen und damit gegen Beschädigungen.

Reibung

Reibung ist im rauhen Baubetrieb eine stark streuende Größe. Daher sind z. B. die in
DIN 4421, Tabelle 7, für Traggerüste angegebenen maximalen Reibwerte bis 4mal
(dieses Verhältnis gilt für die Paarung Stahl/Stahl) so groß wie die minimalen.

Beim Tragsicherheitsnachweis kann man daher nicht vorsichtig genug sein, z. B. für
Zwängungen infolge Reibung nicht zu kleine, dagegen für die Aufnahme von Kräften durch Reibung nicht zu große Werte anzunehmen. Der Fall 3.57, Verbundbrücke
über die Sorge, 1973, ist ein Beispiel für Einsturz infolge Fehleinschätzung von Reibung. Er ist daher im Abschnitt 3.6 ausführlich beschrieben. Es sei auch auf den Fall
10.42, Treffurthbrücke in Chemnitz, 1992, hingewiesen.

Parameterraum für empirisch gewonnene Erkenntnisse

Ingenieure sind oft darauf angewiesen, auf der Basis empirisch gewonnener Erkenntnisse zu entscheiden, da es für ein Problem noch kein naturwissenschaftlich begrün-
detes Gesetz gibt. Das können sie aber nur dann, wenn der Parameterraum für derartige Gesetzmäßigkeiten präzise und vollständig beschrieben ist und so von ihnen beachtet werden kann und wird. Derartige Gesetzmäßigkeiten werden heute schnell
verkündet, indem Ergebnisse von Untersuchungen mit Rechenprogrammen über Re-
gressionsrechnungen in einfache, oft linear formulierteAussagen gepreßt und
manchmal als allgemein gültige Gesetze verstanden werden. Die mit Recht ange-
strebte Verwendung möglichst vieler Ergebnisse, auch anderer Forscher, setzt aber
eine genaue Analyse der Bedingungen voraus, die in den benutzten Berichten oft nur
mangelhaft dokumentiert sind.

Es ist daher bei der Verwendung derartiger „Regeln" größte Vorsicht geboten: Her-
leitungen müssen vor der Verwendung geklärt sein, und der Parameterraum, für die
sie gelten, muß sorgfältig beachtet werden. Wenn er nicht einmal angegeben ist, ist
höchste Vorsicht geboten!

11.3.3.4 Auf Vermeiden von Gefährdungen beim Tragsicherheitsnachweis zielende Regeln

Von den Regeln im Abschnitt 11.6 sind in bezug auf Tragsicherheitsnachweise besonders die von C. Hadipriono unter H8, H9, H11 und H13 und die von D. Kaminetzky unter Ziffer K4 angegebenen wichtig. W. Plagemanns Zusammenfassung unter Ziffer P2 und P4 macht einen Teil der Probleme bewußt.

11.3.4 Konstruktion

11.3.4.1 Allgemeine Anmerkungen zur Situation

Mangelhafte Konstruktionen entstehen dann, wenn Entwerfer und Konstrukteur nicht eng genug miteinander zusammenarbeiten. Im idealen Fall sehen Entwerfer die Festlegung der Konstruktion als ihre Aufgabe an, und für sie ist diese Aufgabe vom Standsicherheitsnachweis überhaupt nicht zu trennen, bei ihnen gibt es keine Probleme. Diese Entwerfer sind so erfahren, daß sie auch letzte Kleinigkeiten festlegen, und für sie ist das selbstverständlich, damit sie den Tragsicherheitsnachweis für das führen, was konstruiert und gebaut wird.

Leider ist das heute nicht mehr allgemein der Fall, denn verschiedene Zwänge führen immer mehr zu Verhältnissen, wie sie nach G. Dallaire und R. Robinson [26] in den USA etwa um 1980 für die Konstruktion von Verbindungen im Stahlbau verbreitet sind. Sie berichten, daß es in den USA selbstverständlich nach wie vor Büros gibt, die von der Tatsache ausgehen, daß alles, was mit Beanspruchung zu tun hat, in ihrer Verantwortung liegt, auch dann, wenn die Verbindungen von anderen entworfen und detailliert sind und sie deren Ergebnis kontrollieren. Der Pfad der Tugend wird aber bereits verlassen, wenn Entwurfsbüros den unabhängig von ihnen arbeitenden – und ihnen wegen der Tätigkeit als Subunternehmer der ausführenden Unternehmen nicht einmal bekannten – Detaillierern für standardgemäße Verbindungen keinen allgemeinen Standard und keine Schnittgrößen, für die sie zu detaillieren sind, angeben, sondern nur mitteilen, wie die Schnittgrößen ermittelt werden können. Es ist auch für nicht standardisierte Verbindungen mit Risiko verbunden, wenn die Entwerfer nur eine Zeichnung für einen typischen Fall anfertigen, mit der z. B. die Idee für die Anordnung von Platten und Schrauben, also das Konzept, gezeigt wird, aber nicht die genauen Abmessungen. Gefahr geht nicht nur hierbei auch davon aus, daß bei ebenen Betrachtungen und Darstellungen Zwänge und Kollisionen mit anderen Bauteilen der räumlichen Konstruktion übersehen werden

Diese zur Arbeitsteilung führende, verbreitete Prozedur hat mehrere Gründe:

- Die verschiedenen Ausrüstungen und Standards der einzelnen Stahlbaubetriebe verhindern, daß ein Entwurfsbüro die Art der Fertigung aller zur Ausführung infrage kommenden Betriebe beherrschen kann. Sie überlassen daher nicht nur wegen schlechter Honorare das Detaillieren gern den Betrieben.

- Die schlechten Honorare für die Festlegung und Darstellung von Konstruktionen zwingen Beratende Ingenieure, diese Arbeit möglichst nicht zu übernehmen. So erhalten die ausführenden Fabrikanten oft nur dann einen Auftrag, wenn sie detaillieren. Die Honorarfrage ist für sie in Anbetracht großer Beträge für Fertigung und Montage zweitrangig.

- Die Detaillierer der ausführenden Firmen oder der in ihrem Auftrag Tätigen konstruieren vorwiegend so, daß die Fertigungskosten niedrig sind. Das ist zwar legitim, aber nur zu verantworten, wenn sie dennoch voll den Annahmen der Entwerfer entsprechen, und selbstverständlich nur dann, wenn die vorausgesetzten Sicherheiten eingehalten werden.

Unbefriedigend ist die Regelung der Kontrolle von Konstruktionszeichnungen. Wie bei uns durch den Prüfingenieur wird sie in den USA oft durch den Entwerfer vorgenommen. Da er dafür schlecht honoriert wird, ist sein Testat heute im Gegensatz zu früher so formuliert, daß daraus keine große Verantwortung abzuleiten ist: heute heißt es „Geprüft", wo früher mit „Genehmigt" eindeutig Verantwortung verbunden war. Rechtsanwälte haben bei dieser Änderung geholfen!

Das Verfahren führt gelegentlich sogar dazu, daß auf Zeichnungen Abmessungen fehlen und sogar nicht selten aus ihnen die Geometrie der Struktur nicht vollständig und eindeutig hervorgeht.

11.3.4.2 Drei Aufgaben der Konstruktionszeichnungen

Unter dem Begriff Konstruktionszeichnungen werden hier alle zeichnerischen Darstellungen verstanden, die für die Festlegung aller Merkmale eines Tragwerkes und dessen Herstellung erforderlich sind, auch wenn in bestimmten Bereichen des Bauens andere Namen, wie z.B. Positionsplan, Schal- und Bewehrungsplan üblich sind. Für Anweisungen gelten die nachfolgenden Ausführungen ebenfalls.

Aufgabe der Zeichnungen ist es zunächst, das Tragwerk mit allen Einzelheiten eindeutig so festzulegen, wie es im Tragsicherheitsnachweis vorausgesetzt ist.

- Übereinstimmung zwischen Entwurf und Beschreibung des Tragwerkes ist also das Ziel.

Beim Einsturz des Lehrgerüstes für die Hangbrücke Koblenz (Fall 10.17) 1972 war dies gewiß nicht der Fall.

Dann müssen die Zeichnungen das Tragwerk für die Ausführenden so „eindeutig, vollständig und übersichtlich" – so z.B. in DIN 18 800 Teil 1 im Element 208 formuliert – beschreiben, daß für sie keine Möglichkeit besteht, etwas anderes zu bauen, als es der Entwerfer festgelegt und für seine Tragsicherheitsnachweise unterstellt hat:

- Übereinstimmung zwischen Entwurf und Ausführung ist also das Ziel.

Oft war das nicht gegeben, wie z.B. im

- Fall 3.38, Second Narrows Bridge über die Burrard Bucht, bei Vancouver, 1958, weil wegen unklarer Anweisungen ein zwar bemerkter Konstruktionsfehler – zu schwache Aussteifung einer Hilfsstütze durch Holz – nicht beseitigt wurde.

- Fall 10.4, Straßenbrücke in Flensburg, 1923, weil das Gewölbe in falscher Folge ausgerüstet wurde.

- Fall 10.18, Talbrücke Bengen, 1972, weil Vorgehen für die Baustelle nicht ausreichend genau festgelegt war.

- Fall 10.23, Gerüsteinsturz im Baldwin Park, 1972, weil Angaben über die Reihenfolge Vorspannen und Gerüstteilabbau fehlten.

- Fall 10.29, Teileinsturz eines Traggerüstes bei Solingen, weil bereichsweise Abspindeln mit der Folge von Joch-Schiefstellungen durch Anweisungen nicht ausgeschlossen war.

- Fall 10.30, Brücke in Wunstorf, 1979, weil Anweisungen zum Ausbau von Rüstträgern fehlten.

Man kann darüber streiten, wer dafür verantwortlich ist, daß eine Lücke in den Festlegungen für die Ausführung geschlossen wird. Nach meinem Urteil ist es im allgemeinen eher eine „Bringeschuld" der Entwerfer und Planverfasser als eine „Holschuld" der Ausführenden, da diese die Lücke oft nicht erkennen oder wegen ihrer Qualifikation nicht erkennen können.

- Die zeichnerische Festlegung der Konstruktion ist schließlich ein Dokument für das Tragwerk,

damit es z. B. im Falle eines Umbaus in den dafür notwendigen Entwurf so eingeht, wie es existiert.

11.3.4.3 Darstellung auf Kleinzeichnungen

Immer häufiger werden wegen einer integrierten Datenverarbeitung große Einheiten der Konstruktion nicht mehr geschlossen und damit übersichtlich in einem Dokument dargestellt. Oft dient eine Übersichtszeichnung nur zum Auffinden von Zeichnungen für einzelne Bauteile oder -abschnitte. Diese Zeichnungen betreffen wegen der Einhaltung eines Formates DIN A4 oder DIN A3 nur sehr kleine Teile des Tragwerks und müssen daher in sehr großer Anzahl geliefert werden. Auf ihnen stehen aber nicht alle zur eindeutigen und vollständigen Beschreibung der Konstruktion erforderlichen Angaben. Dafür muß man in den zugehörigen Stücklisten nachsehen, denn dort findet man schließlich Angaben z. B. zum Werkstoff und zu den Abmessungen.

Wenn zusätzliche Anweisungen erforderlich sind, z. B. Spann- und Ausrüstanweisungen im Spannbetonbau, hat man eine schwer übersehbare Flut von Einzeldokumenten. Das Risiko, etwas zu übersehen, wird damit für alle Beteiligten – in vielen Fällen unverantwortlich – groß! Und das gilt für die zuvor genannten drei Aufgaben der Darstellung gleichermaßen.

11.3.4.4 Visualisierung

Die Vorteile, die mit der Visualisierung von Tragwerken und Bauteilen für die Darstellung des Zusammenhanges gewonnen werden können, sind nicht hoch genug einzuschätzen. Sie können zur Erhöhung der Sicherheit bei der Festlegung und Darstellung von Konstruktionen, besonders von räumlichen, mehr genutzt werden, als das z. Zt. der Fall ist. Daß heute mit Visualisierung oft Personen, die nichts mit der Verantwortung für die Sicherheit eines Tragwerkes zu tun haben, angesprochen werden und dabei nicht selten Augenwischerei betrieben wird, sollte die Nutzung bei der Entwicklung von konstruktiven Details nicht behindern.

11.3.4.5 Hilfe bei Zeichnungen für Traggerüste

In der bereits erwähnten Checkliste von Krebs und Kiefer [104] findet man auch Kontrollen, mit der die Weitergabe der Vorstellungen der Entwerfer und aller dabei getroffenen Annahmen bei Traggerüsten sicherer wird. In Übereinstimmung mit DIN 4421, Abschnitt 7, wird daher hier auch nach der vollständigen und eindeutigen Weitergabe aller Festlegungen gefragt, die nicht die Konstruktion selbst, sondern „ihre Benutzung" betreffen, wie z. B. Betoniergeschwindigkeit oder Art und Weise des Gerüstabsenkens.

11.3.4.6 Auf Vermeiden von Gefährdungen durch die Konstruktion zielende Regeln

Von den Regeln im Abschnitt 11.6 sind in bezug auf die Konstruktion besonders die von C. Hadipriono unter H3, H7, H15 und H16 und die von D. Kaminetzky unter den Ziffern K3, K4, K5 und K8 angegebenen wichtig.

11.4   Ausführung

11.4.1   Zur Situation

Großes Risiko entsteht durch die Divergenz zwischen Zunahme der Komplexität der Tragwerke und Abnahme der Qualität des Personals, das die Tragwerke in Werkstätten und auf den Baustellen realisiert. Es ist daher nicht überraschend, daß in der bereits im Abschnitt 11.2 zitierten Quelle [116] angegeben wird, daß 29% der Fehler am Bau in dieser Phase entstehen.

Viele Gründe sind dafür maßgebend, daß so Ausführende etwas anrichten, ohne die möglichen Folgen auch nur zu ahnen. Dafür gibt es in den Tabellen 3 und 10 zahlreiche Beispiele, besonders im Traggerüstbau, da sich hier wegen der Forderungen nach leichten Bauteilen mit größter Tragkraft, Errichten und Abbauen ohne großen Zeitaufwand, vielseitige Verwendungsmöglichkeiten und anderen Eigenschaften eine höchst komplexe Bauweise entwickelt hat. Bei ihr können kleinste Abweichungen der Ausführung von der Planung – ich nenne nur drei Beispiele: nichtordnungsgemäßes Anziehen von Gerüstkupplungen oder Flanschklemmen, zu große Außermittigkeiten von Verbandsstäben, Verwendung transportgeschädigter Gerüstbauteile – katastrophale Folgen haben. Traggerüste sind daher im allgemeinen nicht robust!

Die Gefährdung von Tragwerken beim Bau durch fehlerhaftes, oft sogar eigenmächtiges Handeln oder durch die Verwendung falscher oder falsch eingebauter Bauteile war die Ursache zahlreicher Unglücke. Das gilt z. B. schon in der 2. Hälfte des letzten Jahrhunderts für die Fälle 3.3 und 3.4, Einstürze bei oder nach der Probebelastung, wegen unverantwortlichen Handelns des Personals auf der Baustelle. Wegen der großen Anzahl der davon betroffenen Bauwerke können hier nur die Fall-Nummern mit 3.11, 3.17, 3.22, 3.24, 3.26, 3.42, 3.61, 3.75, 3.76, 3.90, 3.92, 10.18, 10.23, 10.25, 10.29, 10.30, 10.36 und 10.37 genannt und nur wenige davon kurz erläutert werden. Zu den Versagensfällen wegen fehlerhaften Verhaltens auf der Baustelle gehören:

- Fall 3.67, Rottachtalbrücke bei Oy, 1979, weil für die Herstellung im Taktschiebeverfahren erforderliche Gleitplatten falsch herum – oben und unten verwechselt – eingelegt wurden.

- Fall 3.80, Czerny-Brücke Heidelberg, 1985, weil Schrauben zu geringer Festigkeit und mit zu kurzen Gewinden verwendet wurden.

- Fall 3.82, Schalwagen für Bücke Großhessenlohe, u. a. weil zu kurze Schrauben verwendet wurden.

- Fall 10.37, Traggerüst für Brücke nahe Laurel, Maryland, 1990, weil anstelle der vorgesehenen 250-kN- nur 100-kN-Spindelpressen eingebaut waren.

- Fall 10.39, Traggerüst für Brücke bei Hammelburg, 1991, weil falsche Sechskantzahnmuttern verwendet wurden.

- Fall 10.41, Hängegerüst in St. Catharina, 1993, weil das Gerüst falsch bedient wurde.

- Fall 10.47, Traggerüst für eine Brücke bei Diez, 1997, weil Verbandsstäbe mit Halbkupplungen anstelle der vorgesehenen Schrauben eingebaut und diese zum Teil auf der Baustelle selbst aus Gelenkkupplungen mangelhaft gefertigt wurden.

11.4.2 Vorkehrungen

Schulung

Es ist äußerst schwierig, eine mit den Bauvorlagen auch in scheinbar unwichtigen Details übereinstimmende Ausführung zu erreichen, wenn die Ausführenden sich der Folgen von Abweichungen nicht bewußt sind. Daher steht an erster Stelle eine gründliche Schulung. Mit ihr muß sicher erreicht werden,

- daß die Ausführenden nie selbständig etwas anderes bauen, als auf den Plänen angegeben ist,

– daß sie nie ohne Rückfrage bei den Verantwortlichen etwas zur scheinbaren Vereinfachung der Herstellung unternehmen, z. B. einen Verband vorübergehend ausbauen, da er ihnen im Wege ist,

– daß sie dann, wenn ein Detail auf einer Zeichnung nicht oder scheinbar nicht klar festgelegt ist, die Lücke nicht mit einer eigenen, sondern nur mit einer Lösung des für diese Bauvorlage Verantwortlichen schließen,

– daß sie nie, wenn auf Zeichnungen etwas Unausführbares dargestellt ist, z. B. bei der Führung von Bewehrung im Betonbau die Räumlichkeit nicht beachtet und daher ein Platz für vorgesehene Positionen bereits durch andere belegt ist, genau so vorgehen wie im zuvor genannten Fall und im genannten Beispiel etwa Bewehrung nach ihrer Entscheidung weglassen.

Zur Schulung gehört z. B. auch, zu erreichen:

– sicheres Beherrschen der Merkmale zur Unterscheidung von ähnlichen Bauteilen mit unterschiedlichen Eigenschaften, z. B. der Betonstahlsorten, der Festigkeitsklassen und Passungen von Schrauben,

– Vorstellungen von der Aufgabe wichtiger Konstruktionen, wie z. B. von Vertikalverbänden zur Verkürzung von Knicklängen oder horizontaler Aussteifungen zum Verhindern von Kippen,

– Erkennen der Bedeutung der richtigen Paarung in Konstruktionen, z. B. spezieller Schrauben mit speziellen Muttern oder Teflon mit verchromten Platten,

– das Bewußtsein, daß beschädigte Bauteile die Tragsicherheit entscheidend beeinträchtigen ja sogar beseitigen können und daher nicht beschädigt belassen oder eingebaut werden dürfen.

Man muß den Katalog für spezielle Bauweisen fortsetzen, wir wollen das hier nur mit einigen Angaben zum Traggerüstbau tun:

• Beschädigungen von Bauteilen müssen erkannt und sofort zu ihrem Aussortieren führen (Gegenteil Bild 11.1 a).

• Der Schweißbrenner ist kein Instrument für die Baustelle (Gegenteil Bild 11.1 b).

• Mängel bei der Zentrierung können zu großen, unplanmäßigen Beanspruchungen und zum Versagen eines Gerüstes führen (Verletzung Bild 11.1 c).

• Gründungen von Traggerüsten, auch von Arbeitsgerüsten, müssen geplant und sorgfältig ausgeführt werden (eklatanter Verstoß auf einer Brückenbaustelle, Bild 11.1 d).

• Abspannungen dürfen nicht polygonartig geführt werden, sie haben sonst keine ausreichende Steifigkeit, da sie sich ohne nennenswerte Kräfte glatt ziehen (Verstoß Bild 11.1 e).

• Da Kupplungen und Flanschklemmen auf Reibung tragen, muß unbedingt dafür gesorgt werden, daß alle sorgfältig planmäßig angezogen werden. Wenn eine dieser Verbindungen ausfällt, kann das ganze Gerüst zusammenbrechen. Den Gerüstmonteuren muß bewußt sein, daß dieser Mangel Reibverbindungen grundsätzlich von abscherbeanspruchten Schrauben unterscheidet, da letztere u. U. auch dann noch tragen, wenn die Mutter fehlt.

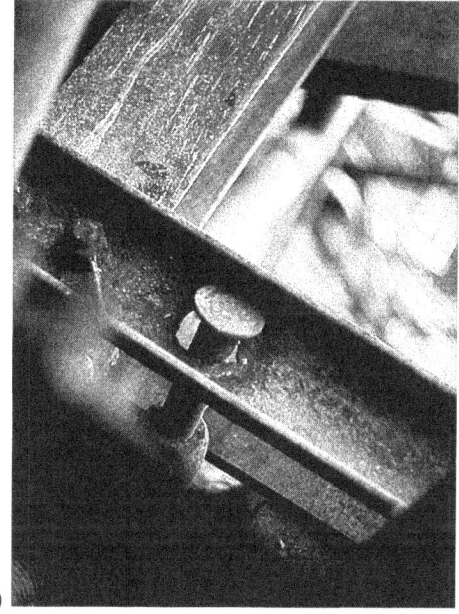

Bild 11.1
Gefährdung von Traggerüsten durch leichtsinnige Ausführung
a) Trotz Beschädigung eingebaute Gerüststütze
b) Mit Schweißbrenner hergestelltes Loch für einen Bolzen
c) Mangelhaft zentrierte Spindel
d) „Gründung" eines Arbeitsgerüstes auf einer Brückenbaustelle

Bild 11.1 e)
Gefährdung von Traggerüsten durch leichtsinnige Ausführung: geknickt geführte Gerüstabspannung

Bauüberwachung

Da auch durch noch so gründliche Schulung Mängel in der Ausführung nie zu vermeiden sind, ist eine gründliche Überwachung der Herstellung unverzichtbar. Daß
Bauüberwachung planmäßig durch neue Bauordnungen der Länder zumindest für
„Normale Bauwerke" zurückgenommen wird, ist völlig unverständlich. Auf festgestellte Mängel in diesem Bereich ist wiederholt hingewiesen worden, z. B. in [118].
Darin wird auch belegt, daß es bei den „normalen" Tragwerken nicht nur um repa-
rierbare Schäden, sondern auch um Einstürze, z. B. von Dächern und Baugruben, gehen kann. J. Lindner zeigt in [119] mit den Erfahrungen aus der Überwachung von
69 Bauwerken, wie durch Überwachung Folgen aus Mängeln verhindert werden
konnten, wobei er immerhin rd. ein Viertel in die von ihm definierten Mängelklassen
„schwer" und „gravierend" einstuft. Aus seiner Zusammenfassung sind für die aus
diesen Untersuchungen zu ziehenden Lehren wichtig:

- Häufigste Mängelgründe sind im Stahlbetonbau die Lage der Bewehrung, der Be-
  wehrungsquerschnitt und die Betondeckung.
- Häufigste Mängelgründe im Stahlbau sind geschraubte Verbindungen, Schweißnähte und Probleme der Übereinstimmung zwischen geprüften Unterlagen und der
  Ausführung."

Mir scheint es – wenn man Entscheidendes für die Sicherheit der Tragwerke bei deren Herstellung tun will – dringend erforderlich, den Aufwand für weitgehend formale und überflüssige Kontrollen, z. B. nach den sogenannten Bauregellisten, auf die

Überwachung der Tragwerksherstellung vor Ort und gegebenenfalls auch in den Fertigungsstätten wie beim Stahlbau und im Fertigteilbau zu verlagern.

11.4.3   Auf Vermeiden von Gefährdungen bei der Bauausführung zielende Regeln

Von den Regeln im Abschnitt 11.6 sind in bezug auf die Bauausführung besonders die von C. Hadipriono unter H7, H10, H11, H12 und H16 und die von D. Kaminetzky unter den Ziffern K3, K4 und K10 angegebenen wichtig.

11.5   Bauzustandskontrolle und Erhaltung

Fehlen einer ausreichenden und wirksamen Bauzustandskontrolle und daraus folgend Unterlassen von Maßnahmen zur Aufrechterhaltung der Tragfähigkeit waren Ursache für mehrere Einstürze. Ich erinnere an:

- Fall 4.64, Einsturz des Holzsteges in der Kitzlochklamm bei Zell am See, wegen morschen Fußes einer Abstützstrebe.

- Fall 4.66, Einsturz eines Holzsteges in Vorarlberg, 1976, wegen morscher Teile des Steges.

- Fall 4.68, Totaleinsturz der Reichsbrücke über die Donau in Wien, 1976; wegen Mängel in der Bauzustandskontrolle blieb die sukzessive Zerstörung des unbewehrten Betons in einem Pfeilersockel unerkannt (vgl. Abschnitt 4.8).

- Fall 10.33, Einsturz eines Holzgerüstes 1980, weil Kontrolle nicht verhinderte, daß Holz im Bereich von Zangen und Diagonalanschlüssen morsch war.

Wenn auch Versagen von Brücken infolge von Defiziten bei der Bauzustandskontrolle und bei der Erhaltung der Tragfähigkeit sehr selten ist, veranlassen die vorhergehenden Fälle doch, auf die Bedeutung der Erhaltung unserer Tragwerke hinzuweisen. Engpässe, die sich aus immer weniger Mitteln für diese Aufgaben und immer mehr Brücken entwickeln können, dürfen nicht zur Vernachlässigung dieser Aufgabe führen: der Einsturz der Reichsbrücke in Wien 1976 (Fall 4.68) ist dafür eine deutliche Warnung.

In den im Abschnitt 11.6 wiedergegebenen Regeln zielt keine darauf, Gefährdungen durch Mängel bei der Bauzustandskontrolle oder durch Fehlen von Maßnahmen zur Erhaltung zu verhindern.

11.6   Regeln, Formulierungen in der Literatur

Fassung C. Hadipriono [24]

H1   Übernimmst du den Entwurf und die Konstruktion eines größeren Tragwerkes, die oberflächlich betrachtet nicht mehr ist als eine Extrapolation, z. B. der Spannweite einer Brücke, aus erfolgreicher ehemaliger Praxis sind, sei vorsichtig, das Problem in einer routinemäßigen Weise zu behandeln. Bemühe dich eher, dem Entwurfsbüro eine Atmosphäre einzuflößen, die zu einer Nichtroutine bei der Arbeit und zur Einführung frischen Geistes führt.

H2   Wenn du bestehende Codes und dergleichen auf Tragwerke anwendest genau so wie in H1 oder, um den Weg für neuartige Tragwerke zu bahnen, sei besonders sorgfältig, dich über die Bedingungen für die Codes zu vergewissern, und bestehe notfalls darauf, sie quantitativ an die neuen Strukturen durch besondere Kalkulationen oder Versuche anzupassen.

H3   Für Tragwerke der in H1 und H2 ins Auge gefaßten Art stelle sicher, daß die wirklich in Entwurf und Konstruktion fähigen und erfahrenen Ingenieure bestellt werden, und besonders, daß der leitende Ingenieur des Entwurfs völlig über die Entwurfs-Prinzipien informiert und über die Berechnungen für die Struktur besorgt ist.

H4   Sicherheitsvorschriften der Zukunft sollten mehr Aufmerksamkeit der möglichen Kombinationen von Belastungen und der Wechselwirkung von Lasten und Verformungen widmen.

H5   Beachte jede mögliche Quelle von Gefahr für ein Tragwerk als einen Akt Gottes, die daher nicht gegen den Entwurf gerichtet ist. Versuche eher, dir eine Vorstellung des Widerstandes zu machen und alle Quellen von Sorgen zu mildern.

H6   Beachte, alle Tragwerke als starre Körper zu behandeln. Dies bezieht sich besonders auf vorübergehende Lasten, unter denen Windlasten genau so gut wie Erdbebenlasten gesehen werden sollten.

H7   Beachte während des Baus eines größeren Tragwerkes, daß irgend etwas wie Fernsteuerung nicht funktioniert, sowohl von Seiten Entwurfspersonals, der Behörden oder des Besitzers.

H8   Gehe sicher, daß frühestmöglichst nach einem Vorentwurf das Totgewicht genau bestimmt wird und alle dazugehörigen Dimensionierungen wiederholt werden.

H9   Sag nie „Mag stimmen" zu unzureichenden Daten. Entwerfe vielmehr mit großzügigen Vorgaben für die eingeschlossene Sicherheit oder, besser, bestehe auf Absicherung der Daten durch den Versuch.

H10   Beachte Lücken in der Überwachung und dergleichen, wenn wichtige Mitarbeiter z. B. krankheitsbedingt ausfallen.

H11 Verhindere, daß weder beim Entwurf noch in der Ausführung unter Zuständen gearbeitet wird, die finanziell, terminlich oder politisch übermäßig drücken.

H12 Erlaube nicht, daß die Öffentlichkeit oder andere Institutionen auf eine rasche Fertigstellung oder auf eine Inbetriebnahme vor einer richtigen Inspektion und Prüfung übermäßig drücken.

H13 Bei neuartigen Tragwerken ist es nicht ungewöhnlich, für besondere Aspekte einer Struktur Spezialisten von ungewöhnlicher Persönlichkeit hinzuzuziehen. Sichere insbesondere in diesen Fällen, daß es die richtigen Partner sind.

H14 Beachte, daß von der Begeisterung eines ganzen Berufsstandes Gefahr ausgehen kann. Um diese zu reduzieren, ziehe entsprechende und fähige Partner aus verwandten Entwurfsfeldern hinzu.

H15 Versuche jeglicher Neigung, die Konstrukteure wissenschaftlich zu isolieren, zu widerstehen.

H16 Erlaube nicht, daß ein größerer Unfall deswegen passiert, weil eine unabhängige und öffentliche Prüfung versäumt wurde.

H17 Stelle sicher, daß Erkenntnisse aus Unfalluntersuchungen nicht nur auf Tragwerke der betroffenen Art selbst, sondern auch auf verwandte Arten abgewandt werden.

Fassung Kaminetzky [32]

K1 Schwerkraft herrscht immer, daher wird etwas versagen, wenn du nicht immer eine wirksame Stützung vorsiehst.

K2 Eine Kettenreaktion kann aus einer kleinen Ursache ein großes Versagen machen, es sei denn, du hast gegen Versagen so sicher entworfen, daß eine Resttragfähigkeit auch bei Teilversagen vorhanden ist. – Im konkurrierenden Bauen werden derartige Überlegungen im allgemeinen nicht beachtet.

K3 Oft ist nur ein kleiner Fehlers oder eine kleine Unachtsamkeit beim Entwurf, in der Konstruktion, im Werkstoff, in der Herstellung oder in bezug auf Absicherungen Ursache für ein Desaster.

K4 Laufende Wachsamkeit ist notwendig, kleine Fehler zu vermeiden. Falls es keine fähigen Mitarbeiter und leitende Ingenieure im Büro, in der Fertigung und auf der Baustelle gibt, muß eine wirksame Überwachung lokale Kontrolle übernehmen. Auf Inspektionsdienstleistung und Konstruktionsmanagement kann man sich nicht als einen sicheren Ersatz verlassen.

K5 Die Verantwortung für eine Konstruktion kann nicht von einer Gruppe (Team oder Ausschuß) übernommen werden, ebenso wenig, wie ein Schiff nicht von zwei Kapitänen geführt werden kann. Nur eine einzelne Person, die mit voller Autorität ausgestattet ist, zu entwerfen, zu verwerfen, kann die volle Verantwortung für Herstellung und Sicherheit übernehmen.

K6   Fachkenntnisse müssen bei Planern und Konstrukteuren, bei den Kaufleuten und bei den Ausführenden vorhanden sein.

K7   Ein unbaubarer Entwurf ist nicht baubar! Einige Versuche in letzter Zeit, auffallende Architektur zu erzeugen, nähern sich der Grenze sicheren Bauens, dies auch bei Verwendung unserer raffiniertesten Möglichkeiten.

K8   Es gibt keinen narrensicheren Entwurf, es gibt keine narrensichere Bauweise ohne kompetente Führung und richtige und sorgfältige Kontrolle.

K9   Der beste Weg, bei deiner Arbeit einen Zusammenbruch zu erzeugen, ist die Mißachtung der Lehre, die dir ähnliche Bauwerke, die versagt haben, erteilen.

K10   Liebevolle Sorgfalt kann manche Krankheit im Entwurf vermeiden, sorgfältige Kontrolle einer Aufgabe kann viele Unfälle und Schäden umgehen.

Fassung W. Plagemann [9]: Es handelt sich weniger um Regeln als um ein Bewußtmachen von Situationen, die beim Entwurf von Tragwerken vorliegen.

P1   Eine Tragwerksplanung erfolgt in absoluter Kenntnis des Gesamtverhaltens eines Systems, wobei neben mechanischen und materialtechnischen Belangen auch im Komplex mitwirkende äußere Einflüsse (biologischer, chemischer, elektrischer, nuklearer u. a. Art) zu beachten sind.

P2   Ohne allseitige Kenntnis aller mitwirkenden Einflüsse gibt es keine genauen rechnerischen bzw. theoretischen Voraussagen zum Gesamtverhalten ohne die Notwendigkeit eines Sicherheitsfaktors (zuweilen auch berechtigt „Unwissenheits-Faktor" genannt). Die Ergebnisse auch der besten Theorien und Rechenprogramme bleiben nur so genau, wie es die zugrundeliegenden Annahmen sind.

P3   Ein großer Teil technisch-technologischer Fortschritte leitet sich aus Erfahrung bzw. aus erfolgreichen Versuchen oder Ausführungen her und ruft erst dann nach theoretischer Bestätigung. (Musterbeispiel: Die Dampfmaschine wurde erfunden und bis zu einem hohen Verläßlichkeitsgrad entwickelt lange bevor es den Wissenschaftszweig der Thermodynamik gab).

P4   Planung und Ausführung können über den Weg einer sukzessiven Fehlerbeseitigung mit nur wenig oder auch ganz ohne Theorie vorgenommen werden und zum Erfolg führen. Der gegenwärtige Stand der Planungsprozesse gewährleistet bis zu einem gewissen Grad die Voraussage eines Versagens und Maßnahmen zu dessen Verhinderung, verhindert aber nicht mögliche Fehlschläge bei Vergrößerung oder Ausmagerung erprobter Konstruktionen, wenn dabei die „Umhüllende der Erfahrungen" überschritten wird und bis dahin unbedeutende Einflüsse dominant werden.

W. Plagemann faßt sein Urteil zusammen:

P5   Wenn auch die Tragwerksplanung nach bekannten und erprobten Regeln allgemein dominierend bleibt, so darf doch eine technisch-technologische Weiterentwicklung von Ingenieurkonstruktionen nicht behindert werden. Hier ist das Verantwortungsbewußtsein des Ingenieurs gefordert im Hinblick auf Versagensmöglichkeiten, die scheinbar außerhalb der gegebenen Verhältnisse liegen bzw. zur Wiederholung von Fehlschlägen führen können.

Neuere Schadens-Analysen sind häufig nicht sehr hilfreich, wenn sie sich auszeichnen durch

- zu starke Konzentration auf Details bei Planungsfehlern und/oder Versagensmechanismen mit dem Ergebnis, daß eine ausreichend komplexe Betrachtung vernachlässigt oder ganz außer acht bleibt,
- übertriebene Komplexität der Untersuchungen unter Verwendung zu umfangreicher Hintergrund-Informationen bezüglich des Zusammenwirkens zahlreicher äußerer Einflüsse, was eher für Verwirrung sorgt als für klare und treffende Aussagen,
- Vorverurteilung sachlich richtig behandelter Fälle durch öffentliche Verbreitung „wilden" Bildmaterials und unsachlicher Kommentare.

11.7 Eigene Zusammenfassung

Umfangreiche Regeln werden wenig gelesen, daher will ich versuchen, in so knapper Fassung wie möglich ein Resümee zu ziehen. Aus den Darlegungen in diesem Buch leite ich unter Einbeziehung der bereits von anderer Seite formulierten Regeln, besonders der in [21] geäußerten und der im Abschnitt 11.6 wiedergegebenen, die folgenden Lehren ab.

11.7.1 Für den ganzen Bauprozeß

1.1 Übernimm keinen Entwurf, wenn du die Bearbeitung aus einem der folgenden Gründe nicht verantworten kannst:

- keine eigene Erfahrung
- kein geeigneter „Chefingenieur"
- keine geeigneten Sachbearbeiter
- keine ausreichende Zeit
- keine ausreichenden Mittel

1.2 Sorge für und organisiere:

- einen vollständigen und schnellen Informationsaustausch zwischen allen Beteiligten von „oben nach unten" und von „unten nach oben" und
- damit eine wirkungsvolle Koordination aller das Tragwerk betreffenden Entscheidungen,
- für klare Definition von Umfang und Verantwortung bei Delegation von Aufgaben oder bei der Einschaltung von Vertretern, z. B. wegen Krankheit oder Urlaub,
- knappe Protokolle über alle wichtigen Festlegungen und Vorgänge.

Schaffe für alles das Klima eines guten Teamworks. D. W. Smith bezeichnet in [21, dort Ziffer 56] mit vollem Recht „schlechte Kommunikation, Mangel an Wärme und Freundschaftlichkeit zwischen Menschen" als gefährliche Quellen von Unsicherheit.

1.3 Beachte die vorgehende Regel besonders sorgfältig, wenn sich Änderungen am Projekt ergeben.

1.4 Studiere die Lösung vergleichbarer Aufgaben und sei sehr sorgfältig bei der Analyse von Unterschieden zu deiner Aufgabe und von deren Auswirkungen. Prüfe, ob du extrapolierst! Sei vorsichtig, wenn das der Fall ist.

1.5 Laß dich im Fall neuartiger Lösungen nicht davon abbringen, zur Beantwortung offener Fragen gründliche Untersuchungen, z. B. durch Versuche oder durch Hinzuziehen von Spezialisten, zu verlangen, dies auch nicht durch Widerstände wegen der dafür erforderlichen Kosten und Zeit. Verzichte nie auf derartige Klärungen aus vermeintlichen Prestigegründen.

1.6 Falls du im Nachherein ein Sicherheitsdefizit in deinem Entwurf feststellst, verzichte nie darauf, es zu beseitigen. Nimm dir dabei den gleichen Mut, den Fehler öffentlich einzugestehen, wie der Ingenieur W. K. Le Messurier [122], als er nach Fertigstellung entdeckte, daß in seinem Tragsicherheitsnachweis für das Tragwerk eines Hochhauses in New York eine gravierende Unstimmigkeit vorlag.

1.7 Schule Mitarbeiter auf allen Ebenen, wenn sie für sie neue Aufgaben übernehmen.

1.8 Bedenke immer, daß Normen und vergleichbare Dokumente immer nur das „Normale" regeln. Dennoch sind sie nur für ausgebildete und qualifizierte Fachleute gedacht.

1.9 Beachte bei der Anwendung von Regeln immer sorgfältig den Bereich, für den sie gelten.

Zusätzlich halte ich für die einzelnen Phasen folgende Regeln für hilfreich.

11.7.2 Planung und Entwurf

2.1 Beachte bei der Planung eines Bauwerkes alle Aspekte, die das Ergebnis beeinflussen können. Du vergibst dir nichts, wenn du dazu den Rat von Kollegen anderer Fachdisziplinen einholst, um Fehler, z. B. wie die Positionierung einer Brücke so, daß sie häufig von Schiffen gerammt wird, zu vermeiden (vgl. Abschnitt 11.2.3).

2.2 Laß dich weder von Vorstellungen anderer – Bauherrn, Architekten usw. – noch von scheinbarer, in den meisten Fällen für Bauwerke aber kurzlebiger Attraktivität verleiten, Tragwerke zu entwerfen, die unnötig kompliziert sind. Sie erfüllen dann nicht die Forderung nach Einfachheit, ihre Tragwirkung ist mit

Hilfe aufwendiger Berechnungen – diese oft mit fragwürdigen Prämissen – nur scheinbar „in den Griff" zu bekommen. Erinnere dich z. B. an das im Abschnitt 11.2.6 zitierte Wort von Schwedler „... es gilt, jede Aufgabe solange durchzuarbeiten, bis die einfachsten Mittel für Ihre Lösung gefunden sind." Das Tragwerk darf nicht so kompliziert sein, daß dir Vergleiche nach Ziffer 3.2 verwehrt sind.

2.3 Entwerfe robust und verhindere damit, daß Unsicherheiten in deinen Berechnungen größere Folge haben, daß z. B.

– auf kleine Zugkräfte bemessene schlanke Fachwerkstäbe auf Druck nicht ausknicken,
– in Betonbiegeträgern im Bereich kleiner Biegemomente bei anderen als ermittelten Vorzeichen keine Zugrisse auftreten, und
– sich wegen Mängel in der Ausführung vorhandene lokale Schwächen nicht global auswirken.

11.7.3 Tragsicherheitsnachweis

3.1 Sei dir immer bewußt, daß deine Modellierung eines Tragwerks mit Mängeln behaftet ist. Erinnere dich an das Paradoxon der drei- und vierbeinigen Hocker (Abschnitt 11.2.5 und [103]) und die großen Unterschiede bei der Bemessung eines einfachen Garagendaches durch verschiedene erfahrene Ingenieure der Praxis (Abschnitt 11.3.3 und [114]).

3.2 Verzichte in entsprechenden Fällen nicht auf die Untersuchung der Sensivität von Ergebnissen auf Annahmen durch vergleichende Berechnungen. Sei dir bewußt, daß unzureichendes Verständnis der Entwurfsannahmen und unzureichendes Reflektieren über ihre Berechtigung und Angemessenheit gefährlich sein können.

3.3 Laß immer wieder den Herstellungsprozeß deines Tragwerkes vor deinem inneren Auge ablaufen, damit du sicher bist, keine temporäre Situation beim Tragsicherheitsnachweis übersehen zu haben.

3.4 Sei vorsichtig bei der Verwendung reduzierter Sicherheitsmargen in Montagezuständen, zu der die probabilistische Sicherheitstheorie verleitet (siehe dazu [11] und eine kurze Diskussion über damit verbundene Probleme in [123]). – Erinnere dich dabei an die kritischen Bemerkungen von A. F. Gee in [21], mit der er auch auf die relativ große Anzahl von Versagensfällen während des Bauens hinweist (vgl. Abschnitt 3.1).

3.5 Vermeide die Angaben von Rechenergebnissen mit mehr gültigen Ziffern, als du sie für angemessen hältst. Mache dir dadurch immer wieder, insbesondere bei Computerberechnungen, ihre Unschärfe bewußt.

3.6 Mache dir mit einer ziemlich einfachen Betrachtung auf jeden Fall vor dem Studium der Ergebnisse einer umfangreichen Computerberechnung das Verhalten deiner Struktur klar. Hole das auf keinen Fall später nach, denn dann interpretierst du leicht jedes unerwartete Ergebnis als plausibel. Gewinne damit Vorstellungen über Vorzeichen und die Größenordnung von Zustandsgrößen.

3.7 Versäume nicht, am Ende deiner Arbeit das „Funktionieren" deines Tragwerkes in allen Phasen seines Entstehens und seiner späteren Verwendung sehr knapp darzustellen (vgl. Abschnitt 11.3.3.1).

3.7 Kontrolliere immer, ob während des Entwurfsprozesses die zunächst angenommene ständige Last geändert worden ist. Erinnere dich daran, daß mehrere Brückeneinstürze durch nicht berücksichtigte Lasterhöhungen verursacht oder mit verursacht worden sind.

11.7.4   Konstruktion

4.1 Sei Dir bewußt, daß viele Versagensfälle verursacht wurden, weil ein Bauglied in der Struktur, eine Aussteifung, eine Lagersteife oder ein Bolzen fehlten. Sorge genau so für eindeutige Angaben zu den vorgesehenen Werkstoffen.

4.2 Konstruiere im engen Kontakt auf der einen Seite mit den für Entwurf und Tragsicherheitsnachweis verantwortlichen und auf der anderen mit den für die Herstellung zuständigen Kollegen. Laß sie deine Konstruktion immer wieder auf Übereinstimmung mit ihren Vorstellungen prüfen.

4.3 Sorge für vollständige, eindeutige und übersichtliche Angaben für die Ausführenden. Denke dabei daran, daß viele von ihnen, oft die meisten, keine Ingenieure sind.

11.7.5   Ausführung

5.1 Führe nur aus, was dir auf Zeichnungen, Anweisungen und Produktbeschreibungen vorgegeben ist. Beachte dabei alle Fakten, z.B. Werkstoff, Abmessungen und Passungen.

5.2 Falls Informationen dafür nicht ausreichen, entscheide nie selbst über eine Lösung. Das gleiche gilt, wenn eine Anweisung überhaupt nicht ausführbar ist, weil ein Konstrukteur etwas übersehen hat.

5.3 Beachte, daß die Tragfähigkeit vieler Bauteile von der Paarung mit anderen abhängt, z.B. bestimmte Muttern für Gewinde bei schraubartigen Verbindungen oder bestimmte Rohrdurchmesser für Rohrkupplungen.

5.4 Falls Bauteile fehlen, ersetze sie nie selbstherrlich durch andere.

Nicht überschätzt werden kann der Einfluß der Ausbildung von Bauingenieuren auf die Art, in der sie später ihren Beruf ausüben und dabei mehr oder weniger unbewußt dazu beitragen, daß Tragwerke mit Risiko für Versagen während der Herstellung oder im Betrieb entstehen.

Daher will ich versuchen, so wie im Kapitel 11 für die Praxis hier aus den Darlegungen in diesem Buch einige Lehren für die Lehre im konstruktiven Ingenieurbau zu formulieren.

Wissenschaftler studieren Existierendes. Sie gehen einer intellektuellen Disziplin nach, ihre Ergebnisse sind reproduzierbar, daher programmierbar und daher einfach zu lehren. Da dies leicht zu vermitteln ist, dominieren – stark beeinflußt durch die Benutzung von Computern – im Studium Theorie, Methoden und Rechenverfahren immer mehr. Sie treffen auf großes Interesse von Studenten, da sie im allgemeinen eindeutig auf eine einzige richtige Lösung führen, das Gefühl, dabei wissenschaftlich zu arbeiten, vermitteln, und leicht und schnell Erfolge erleben lassen: man hat eine Aufgabe gelöst! Die Studenten werden dabei von vielen Hochschullehrern unterstützt; sie sind überzeugt, mit der Vermittlung von Methoden, Analyseverfahren am besten zur richtigen Ausbildung beizutragen und damit zugleich auch den Anspruch auf Wissenschaftlichkeit zu erfüllen.

Entwerfer ersinnen Neues, bisher nicht Dagewesenes. In diesem kreativen Prozeß sind sie umso erfolgreicher, je mehr Erfahrung und Ingenium sie einbringen. Der Entwurfsprozeß ist nicht reproduzierbar, daher nicht programmierbar und – insbesondere wegen des Fehlens der Erfahrung bei den Studenten – auch so schwierig zu lehren. Eine Lehre des Entwerfens ist kaum zu systematisieren, denn es gibt zwar falsche, aber keine richtigen Lösungen, im allgemeinen aber bessere und schlechtere. Wissenschaftlichkeit scheint damit nichts zu tun zu haben, und Erfolgserlebnisse scheint die Beschäftigung mit diesem Thema im Studium nur selten bereit zu halten. Daher ist die Vermittlung von Entwurfsfähigkeiten bei Lehrern und Studenten weniger beliebt.

Wenn man sich bewußt macht, daß es in meinen Tabellen keinen Versagensfall gibt, der auf zu ungenaue Analyse zurückgeht, dagegen viele, deren Ursache schlechten Entwürfen zuzuordnen ist, muß man fordern, daß in der Ausbildung andere Schwerpunkte gesetzt werden, als sie heute üblich sind.

Vielleicht können folgende Regeln beitragen, Bauingenieure im konstruktiven Ingenieurbau richtiger und besser auszubilden. Die Vorschläge sind ein Versuch, sie fordern Kritik heraus und sind verbesserungsfähig. Sie sind als Aufforderungen an die Lehrer im Imperativ formuliert:

1. Lehre so, daß Deine Schüler Ingenieure werden, und mache ihnen deutlich, daß das Wort Ingenium zuerst Erfindungskraft bedeutet. Auch andere Übersetzungen

„Fähigkeit, natürlicher Verstand, geistige Fähigkeit" lassen nicht an Algorithmen oder Berechnungen denken. Lenke ihr „inneres Auge" – Du solltest erwägen, ob Du das Buch mit diesem Titel [12] für die Studenten zur Pflichtlektüre erklärst – in die richtige Richtung.

2. Mache Deinen Schülern zunächst Tragverhalten an einfachen Beispielen klar. Wecke dabei das Gefühl z. B. für die Lastabtragung in verschiedenen Strukturen, für Gleichgewicht, für Reaktionen, für Verformungen, für das Verhalten verschiedener Baustoffe und vermittle so einfache und grundlegende Gesetzmäßigkeiten. Es geht dabei nicht um Algorithmen!

Dafür gibt es viele Hilfen, z. B.:

   – Das Buch von J. E. Gordon „Structures" [124], dessen Ziel im Untertitel „Why Things Don't fall down" deutlich wird. Der Verfasser verwendet Beispiele aus der Natur, z. B. das menschliche Gerippe, und dem Alltag und erklärt deren Verhalten mit einem Minimum an Mathematik.
   – Das Buch von W. Mann „Tragwerkslehre in Anschauungsmodellen" [125]. Der Verfasser präsentiert darin über 100 Modelle, mit denen Eigenschaften von Tragwerken anschaulich demonstriert werden können.

3. Mache Deinen Schülern an einfachen Beispielen Grundsätzliches zum Verhalten von Tragwerken klar. Beispiele sind:
   – der Einfluß von Steifigkeitsverhältnissen auf das Tragverhalten, z. B. auf die Lastabtragung von plattenartigen Tragstrukturen;
   – die Wirkung von Vorspannung, auch der Unterschied des Verhaltens vorgespannter Tragwerke mit und ohne Verbund;
   – der Einfluß von Duktilität, hier z. B. der Unterschied des Verhaltens von Konstruktionen aus zähen oder spröden Baustoffen;
   – der Einfluß häufig wiederholter Belastungen auf das Tragverhalten.

4. Mache Deinen Schülern klar, daß sehr viele Einstürze auf menschliche Fehler zurückgehen. In den meisten Fällen geht es um Mängel beim Informationsaustausch oder bei der Regelung von Zuständigkeiten.

5. Laß Studenten daher Bauprozesse mit großem Bedarf an Informationsaustausch und Delegieren von Aufgaben durchspielen.

6. Laß Deine Schüler die Kräfte in den Beinen des 3- und des 4beinigen Hockers bestimmen. Mach ihnen an dem Paradoxon „Mehr Beine, größere Bemessungskräfte" die Grenzen einer zutreffenden Modellierung klar (vgl. dazu Abschnitt 11.2.5 und [103].

7. Laß Deine Schüler in Konkurrenz einfache Tragwerke bemessen und diskutiere mit ihnen die Gründe für die unterschiedlichen Ergebnisse (vgl. Abschnitt 11.3.3.3 und [114]). Mache ihnen dabei die Schwierigkeiten der Modellierung für eine Analyse bewußt und Grenzen für die „Exaktheit" gewonnener Rechenergebnisse klar. Leite daraus die Forderung nach einfachen Tragstrukturen ab.

8. Lasse Deine Schüler Beanspruchungen von komplizierten Tragwerken abschätzen, bevor sie sie aus „genauen" Berechnungen mit Hilfe von Computern kennen.

9. Besichtige mit Deinen Studenten interessante Tragwerke und laß sie Modelle für deren Analyse entwerfen. Diskutiere mit ihnen das „Für und Wider" der gefundenen Systeme.

10. Diskutiere mit Deinen Schülern mögliche Folgen lokalen Versagens für Tragwerke und mache ihnen dabei die Bedeutung von Robustheit bewußt.

11. Verlange von Deinen Schülern – auch bei Benutzung von Computern – daß sie nie Ergebnisse mit mehr gültigen Ziffern angeben, als sie sie vertreten können. Mache Ihnen damit erneut die Grenzen der Schärfe ihrer Rechenergebnisse bewußt.

12. Gib Deinen Schülern die Aufgabe, in Seminaren Einstürze von Bauwerken zu beschreiben und die Ursachen aufzudecken.

13   Literatur

[1] Schwarzwälder, H.: Die Weserbrücken in Bremen. Schicksal von 1939 bis 1948. Bremen: C. Schünemann 1968

[2] Foerster, M.: Der Einsturz der Dachkonstruktion der Görlitzer Stadthalle. Eisenbau 1 (1908) 163–166

[3] Ackermann, H.: Brückeneinstürze und ihre Folgen. Bauing. 47 (1972) 9–11 (siehe auch andere Quellen im Abschnitt 3.7)

[4] Schaper, G.: Der hochwertige Baustahl St 52 im Bauwesen. Bautechnik 16 (1938) 649–655

[5] Ruhrberg, R., Schumann, H.: Schäden an Brücken und anderen Ingenieurbauwerken – Ursachen und Erkenntnisse. Dortmund: Verkehrsblatt-Verlag 1982

[6] Bisse, W. H.: Zur Ursache des Stahlbrücken-Absturzes Koblenz-Horchheim. Tiefbau 15 (1979) 12–18

[7] Smith, D. W.: Bridge failures. Proc. Instn. Engrs., Part 1, 60 (1976) 367–382

[8] Hahn, O. M.: Stability problems of wood truss bridges. Proc. of the Amer. Soc. of Civ. Eng. 1970, 353–370

[9] Plagemann, W.: Erfolgreiche Ingenieurkonstruktionen – ein Freibrief für nachfolgende? Bauing. 69 (1994) 421–422

[10] Scheer, J.: Extrapolieren: Zwang und Risiko für Bauingenieure. Abhandlungen der Braunschweigischen Wissenschaftlichen Gesellschaft, Bd. XLV (1995) 45–68

[11] Ekardt, H. P.: Die Stauseebrücke Zeulenroda. Ein Schadensfall und seine Lehren für die Idee der Ingenieurverantwortung. Stahlbau 67 (1998) 735–749

[12] Ferguson, E.S.: Das innere Auge. Basel: Birkhäuser Verlag 1993

[13] Scheer, J.: Einstürze von Bauwerken – Fakten Ursachen, Folgen. Abhandlungen der Braunschweigischen Wissenschaftlichen Gesellschaft, Band XLVIII (1998) 133–166

[14] Ruhrberg, R.: Schäden an Brücken und anderen Ingenieurbauwerken – Ursachen und Erkenntnisse. Dokumentation 1994 Dortmund: Verkehrsblatt-Verlag 1994

[15] Elskes, E.: Rupture des ponts métalliques. Lausanne: Georges Bridel 1894

[16] IASBE Colloquium Copenhagen 1983. Einführungs-, Vor- und Schlußbericht. Herausgegeben von IASBE·AIPS·IVBH. ETH-Hönggerberg, Zürich

[17] Stamm, C.: Brückeneinstürze und ihre Lehren. Zürich: Leemann 1952

[18] Walzel, A.: Über Brückeneinstürze. Mittlgn. des Dtsch. Ingenieurvereins in Mähren, 1909, No. 2

[19] Brown, D. J.: Brücken – Kühne Konstruktionen über Flüsse, Täler, Meere. München: Callwey 1994

[20] Emperger, F.: Bauunfälle. Im Handbuch für Eisenbetonbau, 2. Auflg. 8. Band, 2. Lieferung. Berlin: Ernst & Sohn 1921

[21] Diskussion zu [7]. Proc. Instn. Engrs., Part 1, 62 (1977) 257–281

[22] Peil, U.: Schadensfälle im Brückenbau. Bauing. 52 (1977) 411–412

[23] Sibly, P. G., Walker, A.C.: Structural accidents and their causes. Proc. Instn. Civ. Engrs. Part 1, 62 (1977) 191–208

[24] Hadipriono, F. C.: Analysis of events in recent structural failures. Proc. Instn. Instn. Engrs., Part 1, 70 (1985) 1468–1481

[25] Penney, Lord: Risk numbers in safety are failing to communicate. Proc. Instn. Engrs., Part 1, 72 (1982) 127–134

[26] Dallaire, G., Robinson, R.: Structural steel details – Is responsibilty a problem? Civ. Engrg. ASCE 1983, Oct., 51–55

[27] Oehme, P.: Analyse von Schäden an Stahltragwerken aus ingenieurwissenschaftlicher Sicht und unter Beachtung juristischer Aspekte. Dissertation Dresden 1987 – Zusammenfassung auch als Dokumentation BF–BP 278 der Bauakademie Berlin 1990

[28] Scheidler, J.: Bauverfahren und ihre kritischen Montagezustände bei Großbrücken. Tiefbau-BG 1990, 282–294

[29] Monnier, Th.: Cases of damage to prestressed concrete. HERON 18 (1982) No. 2

[30] Rybicki, R.: Schäden und Mängel an Baukonstruktionen – Beurteilung, Sicherung, Sanierung. Düsseldorf: Werner-Verlag 1972

[31] Augustyn, J., Śledziewski, E.: Schäden an Stahlkonstruktionen – Ursachen, Auswirkungen,Verhütung. Köln: R. Müller 1976

[32] Kaminetzky, D.: Design and Construction Failures – Lessons from Forensic Investigations. New York: McGraw Hill 1991

[33] Herzog, M.: Schadensfälle im Stahlbau und ihre Ursachen. Düsseldorf: Werner Verlag 1998

[34] Eyth, M.: Hinter Pflug und Schraubstock. Stuttgart: DVA 1976

[35] Wittfoht, H.: Triumph der Spannweiten. Düsseldorf: Beton-Verlag 1972

[36] Werner, E.: Die Britannia- und Conway-Röhrenbrücke. Düsseldorf: Werner-Verlag 1969

[37] Kersken-Bradley, M.: Unempfindliche Tragwerke – Entwurf und Konstruktion. Bauing. 67 (1982) 1–5

[38] Pötzl, M.: Robuste Tragwerke – Vorschläge zu Entwurf und Konstruktion. Bauing. 71 (1996) 481–488

[39] Klöppel, K.: Über zulässige Spannungen im Stahlbau. In Veröffentlichungen des Deutschen Stahlbau-Verbandes, Heft 6. Köln: Stahlbau-Verlag 1958

[40] Roik, K.: Beitrag zum Beulproblem bei stählernen Kastenträgern. In Theorie und Berechnung von Tragwerken. Berlin: Springer 1974

[41] Maquoi, R., Massonnet, Ch.: Lecons a tirer des accidents survenus a quartre grands ponts metalliques en caisson (Folgerungen aus Bauunfällen an 4 großen Stahlbrücken mit Kastenquerschnitt). Ann. Trav. Publ. Belgique 1972

[42] Hoppe, C. J.: Einsturz einer Kastenträgerbrücke bei der Montage in Australien. Bauing. 48 (1973) 349–350

[43] Roik, K., Haensel, J.: Die Entwurfsüberarbeitung der West Gate Brücke in Melbourn. Stahlbau 48 (1979) 197–203

[44] Steinhardt, O.: Gutachten für die Staatsanwaltschaft Koblenz: 16 Js 917–71: Rheinbrücke Koblenz-Horchheim, Schadensfall 10.XI., 1971. Karlsruhe: August 1972

[45] Elze, H.: Ausgewählte Bauschäden in der DDR. Vortrag im Rotary-Club Berlin am 29.05.96

[46] Krüger, U.: Plattenbeulen. In: Friedrich + Lochner GmbH, Software für Baustatik und Tragwerksplanung – Festschrift zum 20jährigem Jubiläum. Stuttgart: Eigenverlag Friedrich + Lochner 1998

[47] Wittfoht, H.: Betrachtungen zur Theorie und Anwendung der Vorspannung im Massivbrückenbau. Beton u. Stahlbetonbau 76 (1981) 78–86

[48] Schwarz, J., et al.: Die neue Weserbrücke Bodenwerder. Bauing. 62 (1987) 83–93

[49] Klein, W.: Montage der Sauertalbrücke im Taktschiebeverfahren. Stahlbau 55 (1986) 356–360

[50] Göhler, B.: Brückenbau mit dem Taktschiebeverfahren. Berlin: Ernst & Sohn 1999

[51] Béguin, G. H.: Verbundbrücken – Ausführungsprobleme bei Fahrbahnplatten-Schiebeverfahren. Stahlbau 44 (1975) 361–367

[52] Herzog, M.: Über das Einschieben von Fahrbahnplatten auf Verbundbrücken. Stahlbau 49 (1980) 86–87

[53] Unvollständige Akte „Rheinbrücke Frankenthal – Bericht über die Ursache und den Vorgang beim Einsturz der Brücke am 12.12.1940"; Bericht der „Reichsautobahnen, Oberste Bauleitung Frankfurt (Main)" vom 30.06.1942

[54] Schmidt, H., Düsing, I.: Buckling failure of a 40 years old welded plate girder bridge during controlled wrecking. Beitrag zu: 4th Int. Conference on Structural Failure, Product Liability and Technical Insurance. Wien, July 1992.

[55] Protte, W.: Zur symmetrischen Gurtbeulung eines I-Trägers mit zwei an ihren Rändern gelenkig miteinander verbundenen Lamellen. Bauingenieur 70 (1995) 497–499

[56] Steinman, D. B.: Brücken für die Ewigkeit. Düsseldorf: Werner-Verlag 1957

[57] Pugsley, A.: The safety of structures. London: 1966

[58] Stüssi, F.: Othmar H. Ammann – Sein Beitrag zur Entwicklung des Brückenbaus. Basel: Birkhäuser 1974

[59] Finch, J. K.: Wind failures of Suspension Bridges. Evolution and Decline of the Stiffening Truss. Eng. New Rec. 126 (1941), 13.03., 402–407

[60] Billington, D.: History and Esthetics in Suspension Bridges. Journ. o. Struct. Div. (ASCE) 103 (1977) 1665–1672

[61] Petrowski, H.: Success Syndrome: The Collapse of the Dee Bridge. Civ. Eng. 64 (1994), April, 52–53 – Deutschsprachige Darstellung in [9]

[62] Lorenz, W.: 100 Jahre Forthbrücke. Bauing. 66 (1991) 416–418

[63] Föppl, A.: Die Theorie des räumlichen Fachwerkes und der Einsturz bei Mönchenstein. Schweizer Bauzeitung 18 (1891) 15–17

[64] Klöppel, K.: Sicherheit und Güteanforderungen bei geschweißten Konstruktionen. In Stahlbau – ein Handbuch für Studium und Praxis. Köln: Stahlbau-Verlag 1957

[65] DASt-Richtlinie 009 „Empfehlungen zur Wahl der Stahlgütegruppen für geschweißte Stahlbauten", ab 1999 „Empfehlungen zur Wahl der Stahlsorte für geschweißte Stahlbauten"

[66] Klöppel, K., Möll, R., Braun, P.: Untersuchungen an geschweißten Prüfkörpern aus hochfestem, wasservergütetem Baustall mit 70 kp/mm^2 Fließgrenze. Stahlbau 39 (1970) 289 ff., 330 ff. und 364 ff.

[67] Kommerell, O.: Augenblicklicher Stand des Schweißens von Stahlbauwerken in Deutschland. Bautechnik 17 (1939) 161–163, 218–221

[68] Fröhlich, K.-C.: Hänger der Brücke über den Severn müssen erneuert werden. Stahlbau 57 (1982) 249–250

[69] Ohlemutz, A.: Umfangreiche Instandsetzungs- und Verstärkungsarbeiten an der Severnbrücke. Stahlbau 58 (1989) 316–317

[70] Klassen, G.: Risse in amerikanischen Stahlbrücken, verursacht durch Sekundärspannungen. Bauing. 61 (1986) 371–372

[71] Nather, F.: Ermüdungsrisse in amerikanischen Stahlbrücken. Bauing. 64 (1989) 217–220

[72] Nather. F.: Ermüdung von Brückenbauten – jüngste Forschungen in Japan. Bauing. 65 (1990) 207–208

[73] Lötsch, K., Pauser, A., Reiffenstuhl, H., Sattler, K., Stein, P.: Der Einsturz der Wiener Reichsbrücke, Bericht der Kommission". Wien 1977

[74] Jaksch, W.: Schicksal einer Brücke. Wien: Bohl 1976

[75] Schwabedal, A.: Teileinsturz der Connecticut Turnpike Bridge/USA. Stahlbau 52 (1983) 359

[76] Sprague de Camp, L.: Ingenieure der Antike. Düsseldorf: Econ-Verlag 1965

[77] Jurecka, C.: Brücken. Historische Entwicklung – Faszination der Technik. Wien/München: A. Schroll & Co 1979

[78] Pottgießer, H.: Eisenbahnbrücken. Basel: Birkhäuser 1985

[79] Ohlemutz, A.: Teileinsturz der Connecticut Turnpike Bridge/USA. Stahlbau 54 (1985) 91, 55 (1986) 28–29, 57 (1988) 218

[80] IASBE-Colloquium Copenhagen 1983 „Kollision von Schiffen mit Brücken und „Offshore"-Bauten". Einführungs-, Vor- und Schlußbericht. ETH-Höngggerberg 1983

[81] Frandsen, A.G.: Accidents involving bridges. In [80], Einführungsbericht, 11–26

[82] Ostenfeldt, Chr.: Ship Collisions Against Bridge Piers. IASB · AIPS · IVBH-Abhandlungen 1965. Zürich: ETH-Hönggerberg 1965, 233–277

[83] Saul, R., Svensson, H.: Means of Reducing the Consequences of Ship Collisions with Bridges and Offshore Strcutures. In [80], Einführungsbericht, 165–179

[84] Kuesel, Th. R.: Newport Bridge Collision. In [80], Einführungsbericht, 21–27

[85] Jamieson, D.H., Calder, D.G.: Recovery and Repair of the Second Narrows Railway Bridge. In [80], Vorbericht, 29–37

[86] Tambs-Lyche, P.: Vulnerability of Norwegian Bridges across Channels. In [80], Vorbericht, 47–56

[87] Beauchamp, J. C., Chan, M. Y. T., Pion, R. H.: Repair and evaluation of a damaged truss bridge – Lewes, Yukon River. Can. Journ. Eng. 11 (1984), 494–504

[88] Gaede, K.: Über das Ausrüsten von Tragwerken, insbesondere von Gewölbebrücken. Beton + Eisen 39 (1940) 189–197

[89] Scheer, J.: Zum Zusammenwirken von Traggerüst und erhärtetem Beton. VDI-Bericht 245, 25–32. Essen: Haus der Technik 1970

[90] Schmied, H. S.: Der Welt bedeutende Brücken. London: Phönix House 1953

[91] Herzog, M.: Der Einsturz des hölzernen Lehrgerüstes der Sandöbrücke im Rückblick. Bautechnik 75 (1987) 447–450

[92] Nather, F.: Gerüste. Beton-Kalender 1996. Berlin: Ernst & Sohn, 1996

[93] Schmiedel, U.: Probleme bei der Prüfung und Abnahme von Traggerüsten. Der Prüfingenieur 1999, Heft 14, April, 14–24

[94] Conrad, G.: Mangelhafte Lehrgerüstkonstruktion verursachte Brückeneinsturz. Allianz Report 68 (1985) 151

[95] Scheer, J., Peil, U.: Zum Tragverhalten von Lehrgerüst-Rahmenstützen bei unterschiedlichen Senkungen ihrer Stielfüße. Bauing. 53 (1978) 379–386

[96] Dupré, J.: Die Geschichte berühmter Brücken. Köln: Könemann Verl. Ges. 1998

[97] Lorenz, W.: Brücken und Brückenbauer – Haltungen zum Konstruieren. In Jahrbuch 1998 der Braunschweigischen Wissenschaftlichen Gesellschaft. Braunschweig: J. Cramer 1999

[98] The Eighth UK Report on Structural Safety (June 1989). IABSE PERIODICA 2/1990. Zürich: IABSE-AIPC-IVBH 1990

[99] Siebke, H.: Überwachung und Prüfung der Kunstbauten der Deutschen Bundesbahn – 100 Jahre Geschichte. Die Bundesbahn 1983, 245–250

[100] Internet www/cjonline.com/stories/110397/new.bridges.html: L.-Ferguson: State struggles to meet repairs to bridges.

[101] Eggert, H.: Diskussionsbeitrag beim Colloquium „Die Begriffe Risiko und Gefahr im Recht und in der Technik" der Braunschweigischen Wissenschaftlichen Gesellschaft (BWG). BWG-Jahrbuch 1999. Braunschweig: J. Cramer-Verlag 2000

[102] Schuëller, G.I., Rackwitz, R.: Bemerkungen zum Problem der Sicherheit von Bauzuständen. In: Sicherheit von Betonbauten. Wiesbaden: Deutscher Beton-Verein 1973, dort Seite 377

[103] Heyman, J.: Hambly's paradox: why design calculations do not reflect real behaviour. Proc. Inst. Cil. Engng. 114 (1996) 161–166

[104] Krebs und Kiefer: Traggerüste – Check-Liste für Planung, Berechnung, Konstruktion, Prüfung und Überwachung, 3. Auflage. Krebs und Kiefer, Hilpertstraße 20, 64295 Darmstadt

[105] Zichner, T., Frankort, H.: Die Kylltalbrücke mit 223 m weit gespanntem Bogen. Bauing. 73 (1998) 381–393

[106] Maier, W.: Sturmflutsperrwerk Rotterdam – Von der ersten Idee zum Ausführungsentwurf. Bauing. 72 (1998) 309–318

Kerstens, J.G.M.: Das Sturmflutsperrwerk Rotterdam – eine Gemeinschafts-leistung des Ingenieurbaus in den Niederlanden. Bauing. 73 (1999) 319–324

[107] Ekardt, H.-P.: „Risiko in der Ingenieurwissenschaft und in der Ingenieur-praxis". Vortrag beim Colloquium „Die Begriffe Risiko und Gefahr im Recht und in der Technik" am 28.06.99. In: Jahrbuch 1999 der Braunschweigi-schen Wissenschaftlichen Gesellschaft (BWG). Braunschweig: J. Cramer-Ver-lag 2000 (Sonderdrucke über das Colloquium sind gegen Unkostenerstattung bei der BWG zu beziehen.

[108] Scheer, J.: Klärung des Tragverhaltens durch Bauteilversuche (Vortragsnach-druck) in: Berichte aus Forschung und Entwicklung des Deutschen Ausschus-ses für Stahlbau 1980/9. Köln: Stahlbau-Verlag 1980, 33–41

[109] Müller, A. M. K.: „Die präparierte Zeit". Stuttgart: Radius-Verlag 1972

[110] Weise, Th.: Zusammenarbeit ist wesentlich sinnvoller als ein Gegeneinander – Probleme bei der Prüfung und Abnahme von Traggerüsten aus der Sicht einer ausführenden Firma". Der Prüfingenieur 14 (April 1999). Entgegnung: K. König et al.: Traggerüste sind Ingenieurbauwerke. Der Prüfingenieur 15 (Oktober 1999).

[111] Schlaich, J., Plieninger, S.: Halle 8/9 der Deutsche Messe AG Hannover. Bauingenieur 75 (2000) 272–277

[112] Scheer, J., Plumeyer, K.: Zu Verformungen stählerner Biegeträger aus Quer-kräften. Bauingenieur 63 (1988) 475–478

[113] Scheer, J.: Zur statischen Berechnung abgespannter Maste. Berichtsband zur Tagung „Baustatik + Baupraxis" 1990, Hannover, 13.1–13.18

[114] Bürge, M., Schneider, J.: Variability in Professional Design. Strct. Enginee-ring Intern. 1994, 247–250

[115] Duddeck, H.: Wie konsistent sind unsere Ingenieurmodelle? Bauingenieur 64 (1989) 1–8

[116] Duddeck, H.: TÜV-Prüfer können helfen, Bauschäden zu vermeiden. Beton 49 (1999) 611

[117] Schneider, J.: Gefahren, Gefährdungsbild und ein Sicherheitskonzept. Schweizer Ingenieur und Architekt 1980, 115–121

[118] Bauschäden und Bauüberwachung. Bericht der Landesvereinigung der Prüf-ingenieure für Baustatik in Baden-Württemberg, Februar 1995

[119] Lindner, J.: Ist die konstruktive Bauüberwachung für die Qualitätssicherung von Bauwerken erforderlich? Stahlbau 59 (1990) 305–310

[120] Fisher, J. W., Mertz, D. R.: Hundreds of bridges – thousands of cracks. Civ. Eng. 1985, April, 64–67. Dazu Kurzfassung: J. Haensel: Risse als Folge von Zwängungsbeanspruchungen. Stahlbau (1986) 313–314

[121] Korvink, J.-G., Schlaich, M. Autonome Brücken – ein Blick in die ferne Zu-kunft des Brückenbaus. Bauingenieur 75 (2000) 28–34

[122] Morgenstern, J., Sahihi, A.: Der Turm des Schreckens. Magazin Nr. 31 vom 2.8.96 der Südd. Ztg., Seite 9, und
Goldstern, S.H., Rubin, R.A.: Engineering Ethics. Civ. Engrg. 1996, Oct., 41–44.

[123] Zuschrift von M. Gänzer und Erwiderung des Verfassers D. Diamantidis zu „Zur Zuverlässigkeit temporärer Bauwerke". Bauingenieur 71 (1996) 383–386 und 72 (1997) 296

[124] Gordon, J. E.: „Structures or Why things don't fall down. New York: Plenum Press 1978

[125] Mann, W.: Tragwerkslehre in Anschauungsmodellen. Stuttgart: Teubner 1985

[126] Piechatzek, E., Kaufmann, E.-M.: Formeln und Tabellen Stahlbau. Wiesbaden: Vieweg 1999

[127] Mastaglio, L.: Major Ship Collisions with bridges. Civ. Eng. 1997, April, S. 46

Name des Ortes, Flusses usw.	Jahr	Fall	Name des Ortes, Flusses usw.	Jahr	Fall
Cheshire	1847	4.13	Duisburg	1979	6.6
Chester	1893	3.17	Dundee	1877	3.5
	1944	4.44		1879	4.23
Cheyenne	1979	6.5	Durham	1830	4.5
Chicago East	1982	10.32	Dusiburg	1911	3.25
Chicago	1892	5.3	Düsseldorf	1947	5.12
Cincinnati	1888	8.5		1956	3.37
Clapham	1965	4.55		1968	3.46
Cleveland	1984	4.82		1976	4.67
	1996	4.85			
Clifton	1995	3.91	Edinburg	1879	4.23
Coal River	1926	4.33	Elbe	1866	9.2
Concord	1993	3.90		1876	8.2
Conway	1849	3.2		1970	4.60
Cooper River	1946	5.11	Elbow Grade	1950	4.48
	1965	4.54	Elwood	1982	10.34
Coos Bay	1924	5.6	Eschede	1998	6.14
Covington	1892	3.13	Eschwege	1970	10.12
Czernowitz	1868	4.19	Esslingen	1969	3.48
			Evaux	1884	3.10
Davenport	1896	8.7			
Dawson Creek	1957	4.50	Ferdanbrücke	1954	5.13
Dedensen	1982	3.75	Firth of Tay	1877	3.5
Dee	1847	4.13		1879	4.23
Deep	1913	8.8	Fish's Eddy	1886	7.2
Denver	1985	3.81	Flensburg	1923	10.4
Derwent River	1975	5.26	Floyd	1941	9.6
Diez	1997	10.47	Forest Hill	1887	4.27
Donau	1837	5.1	Frankenthal	1940	3.34
	1946	4.45	Frankfurt a. M.	1892	4.29
	1969	3.47	Frazer River	1975	5.27
	1970	10.14	Fresno	1947	4.46
	1976	4.68			
Donaustauf	1837	5.1	Garonne	1881	3.6
Dortmund	1979	6.7	Gartz	1926	3.29
Dortmund-Ems-Kanal	1980	7.14	Gladbeck	1984	6.10
Douarnenez	1884	3.9	Glen Loch	1912	4.31
Doubs	1907	3.22	Gmünd	1975	3.61
Drau	1877	4.21	Goose River	1947	7.10
	1887	8.3	Goose Bay	1998	8.32
Dryburgh Abbey	1817	4.2			

Name des Ortes, Flusses usw.	Jahr	Fall	Name des Ortes, Flusses usw.	Jahr	Fall
Göteborg	1959	3.40	Indus	1977	4.70
	1977	5.31	Inn	1990	8.28
	1980	5.35	Isar	1813	8.1
Grand River	1996	4.85		1902	10.1
Granville	1977	6.4		1985	3.82
Grennwich	1983	4.81			
Guanabara Bucht	1970	3.52	J.-Grace-Memorial Bridge	1946	5.11
Gütikhausen	1913	3.26	Jabalpur	1984	8.24
			Jacksonville	1970	4.61
Hamburg	1997	5.48		1993	9.15
Hamburg	1970	4.60	Jagst	1964	4.53
	1979	9.12	Jakarta	1996	10.46
	1991	5.44	James River	1977	5.29
Hamm (Rhein)	1869	5.2			
Hammelburg	1991	10.39	Kaiserslautern	1954	3.36
Han River	1994	4.84	Karlsruhe	1987	5.42
Hannibal	1982	5.38	Kaslaski River	1970	4.59
Hannover	1999	6.15	Katerini	1972	8.18
Harpers Ferry	1931	9.5	Kattwyk	1991	5.44
Harrisburg	1996	3.92	KcKenzie River	1950	4.48
Hasselt	1938	4.42	Kempten	1974	10.24
Hedemünden	1991	3.87	Kiaochow	1923	7.5
Heidelberg	1905	3.20		1923	4.32
	1985	3.80	Kiel-Holtenau	1992	3.89
Heidingsfeld	1963	3.41	Kilosa	1992	8.29
Heiligenstadt	1910	3.24	King's Slough	1947	4.46
Hidalgo	1933	8.11	Kishwaukee	1979	3.64
Hilleröd-Autobahn	1972	8.17	Kitzlochklamm	1974	4.64
Hinton	1949	3.35	Klawda	1892	3.14
Hobart	1975	5.26	Koblenz	1930	4.36
Hochheim	1973	4.63		1971	3.53
Holtenau	1968	5.20		1972	10.17
Hoodkanal	1979	4.76	Köhlbrand	1997	5.48
Hopewell	1977	5.29	Köln	1908	3.23
Hopfengarten	1886	4.26		1995	10.45
Hudson	1927	3.31	Kopenhagen	1935	5.9
			Kristiansund	1963	5.15
Igle	1931	3.32	Kufstein	1990	8.28
Ihna	1894	3.19			
Illarsaz	1973	3.56	Lahn	1833	4.9
Illinois	1970	4.59		1961	10.7

Name des Ortes, Flusses usw.	Jahr	Fall	Name des Ortes, Flusses usw.	Jahr	Fall
Langensee	1948	4.47	Mazatlan	1989	8.27
Laubachtal	1972	10.17	Mazzarra	1993	8.31
Laurel	1990	10.37	Medway River	1885	4.24
Lauterbachtal	1954	3.36	Melbourne	1962	4.52
Le Mars	1941	9.6		1970	3.51
Leda	1960	4.51	Melk	1970	10.14
Leer	1960	4.51	Menai Straits	1826	4.4
Leineleiter	1910	3.24		1849	3.2
Leubas	1974	10.24		1970	9.9
Lewinston-Queenston	1855	4.17	Menden	1928	10.5
	1864	4.18	Messina	1993	8.31
Lichtendorf	1968	4.57	Mianus River	1983	4.81
Licking River	1892	3.13	Michigan See	1980	10.32
Lieser	1975	3.61	Milcovfluß	1926	4.34
Limburg	1961	10.7	Milford	1970	3.49
Linz	1982	8.22	Milwaukee River	1980	7.13
Ljubitschewo	1892	3.16	Minneapolis	1964	8.14
Loire	1907	7.4	Minville	1937	7.7
	1978	8.20	Miramont	1881	3.6
	1985	4.83	Mirpur	1977	10.28
London	1209	4.1	Mississippi Navig. Kanal	1990	10.38
Lorraine	1982	5.40	Mississippi	1896	8.7
Lösegraben	1967	10.11		1927	3.30
Louisville	1887	8.4		1944	4.44
	1893	3.18		1964	8.14
Lübeck	1908	5.4		1975	4.65
Ludwigshafen	1966	10.8		1982	5.38
Lüneburg	1967	10.11		1982	5.39
Luttre bei Charleroi	1974	7.11	Mississippi-Kanal	1979	4.77
			Missouri	1879	7.1
Mährisch-Ostrau	1886	4.25		1982	4.79
Main	1973	4.63	Mittellandkanal	1974	3.59
	1984	3.78		1982	3.75
	1988	3.85	Mobile	1993	5.45
Maine	1850	4.14	Mojave Oberland	1972	10.21
Manassas	1937	7.8	Mölletal	1972	8.17
Manchac	1976	5.28	Mönchenstein	1891	4.28
Maracaibo	1964	5.17	Montreal	1951	4.49
	1980	4.78	Montrose	1830	4.7
Masnedsund	1935	5.9		1838	4.12
Mathabhanga	1978	4.75			

Name des Ortes, Flusses usw.	Jahr	Fall	Name des Ortes, Flusses usw.	Jahr	Fall
Morava	1975	8.19	Oberbüchel	1965	3.43
	1892	3.16	Oder	1926	3.29
Morelosbahn	1881	9.3	Ohama	1980	3.68
Mosel	1982	5.40	Ohio Falls	1927	3.30
Moselhafen	1930	4.36	Ohio	1854	4.16
Mozyrow	1925	3.28		1888	8.5
München	1813	8.1		1893	3.18
	1902	10.1		1967	4.56
	1981	6.9		1981	3.71
	1985	3.82	Ohligs	1977	10.29
Münster	1980	7.14	Oldenburg	1977	10.27
	1973	6.1	Opava	1976	9.11
			Oregon	1924	5.6
			Osijeg (Esseg)	1882	8.3
Naga City	1972	4.62	Ostrawize	1886	4.25
Nairobi	1993	8.30	Ottawa	1946	9.7
Naragansett Bay	1981	5.37	Ottawa River	1946	9.7
Nassau	1833	4.9			
Nayarhat	1978	4.73	Pagosa	1937	4.40
Neckar	1905	3.20	Palau	1996	4.86
	1969	3.48	Paris	1979	5.33
	1977	3.62	Pasadena	1972	10.19
Nette-Kanal	1966	8.15	Passaic River	1945	7.9
Neumarkt	1970	10.13		1977	5.30
New Jersey	1977	5.30	Payerne	1873	3.4
New York	1939	3.33	Peace River	1957	4.50
	1963	5.16	Pegnitz	1978	3.63
	1982	3.72	Peney nahe Genf	1852	3.3
	1987	8.25	Peninsula	1979	4.76
	1998	8.32	Pilsach	1970	10.13
New Westminster	1975	5.27	Pisa	1968	8.16
New Orleans	1982	5.39	Platano	1889	8.6
Newmark	1945	7.9	Plum Beach Channel	1939	3.33
Newport	1981	5.37	Pontchartrain Lake	1964	5.18
Ngailithiafluß	1993	8.30		1974	5.24
Niagara	1855	4.17	Pontoise	1975	10.26
	1864	4.18	Ponts de Cé	1907	7.4
	1938	8.12	Port Robinson	1974	5.25
Nidda	1892	4.29	Portland	1996	5.46
Nord-Ostsee-Kanal	1968	5.20	Potomac	1931	9.5
	1992	3.89	Poughkeepsie	1927	3.31

Name des Ortes, Flusses usw.	Jahr	Fall	Name des Ortes, Flusses usw.	Jahr	Fall
Prairie du Chien	1979	4.77	Rouen	1846	3.1
Prerow	1913	8.9	Rüdersdorf	1938	4.41
Pruth	1868	4.19	Rykon	1883	3.7
Pryetfluß	1925	3.28			
Punjab	1977	4.70	Saale, fränkische	1991	10.39
Puschkin	1977	4.69	Saar	1913	10.3
			Saginaw	1982	3.74
Quebec	1907	3.21	Salerno	1889	8.6
	1916	3.27	Salez	1884	3.8
	1984	3.77	San Bruno	1972	10.22
			San Juan River	1937	4.40
Rasse, la	1907	3.22	Sandö	1939	10.6
Rauriser Ache	1974	4.64	Schoharie	1987	8.25
Rees-Kalkar	1966	3.44	Schöllenen	1987	8.26
Rega	1913	8.8	Schwaig	1978	3.63
Regensburg	1946	4.45	Seattle	1990	3.86
Reuss	1987	8.26	Seine	1979	5.33
Rhein	813	9.1	Seoul	1992	3.88
	1869	5.2		1994	4.84
	1908	3.23	Severn	1960	5.14
	1940	3.34		1978	4.72
	1947	5.12		1995	10.44
	1956	3.37	Shepherdsville	1991	6.12
	1965	3.43	Sheppey	1922	5.5
	1966	3.44	Sieg	1925	8.10
	1968	3.46		1928	10.5
	1971	3.53		1974	10.25
	1976	4.67	Siegburg	1925	8.10
	1987	5.42	Silver Bridge	1967	4.56
Rhone	1852	4.15	Sinn	1972	9.10
	1973	3.56	Sioux-City	1982	4.79
Riesa	1876	8.2	Sittensen	1979	6.8
Ringsted	1971	10.16	Soboth, Granitzbachtal	1970	3.50
Rio de Janeiro	1970	3.52	Solingen	1977	10.29
	1971	3.54	Sørsundet	1963	5.15
	1971	10.15	Spartanburg	1897	7.3
Rio Grande	1933	8.11	St. Charles	1879	7.1
Roche Bernard bei Bern	1852	4.15	St. Maurice River	1951	4.49
Rockey River	1984	4.82	St. Lorenz River	1907	3.21
Rockford	1979	3.64		1916	3.27
Rockport	1947	7.10		1984	3.77
Rohne	1852	3.3			

Name des Ortes, Flusses usw.	Jahr	Fall	Name des Ortes, Flusses usw.	Jahr	Fall
St. Catharina	1993	10.41	Trenton	1980	7.13
St. Oswald	1970	3.50	Tschech	1976	9.11
St. Paul	1975	4.65	Tucumcari	1933	4.38
St. Petersburg, Florida	1980	5.36	Tweed	1817	4.2
St. Paul	1990	10.38		1820	4.3
Stargard	1894	3.19			
Staunton	1887	3.11	Udetefluß	1992	8.29
Stockton	1975	6.2	Uljanowsk	1983	5.41
Strängnäs	1990	5.43	Untergriesheim	1964	4.53
Strathglass	1892	3.15	Uschgorod	1877	4.21
Stresa	1948	4.47			
Suezkanal	1954	5.13	Valagin	1973	3.57
Suir River	1986	3.83	Vancouver	1927	5.8
Sully-sur-Loire	1985	4.83		1979	5.34
Sungsu	1994	4.84		1958	3.38
Sunshine Sky Bridge	1984	10.35	Völklingen	1913	10.3
Swale	1922	5.5	Vranje	1975	8.19
Syracuse	1982	3.73			
			Wallenhorst	1966	10.9
Tacoma	1940	4.43	Washington	1933	4.37
	1996	5.47	Washingtonsee	1990	3.86
Tamafluß	1984	3.79	Waterford	1986	3.83
Tampa Bay	1980	5.36	Webster	1926	5.7
	1984	10.35	Weida-Stausee	1973	3.58
Tarag River	1977	10.28	Weinheim	1966	10.10
Tardes	1884	3.9	Welland-Kanal	1974	5.25
	1884	3.10	Werdenberger-Binnenkanal	1884	3.8
Tees River	1830	4.5	Werra	1991	3.87
Tennessee River	1995	3.91	Wertheim	1984	3.78
Themse	1209	4.1	Weser	1947	8.13
Thur	1913	3.26	Wheeling	1854	4.16
Tiger River	1897	7.3		1981	3.71
Tjörn	1980	5.35	Whitehorse	1982	7.15
Toagle-Kanal	1996	4.86	Whitesville	1926	4.33
Tokio	1984	3.79	Wien	1969	3.47
Tongi	1978	4.74		1976	4.68
Töss	1883	3.7		1980	10.31
Totora-Oropesa-Fluß	1981	3.69	Willcutts	1893	3.17
Tours	1978	8.20	Willemstad	1967	3.45
Traun	1982	8.22	Winooski River	1927	4.35
Travedurchstich	1908	5.4	Wolga	1983	5.41

Name des Ortes, Flusses usw.	Jahr	Fall	Name des Ortes, Flusses usw.	Jahr	Fall
Wunstorf	1979	10.30	Yore River	1830	4.6
Wupper	1999	3.93	Yorkshire	1830	4.6
Wuppertal	1999	3.93	Yukon River	1982	7.15
			Yunfluß	1923	7.5
Yamhill River	1937	7.7			
Yarra River	1962	4.52	Zeulenroda	1973	3.58
	1970	3.51	Zilwaukee River	1982	3.74

15   Bildnachweis

Vorbemerkung

Bei nicht aufgeführten Bildern handelt es sich entweder um eigene Aufnahmen oder um Kopien, die mir Kollegen und Freude im Laufe der letzten 40 Jahre geschenkt haben und deren Quelle ich nicht mehr klären kann.

Quelle	Jahrgang	Bildnummer
Zeitschriften		
Allianz-Report	1995	10.1
Bauingenieur	1938	7.1 a
	1951	4.11
	1963	4 b
	1972	benutzt für 3.29
	1973	3.13
	1995	10.23 b
Bautechnik	1930	4.1 d
	1992	benutzt für 3.28 a
	1998	10.25 a, b
Beton + Eisen	1903	10.24 b
Beton- und Stahlbetonbau	1981	3.21
Civil Engineering	1994	benutzt für 4.5 a–c
	1996	10.16
		benutzt für 10.17
Eisenbau	1914	9.1 b
Engineering News Record ENR	1937	7.1 b
	1938	8.2 a, b
	1941	9.2
	1949	3.39 a, b
	1970	3.22 a
	1980	7.1 c
	1983	benutzt für 4.16
	1990	10.23 a
	1991	6.3 b
	1996	10.23 c
HERON [29]	1982	6.2 b

Quelle	Jahrgang	Bildnummer
New Civil Engineer	1982	benutzt für 10.9 a, b, 10.10 a
Proc. of the Amer. Soc. of Civ. Eng.	1970	benutzt für 4.14
Schweizer Baublatt	1976	3.24
Stahlbau	1957	4.2 b
	1959	3.1 a
	1985	4.15 a
	1989	8.4
	1995	4.15 b
	1995	4.17
	1998	3.20 a
Tiefbau BG [28]	1990	3.28 b, 3.31, 3.34

Zeitungen

Quelle	Jahrgang	Bildnummer
Hannoversche Allgemeine	2000	6.1

Bücher

Quelle		Bildnummer
Augustyn, J., Śledziewski, E. [31]		benutzt für 4.13 a
Brown, D. J.: Brücken. München Callwey 1994 [19]		4.4
Dokumentation 1982 des BMV [5]		10.4, 10.8 a
Dokumentation 1994 des BMV [14]		6.2 a, 6.7, 7.1 a
Elskes, E. [15]		3.38, 8.1 b
Herzog, M. [33]		benutzt für 3.3, 3.4, 4.12
Jurecka, C. [77]		4.1 a
Pottgießer, H. [78]		4.1 b, c, 5.1 b, 9.1 a, 9.3 a–c
Schwarzwälder, H. [1]		5.3
Stamm, C. [17]		3.2, 4.9 benutzt für 4.8 a, b

Andere Quellen

Quelle		Bildnummer
Autobahnbrücke Frankenthal, Akte [53]		3.31, benutzt für 3.30 a, 3.33
Barbré, R.		10.8 b

Quelle	Jahrgang	Bildnummer
Brückenreferententagung 1974, Notiz		benutzt für 10.7 a, b
dpa, Deutsche Presseagentur		3.36 a, 3.40 a, b, 4.1 e, 5.1 e, 5.2 a, b, 6.3 a, 6.4 b, c, 6.5, 10.10 b
Elze, H.		3.19, 3.20 b
Großkurth, K.-P.		10.22 a
Klöppel, K.: Gutachten Kaiserslautern 1954		3.6
MAN Gustavsburg		3.18
Maquoi, R., Massonnet, Ch. [41]		benutzt für 3.8 a
Münchener Stadtmuseum		8.1 a, 10.24 a
Nieders. Landesamt für Straßenbau		3.35, 6.4 a, 6.6 b
Ramberger, G.		3.8 b, 3.9, 3.10
Report of Royal Commission into the Failure of West Gate Bridge 1971		3.12, 3.14 a, b
Schmidt, H., Düsing, I. [54]		3.37 a, b
Steinhardt, F. [44]		3.15 a, b, 3.16 a, b, 3.17
Straßenbauamt Verden		6.6 a
Thurn und Taxis – Archiv		5.1 a
Wasser- und Schiffahrtsamt Kiel-Holtenau		3.36 b
Wicke, M.		3.22 b
Wiener Reichsbrücke, Gutachten [73]		4.13 b

Sachverzeichnis